婴幼儿心理学

关于婴幼儿安全感、情绪控制和认知发展的秘密

〔英〕琳恩·默里◎著　　张安也◎译　　荀寿温◎审

THE
PSYCHOLOGY
OF
BABIES

北京科学技术出版社

著作权合同登记号　图字：01-2017-9181

图书在版编目（CIP）数据

婴幼儿心理学 / (英) 琳恩·默里著；张安也译 . ——
北京：北京科学技术出版社，2020.3（2025.12重印）
书名原文：The Psychology of Babies
ISBN 978-7-5714-0272-3

Ⅰ . ①婴… Ⅱ . ①琳… ②张… Ⅲ . ①婴幼儿心理学 –
通俗读物 Ⅳ . ① B844.12-49

中国版本图书馆 CIP 数据核字 (2019) 第 074412 号

策划编辑：廖　艳	电　话：0086-10-66135495（总编室）
责任编辑：廖　艳	0086-10-66113227（发行部）
责任校对：贾　荣	网　址：www.bkydw.cn
图文制作：天露霖文化	印　刷：北京宝隆世纪印刷有限公司
责任印制：李　茗	开　本：710mm×1000mm　1/16
出 版 人：曾庆宇	字　数：203千字
出版发行：北京科学技术出版社	印　张：16.25
社　　址：北京西城区西直门南大街16号	版　次：2020年3月第1版
邮政编码：100035	印　次：2025年12月第16次印刷
ISBN 978-7-5714-0272-3	

定价：89.00元

致 谢

我衷心地感谢很多人对本书的出版做出的各种贡献,其中要特别感谢科林·吉尔福德和凯拉·瓦扬古,他们在搜集和处理视频资料方面给予我们非常大的帮助。我同样感激所有携子参与的父母,以及那些勇敢地将生活展示于镜头之下的家庭。无论是在家里、游乐场或是日托中心,他们都允许我们拍摄,即使在对婴幼儿来说很有挑战性的时刻,我们的拍摄也没有受限,尽管谁都不知道最终的结果会如何。

我同样感谢许多同行和朋友,他们为本书提供了许多具有启发性的宝贵资料。科尔温·特里沃森、玛格丽特·唐纳森、埃德·特洛尼克以及故去的丹·斯特恩,这些婴幼儿发展领域专家们的意见对本书产生了决定性的影响,能与他们共事是我的荣幸。在安迪·梅尔特佐夫的著作中,在比阿特丽斯·毕比、毗湿摩·查克拉巴蒂、迪莉斯·道斯、约翰·戴维斯、约翰·邓肯、朱迪·邓恩、乔纳森·希尔、朱丽叶·霍普金斯、克莱尔·休斯、瓦苏·雷迪、詹姆斯·塞恩斯伯里等人就婴幼儿社会生活方面分享的观点中,在彼得·库珀、艾伦·斯坦、帕斯科·费伦、马克·汤姆林森、马克·德·罗斯奈、莎拉·霍利根、艾德利安·阿塔其、罗萨里奥·蒙蒂罗梭、皮尔·法拉利等人给予的激励和支持中,我获益良多。感谢彼得、皮尔、帕斯科以及罗萨里奥对本书内容给予的详细且有效的反馈,还有迈克尔·兰姆、卡梅尔·休斯顿-普赖斯、格雷厄姆·谢弗、尼克·霍姆斯、安德鲁·布雷姆纳、克洛伊·坎贝尔、马克·亨特、彼得·劳伦斯的大量指导性意见。我还要感谢凯特·阿诺德-福斯特,是她的热心安排才使我得以进入雷丁大学英国乡村生活博物馆的游乐场。在这里,贝基·莫兰帮助我观察儿童,还有莫格韦尔公园托儿所(布赖特地平线集团)的全体员工,感谢她(他)们允许我拍摄她(他)们和婴幼儿的日常生活。在这两所机构里,婴幼儿的情感需求和依恋需求得到了回应,这里的环境为婴幼儿的认知发展和更广阔的社会性发展营造了丰富且具启发性的氛围。在这方面,这两所机构是行业内令人赞赏的典范。我还要感谢莉斯·怀特、莱昂纳多·德·帕斯卡利以及劳拉·波济切维奇为本书中部分数据和参考文献提供的帮助,感谢安德鲁·格伦纳斯特和菲利普·巴纳德给予的鼓励。我尤其要感谢路易斯·道尔顿和凯茜·克雷斯韦尔自始至终无私的支持。

我非常高兴与康斯特布尔和罗宾逊团队合作。能得到尼克·罗宾逊的大力支持我深感荣幸,非常感谢他的积极参与以及真诚的鼓励。本书的出版,尼克功不可没,庆幸的是在他不幸辞世之前能看到本书的定稿。我还要感谢弗里萨·桑德斯、邓肯·普劳德福特以及安德鲁·麦卡利尔的支持和指导,感谢佩吉·萨德勒的设计工作,特别感谢简·查米尔,感谢她负责任的专业性文本编辑工作,直至完成全书。

最后,我要感谢我的家人,感谢他们的鼓励和关心,尤其是我的丈夫,感谢他在各个方面给予的精心照顾和宝贵支持。

琳恩·默里

序 言

　　琳恩·默里是心理学教授，也是婴幼儿发展方面享誉世界的专家，其以关于父母情感对育儿重要性的独到见解而闻名，同时她还是一名教师和作家，其早期著作《社会化的婴儿》让众多的父母在与婴幼儿分享生活点滴中收获了乐趣和信心。她奔波于非洲与欧洲各地，帮助那些父母照顾他们的幼儿，更好地与婴幼儿交流。作为一名母亲和祖母，她亲身体会到了亲子游戏的乐趣，以及父母与子女形成温暖依恋新体验的乐趣。

　　正如她自己在本书前言中所说，她回顾了最新的研究成果，这些成果改变了科学界对幼儿活力和需求的理解。对学生来说，本书将会是一个重要的信息来源，但本书创新点是讲述家庭生活故事，这些故事通常不是发生在实验室，而是发生在家里、花园里、沙滩上或是日托中心里，由那些了解和关爱婴幼儿的人员将其拍摄成视频，并从中选取照片和图片。我们从这些婴幼儿、父母以及其他同伴身上看到了他们的期望和感受，看到了他们相互间的情感，以及需要获得关注或帮助的诉求。

　　作者首先总结阐明了一个机敏的新生儿是如何依靠亲密的照料和保护，一步步成长为一个能到处走动、自信甚至超级自信的2岁幼儿，这个时候的孩子对世界充满好奇，渴望自己能成为其中强大的一员。身心的发展会带来新的发现和挑战，有时候还会带来令人烦恼的疑虑和恐惧。在每一个阶段，婴幼儿都会表达出对陪伴的需求——需要一个陪伴者对自己的行为做出敏捷的反应，和自己分享欢乐与忧愁，这就是爱的意义，也是维系这种关系的方式。然后，作者还对依恋关系方面的研究进行了清晰的论述，并举例说明父母给婴幼儿提供安全感的最好方法是"让父母回忆起自己婴幼儿时期的经历"——也许是回想起自己在儿时受到关爱时的感受。视频反馈能在很大程度上帮助照看者"从孩子的角度重新看待事情……意识到在与孩子的关系中自己拥有的巨大力量"，这是一个让人耳目一新的理念，即婴幼儿是拥有自己观点的个体，他希望做自己感兴趣和喜欢做的事情，喜欢处于一种温暖的情感氛围中。

　　本书对婴幼儿家庭外看护准备以及高质量看护的优点也作了详尽而周到的描述。书中提出，高看护人员配比、良好的员工培训以及良好的工资待遇都有助于保持员工的工作热情、提高其专业意识以及降低其流动率。父母应支持婴幼儿表现出的对照看者的依恋情感，而且应灵活改变处理方式。对于担心照看者关注度以及照看质量不均衡问题，书中指出，"考虑到父母的敏感回应对婴幼儿成长的重要性，政府应该支持高质量的日托服务，缩短父母的工作时间，增加弹性工时。"这一新理念非常重要，切实可行。对婴儿和蹒跚学步的孩子在家庭外给予良好的看护，能引导他们与同伴发展出丰富的关系，这将帮助他们适应以后的学校生活以及更广泛的同伴群体。

在情感自我调节能力发展方面，默里教授认为婴幼儿的情绪并不是完全只与自我相关——即使是新生儿饥饿不适、想睡觉时对苦恼"原始"的表达，也是在和他人进行交流。儿童良好的身心发展是一个生活的过程，由父母和其他家庭成员深情、敏感、有趣的照料和陪伴所引导：本书强调了这一微妙又至关重要的原则。有一些令人愉快的案例表明，在和婴幼儿一起做激烈的游戏时"学会享受游戏并避免不安难过，可以训练婴幼儿和父母的调节能力"。琳恩·默里自己也做了一些研究，她发现当父母有情绪障碍时，他们可能会显得"沉默寡言""咄咄逼人"或"过度保护和打击"，从而对婴幼儿发出的交流需求不予回应或做出不一致的行为，这都会使婴幼儿感到困惑不安。这些研究表明在人际关系中步调一致是一个关键因素。与其他人一样，对婴幼儿来说，回应和情感协调对于建立一种关系并从中学习都起到重要的作用。通过谈话的方式"叙述"日常生活和学习中发生的事件有助于父母帮助婴幼儿"社会化"，以及"传递家庭和更广阔人群的价值观"——从帮助新生儿养成良好的睡眠习惯，到2岁的幼儿在餐桌上或者花园里"帮忙"或者和其他婴幼儿一同进行想象游戏。

最后一章是心理学家和脑科学家感兴趣的话题——认知和智力。我们的文化一直非常重视实事求是、明辨是非，以及对知识正式的传播，通常认为这些都是婴幼儿所不具备的能力。但心理学家和脑科学家不得不承认，我们自出生就是有意图的，对自己一举一动的目的和规划有强烈的兴趣，并且我们的大脑对他人行为的意图尤其敏感，特别是当这些行为指向我们自己或需要双方共同参与的时候。琳恩·默里又一次让我们叹赏这种与生俱来的才智及其在人际关系中的发展，她用图片向我们具体展示了婴幼儿是如何关注客观世界、理解他人行为，并通过一些细节传达给我们的。书中清晰地展示了老师帮助进行早教的方法，以及共同阅读的价值所在，并作出了重要的结论："从出生之始，婴儿就积极探索客观世界，通过一次次尝试来了解自己能做什么、了解世界是怎样运作的"，并且"社会关系对于他们先天能力的蓬勃发展起到了至关重要的作用……父母能对孩子的行为，尤其是对孩子的兴趣和关注点做出积极的回应。"

本书作者在关于亲密关系中的人性，以及强化其所需的条件这两个课题上是有独到见解的专家。她借助精美的插图讲述了婴幼儿和悉心照看者之间的心理的故事。

科尔维恩·特里沃森 博士，
爱丁堡皇家学会会士，爱丁堡大学
儿童心理学和生物心理学（荣誉）教授

目 录
Contents

第三章　自我调节与控制　127

第四章   认知发展   173

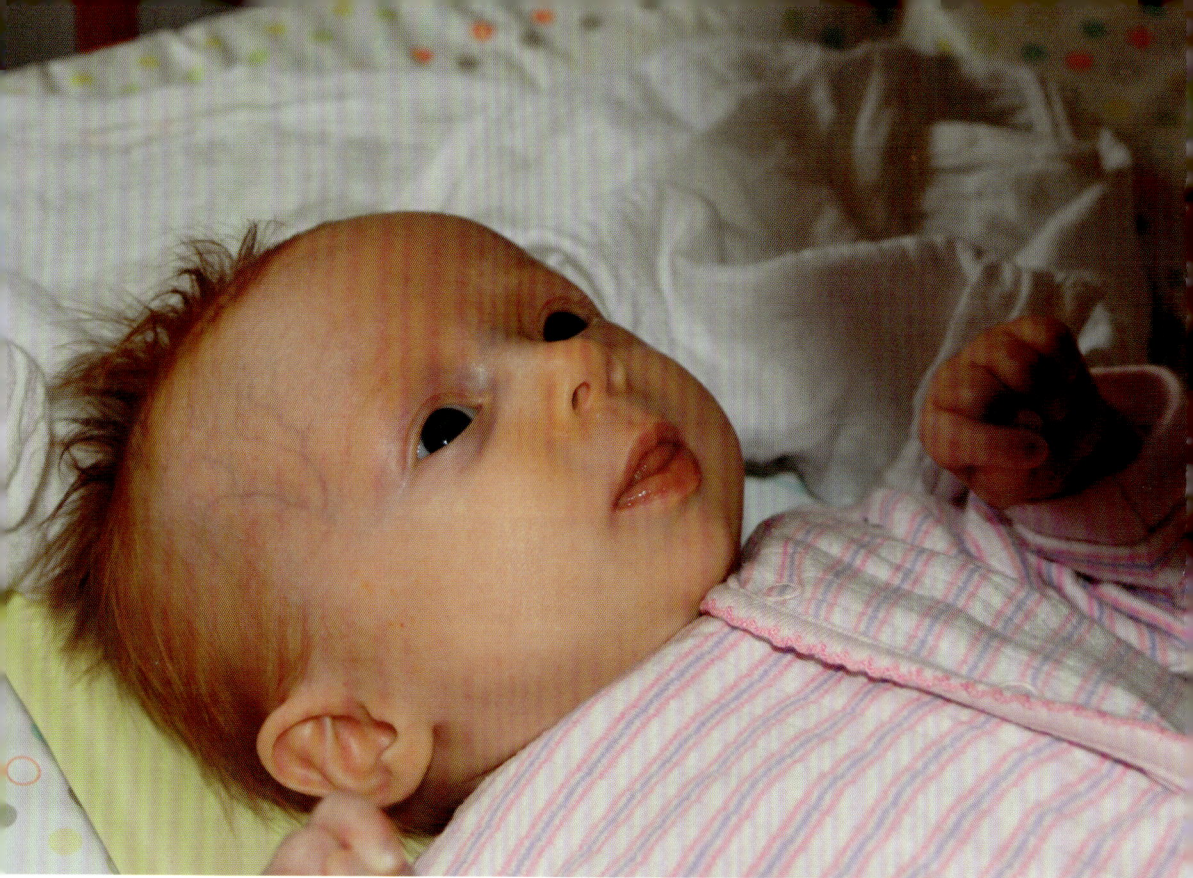

引 言

目前，大多数关于儿童早期发展的文章，要么仅仅涵盖婴儿最初几个月及护理方面的问题，要么侧重于 2 ~ 5 岁学龄前儿童的技能发展。我以前写的《社会化的婴儿》就属于第一类，主要着眼于婴儿早期的交流技能，涵盖了最初三四个月父母照料孩子所面临的主要问题——喂养、睡眠、哭闹等。读过这本书的父母和专业护理人员都对书中的观点给予了肯定。经常有人问我："为什么不接着写呢？"人们觉得还需要这个阶段之后有关婴幼儿发展方面的知识。我现在写的这本书就填补了这个空白。本书不是为了替代《社会化的婴儿》，关于理解婴儿早期阶段行为动作信号的部分，在这里不再复述，本书更加广阔和长远地着眼于婴幼儿 2 岁以内的心理发展，致力于探讨社会关系是如何支撑其发展的。

在最初的两年里，婴幼儿大脑的发育特别迅速，对社会环境高度敏感。目前有关婴幼儿心理发展的研究已经取得了巨大的进展：包括婴幼儿理解他人方式的研究，更广泛的婴幼儿认知能力、语言能力，以及对情绪和行为的自我控制能力等方面的研究。也正是在这个阶段，婴幼儿形成了对其照看者的依恋模式。在婴幼儿发展的这些方面，婴幼儿与他人进行互动的天性在其中起到了根本性的作用。最初的两年是一个至关重要的阶段，婴幼儿各个方面的发展对其今后的成长都将产生深远而持久的影响。

本书立足于科学研究，对主要研究成果的叙述贯穿始终，不过又和教科书不同。在本书中，研究结果均来自日常生活和特定实验中对婴幼儿个体的近距离观察，充分说明了论证的科学性。因此本书的内容更为生动、有趣，有助于父母、医务人员、其他与父母和婴幼儿相关的从业人员以及对这些研究感兴趣的学生更好地理解这些科学发现。本书中的研究都是先进行视频拍摄，然后再逐帧进行分析，这种方法在儿童心理研究中早有运用。实际上，我的第一份工作就是初级研究员，坐在一个黑屋子里，在不到一秒的时间内手绘出投影胶片上新生孩子看到面前彩色球晃动时手臂、头和腿的动作。这种方法和实时的观察不同，在实时的观察中，无论是作为观察者，还是作为参与者，画面都是一闪而过的，而逐帧地剖析连贯动作的过程却可以让我们看到被忽略的自然结构。于是，我们突然发现婴幼儿看似微不足道的或者杂乱无章的行为暗含着一些显著性和系统性的东西。这种方法可以很好地突出事件发生过程中某些关键时刻，尤其是可以添加注释来提醒读者注意某些关键细节。我绝大多数的学生和临床参观者都更愿意看这种图片展示，而不是实时的场景连拍，他们说这给了他们一种独特的方法了解婴幼儿的心理体验。这种方法同样适用于观察他人和婴幼

儿之间的互动：和婴幼儿在一起时，我们的大部分行为都不是有意为之，即使我们有时候确实想过，也会觉得那不过是偶然行为，或者没有重要的意义。但从实验研究中，我们对婴幼儿处理自己体验的方式有了更多的了解，然后，将这些知识融于对父母和孩子之间互动的细致入微的观察中，就能发现，我们本能的行为常常很复杂，能准确地帮助孩子发展，提升孩子的能力。

但是，如果父母都是凭本能行事，而且做任何事都能有助于婴幼儿的发展，那么用一本书将其阐明有什么意义呢？我们阐述的科学研究和观察发现有 3 个方面的价值。首先，探索更多婴幼儿身上神奇的能力具有一种简单的内在魅力，比如，表面上看起来"胡闹"的行为实际上是婴幼儿在进行重要的探索，懂得了这些，就能极大丰富我们与婴幼儿相处的体验和乐趣。同样，当我们对发生的事情有了更多的理解，并且意识到婴幼儿

的行为有他自己的意义和逻辑时，我们就会更加尊重他们；我们就能够意识到婴幼儿的行为不是简单、随意或者被动的，而是在积极有效地促进自己的发展。

其次，对婴幼儿发展的更全面的了解能让父母明白，他们本能的行为实际上对婴幼儿发展起到了非常重要的作用，从而鼓励父母相信自己的直觉。在这样一个纷繁复杂的世界，父母的直觉可能轻易就被削弱了。比如，有的父母不好意思使用"儿语"和婴幼儿说话，但是如果他们明白这种语言风格实际上存在一些共同的特征，而这些特征正好和婴幼儿的敏感度相适应，对促进其语言的发展非常重要，那么他们就可以抛开那些无谓的担心和烦恼了。了解了这些知识也能极大地肯定父母所作所为的价值，要知道，日复一日的生活常常让外部世界低估了父母这个角色的真正价值。

最后，知识就是力量：如果身为父母，

我们正在艰难应对婴幼儿的行为（我们可能常常这样），或者我们是医务岗位上的医护人员，又或者是帮助婴幼儿和父母的其他专业人员，那么我们从大量的儿童发展研究中获得的知识，再加上如书中所讲的细致观察的态度，就可以在你遇到困难时给你提供无比珍贵的帮助。即便一切顺利，那么我们对婴幼儿的发育、发展了解得越多，就越有能力做出更好的选择。

我们从最近的研究中发现，以前我们关于育儿的一些说法需要进一步完善。最近四十多年来，在对良好的育儿方式的讨论中，"敏感"一直是首要的主题。虽然所有人都提倡敏感应对自己的孩子，但由于这个词的含义（和"爱"这个词一样）太过宽泛，所以其实用性非常有限。实际上，越来越多的研究表明，可以认为父母对婴幼儿的不同回应方式都是"敏感的"，都会对婴幼儿的发展产生相应的结果，这就是通常所说的"特异性"。通常来说，父母如果在某个发育、发展领域对婴幼儿的需求能"敏感地"做出回应，那么他们往往也能在别的领域做出"敏感的"回应，但也有例外。例如有些父母觉得自己可以很轻松地开发婴幼儿的认知潜能（如帮助婴幼儿做形状拼板，或者激发他对绘本的兴趣），却在他乱发脾气的时候手足无措，反之亦然。在不同的育儿领域出现的这种回应的差异，在父母面临抑郁、焦虑等困难时更常见，当然，在任何人身上都可能发生。基于此，我们可以转换思维，将婴幼儿的心理发展分成不同的领域，并针对每个领域采用不同的育儿方式。因此，虽然婴幼儿的心理发展在很大程度上是错综复杂的，但本书将其分成了几个不同的关键领域。

第一章探讨了本书的核心主题——婴幼儿的社会性发展，因为几乎所有其他能力都是在社会关系的背景下发展而来的。在最初两年里，婴幼儿的社会性发展和理解会发生

空前的变化，从新生儿最基本的身体特征，到2岁儿童与他人的合作能力，以及对他人的体验可能与自己截然不同的理解能力。

第二章论述了在婴幼儿成长过程中至关重要的一个方面——依恋关系。依恋关系以婴幼儿对关爱和保护的需要为中心，并影响着他安全感。虽然与父母的关系通常对婴幼儿的安全依恋至关重要，但与其他看护者的关系也很重要。很多婴幼儿有非父母照看的经历，父母有时会担忧这会对婴幼儿产生影响，因此本章包含了对日托中心的影响研究，以及对相关依恋问题的细致观察。

第三章涵盖了婴幼儿发展中最具挑战性的任务之一，即调节和处理困难的经历和感受，学会自我控制。在满足婴幼儿依恋需求的过程中，父母培养了婴幼儿自我调节和控制能力，但婴幼儿情感和身体的失衡也会在许多其他情况下出现，而如何处理这些问题对于解决孩子好斗之类的"外化问题"和害羞、拘谨之类的"内化问题"特别重要。在这个自我调节和控制的领域，受婴幼儿天性

个体差异的影响尤其明显，这类差异（如孩子对刺激的敏感度以及回应的强烈程度）可能会切实地影响父母的体验。与婴幼儿发育、发展的其他方面相比，在这个阶段中，父母—孩子双向互动的本质可能体现得更为明显。

最后一章关注于婴幼儿的认知发展。"认知"指的是一系列的能力，包括注意力、学习能力、语言能力以及推理能力，这些都是"心智"能力；而对年龄小一些的婴儿来说，更值得注意的是身体（或运动）活动，如伸手拿取、触碰和移动物体，这些是他认知发展中的关键因素。在这个方面，有一点特别明显，那就是婴幼儿在推动自己向前发展，不断地"练习"自己的技能。但和其他方面一样，父母如何适应婴幼儿的主动性会对他的进步产生重要的作用。父母可以有多种方法帮助孩子，包括各种形式的游戏，不过其中特别有价值的活动是定期一起读书（共同阅读）。这一活动对婴幼儿的语言发展，甚至识字前的技能培养大有裨益。可惜的是，不是所有的婴幼儿都能参与这项活动，尤其是世界上低收入地区的孩子，所以，本书将实践这些研究作为使命之一，我们在卡雅利沙（位于南非城郊的一个居住区）开展了一项"与孩子共同阅读"的工程，本书的一部分收益将用于我们在那里的研究。

婴幼儿发展和父母与孩子的关系包含了众多主题，对过去15年心理学学术期刊上仅仅关于"母婴关系"的学术文献进行粗略统计，就达近1000篇。因此，有选择性的阅读和参考就显得特别重要。最明显的缺憾可能是在婴幼儿发展方面缺乏对性别差异的研究。这当然是一个重要的话题，但还有一种情况是，同性别婴幼儿个体之间的差异要

远远大于"一般"男女婴幼儿之间的差异，而观察婴幼儿的个体反应在某种程度上弥补了这一缺憾。我们的选择还关注于婴幼儿与其成年看护者之间的关系上。因此，虽然我们也提到与兄弟姐妹之间的关系，以及与日托中心的其他婴幼儿之间的关系，但由于篇幅所限，本书并没有对婴幼儿更广泛的社会接触进行深度探索。最后，因为相关研究证据的不足（而不是出于我的本意）本书在婴幼儿发展的文化差异方面涉及相对较少，希望在以后的研究中能不断完善。因为我们工作和研究的对象大部分来自我们日常接触到的人群：实际上，最近 WEIRD（Western Educated Industrialized Rich and Democratic societies）指数统计显示，我们科学期刊中的心理学研究数据 95% 都是来自世界人口中的一部分人。人们开始注意到这一明显的不平衡现象，今后要更加注意资料收集的代表性和广泛性。

（请注意：因为本书中我提到婴幼儿妈妈的频率要高于爸爸，为方便起见，避免混淆，在指称婴幼儿的时候，我倾向于使用男性"他"而没有使用女性的"她"。）

本杰明和他的奶奶一起做蛋糕。

第一章 社会理解与合作

在孩子生命中的前两年，其社会性发展的巨大进步令人惊讶，从呱呱坠地时备受关注，到蹒跚学步后能够理解他人、与他人合作，在家庭关系中发挥积极的作用。在这个过程中出现了一系列变化，每一次转变都伴随不同的社交内容，因为婴幼儿的照看者会本能地调整自我以适应他不断增长的能力。本章将对其每一个阶段进行介绍，同时对婴幼儿的社会关系如何帮助他发展进行阐述。

起航：新生儿阶段的第一个月

新生儿完全依赖于他人的呵护，他所接受的照看会对其发展产生深远的影响。因此，新生儿和照看者能否迅速、紧密地联系起来并彼此依恋显得至关重要。实际上，双方都有一种天性来确保彼此在最初的几天内形成这种紧密联系。

父母一方：哺育本能

人类的母亲和其他雌性哺乳动物一样，在照看自己幼小的后代时，其激素和一些独特的大脑反应机制会活跃起来，使其完全专注于婴儿，这称为"原初母性专注"（Primary Maternal Preoccupation）。这是一种特殊的心理状态，通常在妊娠后期开始出现，表现为孕妇渐渐专注于有关胎儿的想法和感受，而相对忽略别的事情，这种状态会持续到产

后几个月。在其他情况下，这种专注入神可能看起来像一种病态，但对于婴幼儿的母亲来说，这正是她所需要的，因为这恰好符合婴儿的需求，也意味着大部分照看婴儿的行为是母亲的本能。

我们本能地会被婴儿吸引，这表现在我们最基本的反应上，比如我们看到婴儿脸时的反应。婴儿和小猫、小狗、小海豹、小鸡一样，都有一些特别"可爱"的脸部特征，如宽宽的额头、洋娃娃般的眼睛、肉嘟嘟的脸颊，这些会吸引我们，让我们想要去照顾他。实际上，当我们看到婴儿脸的时候，大脑中与快乐体验相关的部分会瞬间产生一种特殊的反应，这种反应和我们看到成人脸的反应截然不同，促使我们想要和婴儿互动。

而如果我们面对的是自己的孩子，我们的大脑自动对他产生的反应会更加强烈，同时还会触发大脑其他特定的机制。和我们感受到浪漫爱情时一样，当我们看到自己孩子的脸时，大脑中与获得回报相关的活动会大幅增加。同时，通常与进行社会判断和评价相关的大脑活动会有所减少。实际上，一旦关系到我们浪漫的爱恋和孩子，我们的批判性思维活动就会中止，所以"爱是盲目的"。

婴儿之所以能够激发我们热切、专注的呵护之心，原因之一是激发自动反应的那部分大脑与后叶催产素的分泌有关。后叶催产素与所有哺乳动物的照看行为有关，而对人

类来说，它还与依恋、同情和信任等感情相关。例如，母亲在碰触自己的孩子或者给他喂奶的几秒钟之内，甚至只要看到或者听到婴儿吃奶，这种激素就会分泌。父亲和母亲一样，在与自己的孩子亲密接触之后，其后叶催产素水平也会升高。

孩子一方：社交大脑

就像成人本能地关注照看孩子一样，新生儿从出生起就做好了与他人交往的准备。不可思议的是，近十年来的大量研究表明，新生儿对他人做出回应，表现为特定的大脑活动以及行为，研究人员称之为"社交大脑"。而且，和成人一样，脸部特征在新生儿"社交大脑"中也起了重要作用。仅仅出生几天后，新生儿就明显表现出对人脸图案的偏好，而不喜欢相同元素拼凑而成的图案。眼神交流是和他人的交流中最有效的一种方式，所以新生儿特别喜欢看上去想和自己交流的脸，也就是睁着而不是闭着眼睛的脸、正视自己而不是看向别处的脸，这一点尤其让人感到不可思议。

新生儿对人的声音也很敏感，和非人类发出的声音相比（在两种声音的音高和分贝一致的情况下），他更倾向于人的声音。另外，就像新生儿会被那些表现出社交信号的脸部特征所吸引一样，他还会对成人本能的用来和他交流的那种特殊语言〔儿语，有时候也称为"妈妈语""父母语"或"儿向语（IDS）"，见第四章，第212页〕格外敏感。出乎人们意料的是，在几周内，新生儿会对他名字的发音更加敏感。

新生儿从出生开始就能对人类的特征做出回应，尤其是那些能建立社会联系的特征。除了这一总体趋势之外，新生儿还很快会喜欢上他的照看者的特征，比如自己妈妈的脸、声音甚至气味，就好像他不仅为一般的社交做好准备，还为建立特定的亲密关系做好了准备。

新生儿模仿和镜像神经元

新生儿最令人惊叹的社交能力之一是模仿他人面部活动和表情的能力。新生儿从来没有见过自己的脸，所以模仿他人的行为——如伸出舌头——依赖于他能否将自己看到和感觉到的面部活动对应起来。他需要感受到自己和他人之间的一些基本的对应，才能认识到自己一定程度上"和他相似"（见图1.1a及第四章关于认知发展的内容，第186～193页）。虽然严谨的科学研究已经证实了这一能力，但新生儿的模仿行为有时并不明显。只有特定的环境中（比如新生儿处于安静、清醒的状态，并且周围安静，光线柔和时），他的模仿才容易让人看清楚。即便如此，也并非所有的新生儿都愿意进行模仿，所以父母不要强迫新生儿做出回应，就算他没有兴趣模仿也不用担心。

近年来，对恒河猴（其幼崽也能模仿他人面部活动，见图1.1b）的一些研究表明，这种模仿能力的基础是大脑中一种特殊系统——镜像神经元系统，在我们看到他人做某个动作时，这个系统会自动触发我们做同样动作时所产生的大脑反应。重要的是，研究表明，不仅在看到或者听到他人的行为时，在看到或者听到他人描述这种感受时，也会自动触发这种大脑行为。因此，镜像神经元系统不仅为将他人的经历与我们自己的感受相关联提供了基础，也为我们共情的感受提供了基础。它在帮助婴儿早期互动和社会理解的发展中发挥了潜在的重要作用。

图 1.1

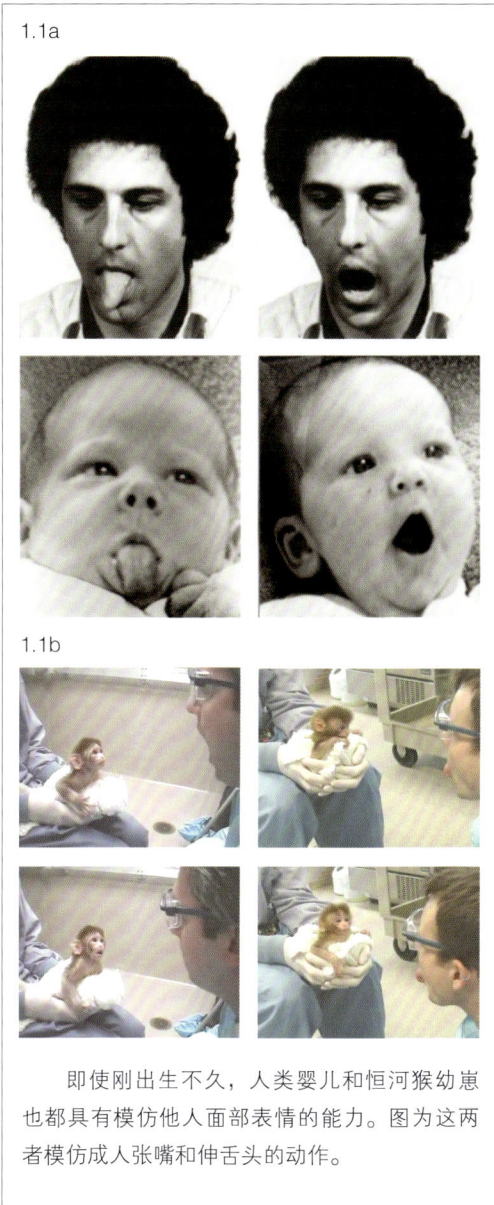

1.1a

1.1b

即使刚出生不久，人类婴儿和恒河猴幼崽也都具有模仿他人面部表情的能力。图为这两者模仿成人张嘴和伸舌头的动作。

第一个月的社交互动

　　孩子出生后的几周内，大部分是通过触碰的方式进行亲子交流的。身体的碰触贯穿于一天的生活，父母给孩子喂奶和洗澡时，疼爱地抱着孩子或者抚摸孩子时，哄他入睡时，或者在他哭闹安抚他时。虽然这些并不是明显的"社交"，通常不涉及面对面的交流（见案例 1.1），但这些身体接触中仍然存在一种交流，父母会根据孩子的状态和孩子给出的信号调整自己的动作，而孩子也会相应地调整自己的行为作为回应。而且，即使是在出生后不久，当孩子安静清醒时，偶尔也会与父母面对面交流。一旦孩子处于这样的状态时，父母会本能地处于孩子视线的中心，让他清楚地看到自己，然后和孩子说话。如果此时孩子处于比较舒服的姿势，头部也得到了很好的支撑，那么他可能会开始看父母的脸，扫视他们的脸部轮廓或者凝视他们的眼睛。当父母和孩子眼神交流时，通常会发出特殊的问候信号，同时用夸张的面部表情和微笑来肯定和鼓励孩子交流。这种对孩子的凝视的问候性回应如此普遍和相似，似乎全世界的父母都拥有这种"哺育本能"。

　　不过，在最初的几周里，尽管新生儿有模仿他人面部动作的能力，但他通常极少主动地模仿，在面对面接触中也不主动进行社交。这表明，在自然而然的面对面接触中，新生儿的模仿可能只起着无关紧要的作用（这一结论和研究者认为的婴幼儿需要父母的关心和注意的观点相一致），其价值可能在于指明婴儿有将自己的感受与他人的感受相联系的基本能力。因此，尽管孩子有时会盯着父母的脸并做出张嘴和伸舌头的动作，但这些反应通常没有固定的形式——他很少回应父母的面部表情，也很少笑、发出叽里咕噜的声音或者表现出明确的交流邀请。相应的，父母在第一个月里对孩子的回应通常也不是什么有趣的社交性活动，他们通常更关注孩子的身体行为（如打嗝、打呵欠或者吐奶），注意其兴趣点或情绪（如惊讶或撇

案例 1.1

早期转瞬即逝的交流

斯坦利，2 周。在最初的几周里，新生儿与照看者面对面的社交性交流往往转瞬即逝，大部分的交流是通过抚触的方式实现的。本案例中，斯坦利准备吃奶。在吃奶前，他和妈妈有短暂的目光接触，而且在吃奶时他似乎感觉到可以和妈妈交流。

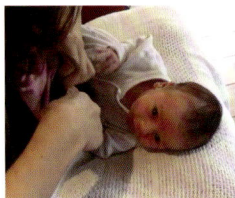

1. 妈妈准备喂奶的时候，斯坦利安静而清醒。

2. 斯坦利面对妈妈并和妈妈有了目光接触。

3. 在斯坦利吃奶时，妈妈一直和他互动，轻柔地和他说话，同时轻轻地抚摸他的头。

4. 斯坦利虽然忙着吃奶，但还是睁大了眼睛，好像听到了妈妈的声音，感觉到了妈妈的触摸。

嘴等不舒服的表现）变化的信号。这些早期的面对面交流有助于建立一种亲密的感情联系，营造一种"交流"的氛围，让父母能理解孩子的示意，传达对孩子的共情和理解，从而为将来更为明显的社交性交流打下基础。

简单来说，新生儿天生具有对社交信号做出回应的基本倾向，而且很快就会对自己的照看者产生特殊的兴趣。而照看者也有相似的本能，通常愿意和孩子互动，尤其是和自己的孩子。从出生起，孩子特定的大脑系统就会活跃起来，帮助孩子和他人建立联系，与他人分享他的感受。这些确保了孩子和他的父母能够迅速建立一种紧密的联系，并且在第一个月里就为他们之间的社交性交流打

下基础。

第二个月的转变：核心关系的发展

大约第二个月到第四个月这段时期被称为"核心关系形成期"或"一级主体间性形成期"。这些术语用来反映发生在这段时间内的纯粹的社交和情感上的亲密接触，以及婴儿对社交表现出的惊人的意向与能力。在此期间，婴儿在社交中越发积极，保持安静和清醒的时间也越来越长。他会主动地寻求目光接触，凝视父母面部的时间也会增加，而且他的笑容也表现出明显的社交性。婴儿不再像以前那样空洞地看着父母，而会更加专注。他会用动作回应父母的问候，会逐渐

在对父母凝视后微笑、发声、做手势，以及更为有意地做出符合发声要求的嘴形和舌头的动作（这被称为"前语言行为"，见图 1.2 和案例 1.2）。

在这些交流中，婴儿对父母和对物品的行为——甚至包括对能引起他们反应的玩具的行为——已经截然不同了（见案例 1.3 和案例 4.17）。在这个阶段，父母通常会注意到孩子身上发生的一个重要变化——孩子变得"更像人"了，或者说他们意识到孩子是真正的"人"了。

父母的角色

随着孩子在面对面互动中兴趣和表达能力的提高，父母也更加积极地支持孩子的社交活动。通常来说，父母注视的地方就是孩子注意力集中的范围，并且，父母的目光只有在孩子转移视线之后才会从孩子的脸上移开（见案例 1.4）。

正如案例 1.2 中斯坦利和他妈妈那样，父母常常会模仿或"镜映"（像镜子一样反映）孩子的动作，用孩子给出的明确的情感信号作为回应。这些信号都可能是潜在的交流行为，如发声、笑以及明确的"说话前"的嘴部动作。除了模仿，父母还会通过特殊的表情来"标记"孩子的交流信号。这和模仿不同，但也是父母明确地对孩子的某些行为表示强调和肯定的表现（见案例 1.5）。父母的"镜映"和"标记"都能让孩子持续参与和享受交流，但在对孩子面部活动和手势回应时，"标记"的使用频率会不断增高，因为父母能像和一位真正的谈话对象进行交流那样，给对方留出足够的表达空间，然后做出"哦，我明白了"或"是这样吗？"这样的回应，好像在强调他的行为是有意义的，他和父母在进行一种真正的双向交流。交谈中这种"标记"也会一直伴随孩子发声能力的发展。当孩子从简单的、类似于元音的"ooo"声到更为复杂的、类似于元辅音组合的"coo"声，父母的辨识能力会更强，会将这些更复杂的发音看成交流。这样，父母会逐渐帮助孩子形成符合其语言结构的发音。

在这种面对面交流中，父母的回应，尤其是对孩子表情的模仿和夸张，通常是本能的。这些行为看似微不足道，却对孩子的发育和发展起了重要的推动作用，它们可能涉及大脑的镜像神经元系统。首先关系到的是情感联系的产生。如第 8 页中描述的那样，

图 1.2

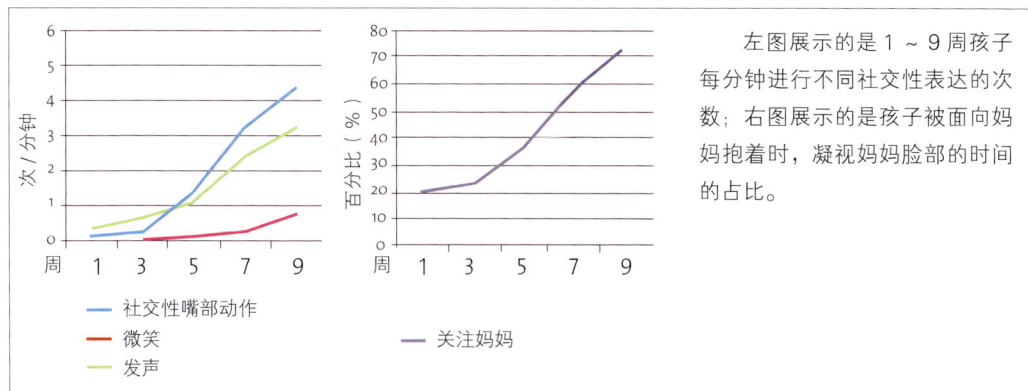

左图展示的是 1～9 周孩子每分钟进行不同社交性表达的次数；右图展示的是孩子被面向妈妈抱着时，凝视妈妈脸部的时间的占比。

社交性嘴部动作
微笑
发声
关注妈妈

案例 1.2

面对面的互动

斯坦利，9周。在第二个月里，婴儿面对面的社交性互动变得更为明显。如果父母时刻关注孩子，并根据孩子的表情和手势调整行为，孩子就能够与父母进行持续的目光接触，而且表现出多种交流方式，包括主动做出各种舌头和嘴巴的动作，还会发出笑声。模仿孩子的动作，将它们"标记"为孩子说话的尝试，与孩子轮流发言，时而是说话者，时而是倾听者，越来越多的父母采用这种对话式的互动回应孩子。

1. 斯坦利和妈妈的关系很亲密，当妈妈专注地看着他时，他的舌头有时候会动来动去，手和手臂也会做出一些动作。

2. 当斯坦利的动作开始变少时，妈妈清楚、夸张地模仿斯坦利舌头的动作。

3. 斯坦利饶有兴致地看着妈妈。

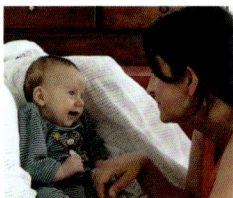

4. 现在斯坦利又开始活跃起来，而妈妈则安静地看着他。

5. 斯坦利把嘴巴张得大大的，妈妈也加入这个游戏……

6. ……两人都停下来，共享这美妙的时刻。

7. 然后斯坦利又开始动舌头，这一次他加上了嘴巴的动作，还把食指伸了出来，好像在说话一样，妈妈也表示明白他的意思。

8. 当斯坦利张大嘴巴并发出声音的时候，妈妈对他的行为表示鼓励和支持，就好像他真的在告诉她什么。

9. 他们又停了下来，享受这宁静的时刻。

案例 1.3

对物品的行为

阿斯特丽德，14 周。尽管婴儿在物品放得足够近时能够将注意力集中在上面并产生兴趣，但他的专注力和情绪反应通常与面对人时截然不同。

1. 阿斯特丽德被蓝色的泰迪熊吸引，当爸爸把泰迪熊举在她面前时，她聚精会神地看着。

2. 当泰迪熊前后移动时，她的目光饶有兴趣地追随它，手也朝它伸去。

3. 阿斯特丽德专注地盯着泰迪熊，但她一直比较安静，表情也比较严肃。

4. 阿斯特丽德的注意力在泰迪熊身上保持了一段时间。

5. 最后，爸爸把泰迪熊递给阿斯特丽德，让她拿着。这时候，她转换到社交模式——她的表情变得生动起来，活动嘴巴来和爸爸交流。

当孩子只是看着别人做出面部表情时，就会激活他做类似表情时的大脑反应。同样，如果是孩子先做出这个动作，那可能表明他的大脑已经做好准备，能够通过镜像神经元系统发现他人做的类似动作。而社交同伴（这里指父母）接下来对他动作的模仿就能和他的预期产生共鸣，使他自己的感受和同伴的感受产生直接而即时的关联。这可能有助于双方产生亲密的联系。有证据显示，与没有模仿的积极交流相比，当孩子被模仿时，他表现出长时间交流的意愿，也能从中得到更多乐趣。父母做出这种相同的"镜映反应"，肯定了孩子的主动性，这有助于培养孩子明确而清晰的"自我意识"或"核心自我"。

最后，因为父母的"镜映反应"是以孩子最初的行为为基础并进行了加工（是孩子行为的"加强版"），比如父母可能会在模仿孩子张嘴的动作时加上双眉上扬的动作，并发出声音，所以孩子对自己和父母行为之间的关联感受更为丰富。在父母"加强版"的回应中，其表达的形式，尤其是表达的强度和情绪基调带有重要的信息，会显示出父母赋予孩子的行为以什么样的意义。例如：父母看到孩子表示不舒服时，他们的回应可能有感同身受的感觉；而他们看到孩子第一次露出笑容时，他们的回应会传达出自豪的感觉。通过这个过程，孩子开始体会到自己的行为在他和父母的关系中的意义。

案例 1.4

中断和继续目光接触

斯坦利，9周。斯坦利和妈妈在花园里，两人都很享受彼此的陪伴。这时，斯坦利的注意力被飞机发出的声音吸引。在这一阶段的互动中，斯坦利的目光从妈妈的身上移开，妈妈也跟随他的目光，看是什么吸引了他的注意力，然后他们重新开始互动。

1. 斯坦利和妈妈愉快地一起微笑……

2. ……当斯坦利听到飞机声音，他停下来，将头转了过去。

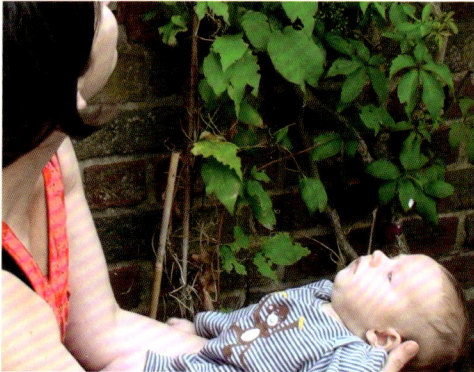

3. 妈妈随着斯坦利的视线看向了飞机，斯坦利也注意到了妈妈姿势的变化。

4. 斯坦利再次抬头注视发出声音的方向，而妈妈将注意力转回斯坦利身上。

5. 引擎声减弱后，两人又回到社交性交流中，当妈妈对着斯坦利微笑时，斯坦利又变回了一种有趣的表情。

6. 妈妈开始发出亲吻的声音，斯坦利饶有兴致地看着……

7. ……妈妈做完这个动作后，两人都大笑起来。

8. 然后，轮到斯坦利在交流中掌握主动权。

案例 1.5

富有表现力的"标记"

艾丽斯，11 周。在早期的互动中，父母常常会挑出孩子的某些行为，认为它们特别重要而特别加以关注，他们用以强调的行为就称为"标记"。"标记"包括一些刻意的、明确的面部表情和声音，表达刚才发生的事情很值得注意的意思，并且通过这个方式肯定孩子的行为。由此，孩子能够体会到自己的各种行为对于父母的意义。

现在，艾丽斯的妈妈在两人一起做游戏的时候鼓励女儿模仿自己把舌头伸出来。当艾丽斯做出回应时，妈妈将其"标记"出来，认为这很特别，两个人应该为此庆祝一下。

1. 当妈妈把舌头伸出来的时候，艾丽斯密切地关注着。

2. 当艾丽斯开始把自己的舌头往外伸的时候，妈妈用一个大大的微笑和期待的表情鼓励她。

3. 艾丽斯的舌头继续向外伸，直到全部伸出来的时候，妈妈挑高眉毛、点头、微笑、发出"oooh"的声音，用这些方法来"标记"女儿的成就。

4. 艾丽斯伸完舌头后，妈妈再一次表扬女儿，两人都为完成刚才的动作感到开心。

亲子互动的不同方式以及其他早期"意义理解"

研究发现，父母与孩子的关系中的许多特征具有普遍性，但在一定程度上也存在差异性。因此，虽然在各种文化中对婴幼儿做出回应这一点是一致的，但并不是所有父母都会对婴幼儿的相同行为做出回应，也不会对婴儿做出同样的回应。父母对什么样的行为做出回应，以及做出怎样的回应，会根据不同的文化价值观和个性特征而有所不同。有些国家（如美国和很多北欧国家）的父母特别注重从小培养孩子的独立性，在面对面的游戏中，他们倾向于使用前面描述过的较高级别（更为夸张）的表情和语言来回应和模仿孩子的行为。研究发现，这种方式的回应会让孩子更早具有自我意识（也就是学会在镜子中认出自己，见第 44 ~ 48 页）。有些国家（如日本和非洲一些乡村）则更注重婴儿的归属感、顺从性以及在社会中的分享和融入。这种文化中的父母，虽然同样会对孩子做出回应，但是他们选择模仿和回应孩子的行为可能不同于欧美的父母，也更倾向用亲近的身体接触（亲吻或者有节奏地拍孩子）来回应，但对声音和面部表情的模仿却少得多（见图 1.3）。反过来，这些不同文化中，婴幼儿会在亲子互动中发展出自己的行为方式。例如，有一项研究比较了恩索（非洲喀麦隆一个乡村）和德国的母婴互动，发现在前3个月里和妈妈的面对面互动中，德国孩子会越来越多地模仿妈妈的笑容，而恩索的孩子却没有出现这种情况（见图1.3b）。

即使在同一种文化中，父母对孩子的回应方式也存在一定的差异，这些差异也有可能反映父母个人的感受、价值观以及他们赋予孩子行为的意义。例如，有些父母可能特别欣赏孩子精力旺盛，用一种更夸张的方式模仿和"标记"孩子激动的笑容，鼓励孩子表达；而有些父母则可能觉得自己的孩子太容易激动，所以以一种更柔和的方式回应，试图缓和一下孩子的情绪。在这两种情况下，孩子对别人笑而产生的感受（类似于对事件"意义"的基本理解）明显不一样。于是，每个孩子会以自己的方式对父母的回应做出

图 1.3

此表显示的是在前3个月，德国和恩索这两种文化背景下的父母对孩子发出声音回应的随因性（即回应的速度）水平。虽然两种文化在回应方式上各不相同，但回应的随因性水平很接近。

续

刚开始时，恩索和德国的父母对自己孩子的声音做出近距离的身体回应的随因性水平非常相似，而且直到第四周，父母和孩子在目光接触方面的回应都很相似。但随着时间的推移，两地的父母对自己孩子的回应方式开始出现差异。恩索的母亲继续使用近距离身体回应的方式，而德国的母亲这种方式的回应开始减少。相比之下，恩索的母亲目光接触的回应水平保持不变，但德国母亲的有所增加。孩子的行为方式是根据父母对他们的回应方式发展的，例如，前3个月里，在与妈妈面对面互动中，德国孩子会更多地模仿妈妈的笑容，而恩索孩子却不会。

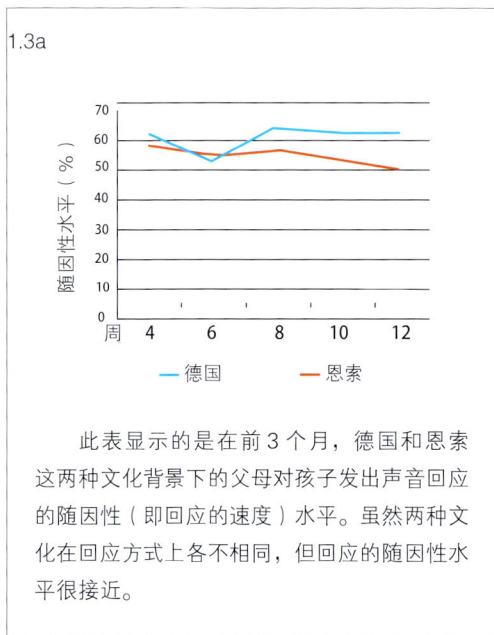

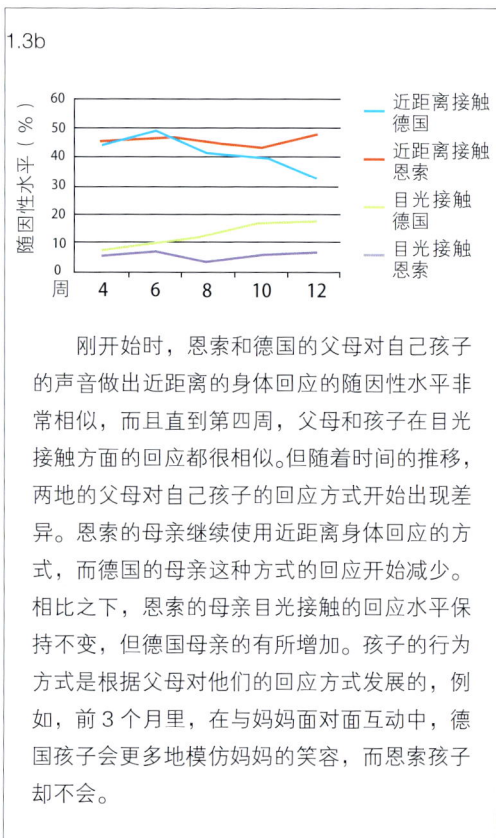

反馈，这样父母和孩子之间就逐渐形成了独有的相互回应的模式。随着时间的推移，这种模式变得越来越容易预测并固定下来。

婴儿的社交敏感性持续增强

在第2～4个月，随着孩子逐渐长大和经验积累，对面对面互动的性质也更为敏感。实验研究显示，孩子会越来越多地受社交同伴做出的反常或意外的行为影响。例如，父母看着他却不像往常那样互动，反而安静地不做出回应，他就会表现出不满和轻微的难过；经常做的游戏（如藏猫猫）步骤发生变化，或者同伴在结束游戏时情绪不好（如看

起来悲伤、愤怒或害怕），他也不会像平常那样展现出笑容。而如果在互动时变化发生得非常自然，例如同伴只是转过头和别人说话或者看附近的东西，孩子则不会受到干扰，通常还会静静地看着，保持积极的兴趣（参见案例1.6中的2张图片，及第三章和第四章中孩子对伙伴不自然行为的回应的案例，而案例1.7则与两者形成对比）。然后，在社交互动的正常或异常变化中，孩子能够处理社交伙伴注意力方向相关的信号以及在社交或情绪上表现出来的变化，并能以一种无论是情绪上还是社交上都得体的方式做出回应。

在最初的4个月里，整体而言孩子对这种社交信号的辨识力越来越强，对自己父母独特的互动方式也越来越熟悉。例如，孩子习惯了社交互动中父母热情的回应方式，那么与没有这种体验的孩子相比，他会对其他不同的回应方式更敏感。而且，孩子通常更喜欢自己习惯的回应方式，更愿意与行为方式和自己父母相似的人接触。随着时间的推移，孩子和父母之间的互动模式变得更容易预测并且固定下来，这种模式也开始转移到孩子和他人的互动之中。反过来，孩子的回应方式也会影响别人对他的回应方式。于是，为了让孩子更有效地参与互动，大家无意之中都会倾向于熟悉的互动模式。这就好像孩子参与社交互动的方式是逐渐"塑造"和完善的，和他家庭的互动方式保持一致，并且成为孩子和外界交流的一部分。等到孩子4个月大的时候，他已经成为一名成熟的社交伙伴：他非常愿意和他人进行社会交往，对同伴的参与积极性很敏感，并且有丰富的手势、声音和表情，能在面对面的交流中积极而恰当地使用它们。现在，孩子已有了社会理解的坚实基础，随着孩子的发育和发展，其社交互动的性质也会随之发生变化。

案例 1.6

面对面的"静止脸"实验

威廉，11周。2～3月龄的孩子通常对社交互动中父母行为的方式高度敏感。这一点在实验研究中得到了生动的阐释。实验要求父母暂时停止回应孩子，保持静止或空洞的表情——孩子的行为几乎马上就发生了变化。

1. 正常的互动。

2. 妈妈的"静止脸"。

案例 1.7

自然的中断

阿斯特丽德，14 周。父母不可能总是全心全意地和孩子交流，中途可能还需要处理一些其他的事情。对于和父母交流的中断，在最初的 3 ~ 4 个月，孩子似乎就能判断哪些是自然的，哪些是不自然的。

本案例中，阿斯特丽德的妈妈接到了一位朋友的电话。妈妈和朋友交谈的时候，阿斯特丽德看着她。在交谈期间妈妈的行为和情绪都发生了变化，但阿斯特丽德没有被这种自然的中断干扰，还是静静地看着妈妈，没有出现因交流非自然中断而表现出的抗议、要求继续交流或者转移注意力等情况。而且，妈妈一打完电话，阿斯特丽德立即又活跃起来，发出愿意继续交流的信号。

1. 阿斯特丽德和妈妈在做游戏，这时候有个需要接听的电话打过来。

2. 在开始和朋友通话的时候，妈妈对阿斯特丽德温柔地微笑，好像在告诉女儿她仍然意识到女儿的存在。

3. 这时候，因为需要安排事情，妈妈将注意力集中在通话中：她的身体转向别的方向，表情变得严肃起来。阿斯特丽德则继续看着妈妈，一只手朝着妈妈的方向张开。

4. 妈妈在想朋友需要多长时间到达，阿斯特丽德仍然安静地看着妈妈……

5. ……然后妈妈结束了通话。

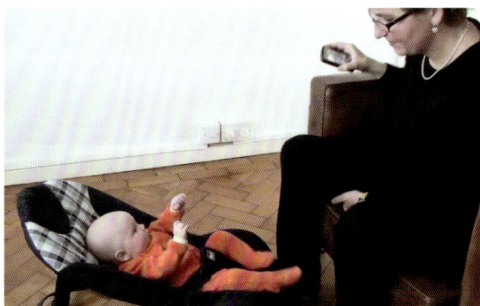

6. 看到妈妈转向自己，阿斯特丽德立即抬起手表示欢迎，热切地希望继续游戏。

4～5月龄：进入更广阔的世界和主题型关系

在3～4个月大的时候，孩子的视力有了显著提高。之前孩子只能看清楚22～30厘米远（人们通常自然地将自己的脸置于这个距离内）的物体，而现在孩子的视力大约和成人的一样，到四个半月的时候，孩子的伸手抓握能力也会显著提高。相应地，在社交中孩子的兴趣和动机也会随之发生变化。在孩子这些能力发展的带动下，父母也会找到各种不同的方式来和孩子交流。例如，孩子不再像以前那样喜欢和父母保持长时间的目光接触，而更喜欢四处看，或者专注于摸索触手可及的物品，如椅子上的带子，或者盯着远处吸引他注意力的东西。相应地，父母也会转换方式来适应这种变化，比如发展出身体游戏，通常用悦耳的韵律（如《在花园里转啊转》或者《做蛋糕》这样的儿歌）以及高潮般的结尾等将关注点集中在孩子身体的某些部位，或者游戏中使用一些物品，甚至是把一些动作变成有趣的"对象"，也可能用咂舌声这样程式化的声音来让孩子开心（见案例1.8、3.5和4.18）。现在，父母和孩子之间的交流已经从单纯分享感受和体验的"核心关系形成期"或"一级主体间性形成期"，发展到需要加入各种关注点或者主题的阶段。

从主题型关系进入到9月龄的连接型关系

孩子对游戏（如玩具）的兴趣逐渐增加，这个阶段的突出特征是，早期面对面互动阶段的重要社交活动似乎没有以任何形式融入到这种新的活动形式中。例如，5月龄的孩

案例1.8

游戏，要有一个主题

阿斯特丽德，4.5月龄。在孩子3～4个月大的时候，随着其看远处物体能力、伸手抓握能力的提高，社交互动的内容也发生了变化。和之前面对面的交流不同，这个阶段的游戏通常需要一个主题——有时候是一个玩具，或者是父母发出的有趣声音，或者大多是身体游戏。这些游戏通常包括父母在孩子身上做的一些可预料动作，然后在高潮时结束游戏，对游戏结束的时机，孩子逐渐能够预料。

1. 妈妈接近阿斯特丽德，并向女儿打招呼。阿斯特丽德的注意力被妈妈吸引。

2. 妈妈开始玩"挠痒痒"游戏，阿斯特丽德很喜欢这个游戏，她们已经玩过多次了，此时阿斯特丽德的表情变得欢快起来。

（续）

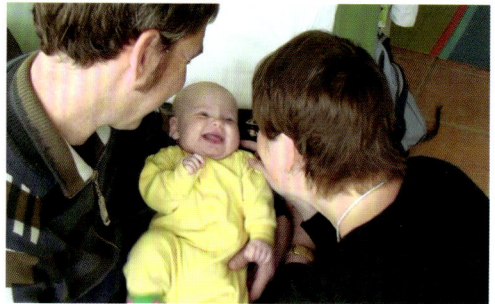

3. 妈妈的手指一路往上朝着阿斯特丽德的脖子挠痒痒，她变得越来越兴奋，并对接下来要发生的事情充满期待。

4. 妈妈挠她的时候，阿斯特丽德高兴得扭来扭去，并在游戏高潮的时候闭上了眼睛……

5. ……然后和妈妈一起大笑。

子想要他的泰迪熊却拿不着时，只会表达自己的需求，可能会将身体朝它倾斜，专注地盯着它并努力发出"哼哼"声，那么身边的人就会明白这些信号并拿给他。在这个阶段，孩子还不会直接看着他人并向其主动发出信号，让别人帮助自己拿到泰迪熊。

后面的这种行为通常要到 9 ~ 10 个月才开始出现，它代表孩子社会性发展中一个重要转变，表示孩子进入了连接型交流（专业说法是"共同注意"或"二级主体间性"）阶段。除了孩子的核心交流技能和他在外部世界发展的其他能力之外，这种转变还需要其他两种重要的发展：首先，孩子需要更好地理解他人对外部世界的体验（如上面的例子中，成人能够拿到泰迪熊）；其次，孩子要能够将他人对外部世界的体验和自己的体验联系起来（也就是说，他需要认识到，成人可以帮助他，能够把他需要的东西给他，而他需要与成人交流）（见图 1.4 和案例 1.9）。

这种向更为连通的社会理解转变的关键发展阶段还有其他标志，包括孩子在和他人的游戏中扮演的角色更有互动性。例如，他

开始把物品来回传递，或者在藏猫猫游戏中扮演以前只有父母才能扮演的角色（见案例 1.10 和 1.11）。

图 1.4

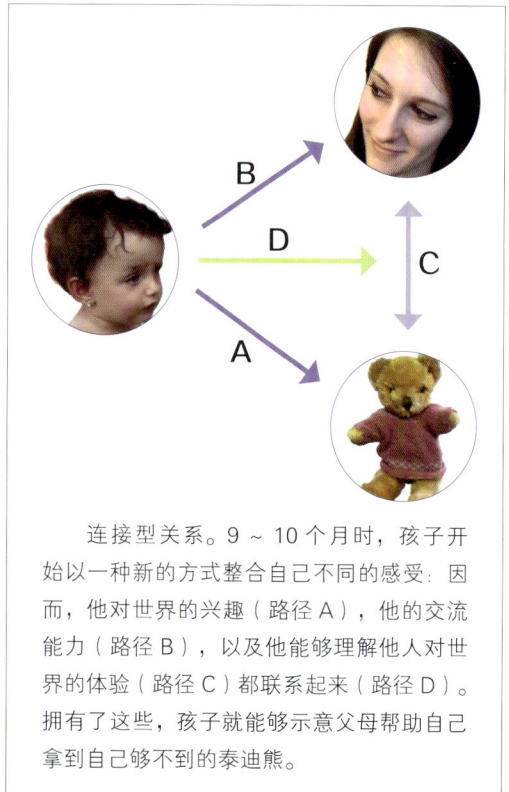

连接型关系。9 ~ 10 个月时，孩子开始以一种新的方式整合自己不同的感受：因而，他对世界的兴趣（路径 A），他的交流能力（路径 B），以及他能够理解他人对世界的体验（路径 C）都联系起来（路径 D）。拥有了这些，孩子就能够示意父母帮助自己拿到自己够不到的泰迪熊。

案例 1.9

向更为连通的社会理解转变

本，10 月龄。大约在这个年龄段，孩子开始将自己不同的技能和感受以新的方式整合起来，也逐渐意识到他人对世界的理解以及如何把他人的理解与自己的体验连通起来。

本案例是这一发展阶段的经典案例。本向妈妈示意，希望妈妈帮他把玩具拖拉机拿过来。

1. 本的妈妈忙着给本喂饭，这时本发现了附近柜子上的玩具拖拉机。

2. 本很想玩拖拉机，他的手指向拖拉机。年龄更小点儿的孩子如果想要什么东西，可能也会这样做，然后成人就会理解这个动作的意思，帮孩子拿他要的东西。

3. 不过，现在，本展示出他新掌握的、更为连通的社会理解——他有意地看向妈妈，用表情直接示意妈妈帮他拿。

4. 当本再次朝拖拉机伸手时，妈妈做出回应，伸手去帮他拿。

5. 妈妈把拖拉机放在餐桌上，这样本吃饭的时候也能看着拖拉机。

6. 本很开心——他和妈妈的交流成功了，而且他还可以一边吃饭，一边看着自己喜欢的玩具。

案例 1.10

给予和分享

本杰明，10月龄。孩子向更为连通的社会理解转变的表现之一是孩子开始想把东西递给别人。这是将自己的体验和他人的体验相连，分享对正在发生的事情的理解，这似乎能给孩子带来很大的满足和快乐。本案例中，本杰明发现了给予的乐趣，抓住一切机会来练习这种和父亲以及曾祖母交流的新方式。

1. 本杰明喝完水，曾祖母在旁边看着他，这时候爸爸也加入进来。本杰明马上把水杯递给爸爸……

2. ……然后，爸爸接过水杯，表示了感谢，本杰明看起来很开心。

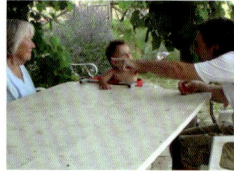

3. 爸爸把水杯还给他，并且向本杰明建议也许曾祖母也想来一次。

4. 现在本杰明毫不犹豫地听从了爸爸的建议，高兴地转向曾祖母，把水杯递给她。

5. 曾祖母对于本杰明把水杯给她表现得也很开心，本杰明看起来很享受这个给予的游戏……

6. ……爸爸为本杰明的友好鼓掌时，本杰明也用小手拍打桌子……

7. ……然后和曾祖母一起鼓掌。

案例 1.11

互动游戏

本，12月龄。孩子在10月龄时发展出来的这种"连接型"理解，还表现为孩子在游戏中能够与他人轮流承担职责。在这个阶段之前，通常是父母设定游戏的场景，安排游戏的步骤，而现在孩子开始扮演和玩伴一样的角色，显示出对他人体验更多的理解。本案例中，本刚刚吃完午饭，妈妈用手上的餐巾开始和本玩"藏猫猫"的游戏。本玩得很投入，在妈妈的鼓励下，本扮演了游戏中的不同角色，对已经熟悉的游戏内容，本还做出了创造性的改变。

（续）

1. 妈妈把脸遮起来，本专注地看着。

2. 妈妈把脸露出来并发出"boo"声，本还是专注地看着。

3. 妈妈用微笑表示这次游戏结束，本开始关注餐巾。

4. 现在，本伸出手去拿餐巾……

5. ……然后把自己的脸遮起来，妈妈将身体向旁边转了一下，让本达到"躲藏"的效果。

6. 本现在完全投入"藏猫猫"的游戏中，妈妈则大声发出本预期中的的"aaahh"声来配合游戏内容……

7. ……本开心地和妈妈一起说"boo"。

8. 现在本把餐巾递给妈妈，邀请妈妈再玩一次游戏……

9. ……两人又玩了一次。

10. "Boo!"

11. 妈妈又把自己的脸遮起来……

12. ……现在本却改变游戏内容，把餐巾拉开……

13. ……让妈妈的脸露出来……

14. ……妈妈重新出现，两人都很开心。

案例 1.12

分享兴趣

本，13 月龄。这个阶段的孩子正在发展对世界的共同理解，并且了解他人的关注点和兴趣，标志之一就是用手指指示。手指指示有多种方式——孩子可以用指的方式向伙伴表明他想要什么东西（称为指令式指示），也可以用指的方式将伙伴的注意力转移到有趣的事情上（称为宣告式指示）。用手指指示可以为他人提供信息，比如指出对方要找的东西在哪里，也可以仅仅用来分享体验，这种行为通常能保持到孩子成功地将伙伴的注意力转移到某件物品或者他感兴趣的事情之后。

本案例中，本指着墙上的画报，想把妈妈的注意力转移到画报上，然后和妈妈一起玩扮演猴子的游戏。

1. 本想把妈妈的注意力吸引到妈妈背后墙上的动物画报上，于是他用手清楚地指出妈妈应该看的地方。

2. 妈妈顺着本的指示转向画报的方向，本继续指着，然后开始模仿猴子的叫声。

3. 妈妈也一起指，并发出猴子的"嘀嘀"的叫声。

4. 本很开心，他继续指着，发出更多的"嘀嘀"声。

5. 仅仅是和他人一起分享这个简单的游戏也给本带来了巨大的快乐。

在这个阶段，孩子开始学会听取他人的建议，和他人更有效地合作（见案例 3.9，本把洒出来的牛奶擦干净）。在不清楚发生了什么的情况下，孩子还会望向爸爸妈妈，似乎在向他们寻求指引（见第三章关于社会参照的内容，第 148 ~ 149 页），并且，至少到 1 岁，孩子还会常常指着希望和同伴分享的有趣事物来引起同伴的注意（见案例 1.12）。伴随这些社会理解的变化，孩子对关系中情绪的理解也在发生变化，反映在"分离焦虑"或者"陌生人恐惧"等行为上（见第二章关于依恋的内容），以及通常所说的

"关爱的能力"，即孩子可能对他人做出安抚的动作。

连接型关系的发展 1：婴儿对他人的隐性理解

如前文所述，将自身体验和他人体验相联系的认知发展是成熟的社会理解的基础。但是，我们还没有完全了解婴儿是怎样做到这一点的。和婴儿不同，儿童的社会理解大部分可以通过语言表现出来，而婴儿发展出的对他人的理解通常还不能用语言来明确地表达。这就意味着，我们往往需要非常敏感地观察才能发现，如观察孩子注意力微妙变化的信号（见文本框 A），或者他在处理不同事件时的大脑反应。实际上，观察和研究的结果显示，婴儿在 2 ~ 3 个月大的时候，就已经能够理解他人对外部世界的体验。因此，婴儿在能够清晰地看到远处的事物之前，或者能够聚焦并看到他人正在关注的事物之前，已经基本具备了理解他人对周围事物认知的能力。例如，当伙伴转向其他方向的时候，婴儿也会转向差不多的方向，就好像他早就准备好和他人分享自己的体验。这种转身去看他人在关注什么的动作，在接下来的几年中会稳步发展，并且会越来越准确。在婴儿 4 ~ 6 个月大时，物品需要离他非常近，容易看到，还需要摆放整齐，这样他才能追随他人的视线看到它。但到快 1 岁的时候，婴儿能在更复杂的情况下追随他人的视线看到离自己比较远的物品（见案例 1.13）。

婴儿除了能觉察到他人明显的兴趣之外，还能通过他们的外表和行为方式来了解其意图和目标。例如，6 ~ 10 个月大时，婴儿会提前将视线转移到他预期某人动作（比如伸手拿什么东西）结束的地方。同

A 通过眼部运动了解婴儿感兴趣的事物

和其他生物相比，人类的眼部运动更容易表明我们对什么感兴趣，因为我们的眼白相对较大，和虹膜的深色形成鲜明的对比，所以我们转动眼球去看东西时会特别明显，眼球的运动就像指针一样，他人能轻易看出我们在关注什么。因此，婴儿发现他人兴趣点的一个方法就是追随对方的视线。

许多研究精确地记录了婴儿在观察他人注视的事物或与他相关的不同动作（如抓握、指示或朝他伸出手）时的眼动情况。有两种眼部运动特别有助于显示婴儿如何理解他人行为（特别是他们的目标或意图）的。一种是"预期"眼部运动，即婴儿的目光会提前转向他预期某人动作结束的地方；另一种是"违反预期"眼部运动，即对于预料之外的事物，婴儿注视的时间会更长。

样，当看到他人对一件物品感兴趣（看着它或者指向它），之后却改变目标拿起另一件物品时，婴儿看起来会十分意外。在这个阶段，婴儿能够分辨事情是有意为之还是意外发生。例如，"意外地"把玩具弄掉和有意地把玩具放到他够不到的地方，婴儿有不一样的反应，他甚至能意识到不同的人可能有不同的目的和意图。

重要的是，婴儿对别人行为背后意图的理解很大程度上与他自己做同样事情的能力相关。因此，婴儿一旦开始抓住东西，或者用手指指示，就能看出他人抓握或指示的目的；到了自己能爬的阶段，他就能预测其他婴儿的爬行路线；他一旦能够"有计划"地达成目标（比如，他们知道拉动垫在玩具下面的布，就可以把玩具拉到自己伸手可及的

案例 1.13

视线追随

　　艾丽斯，14 月龄。孩子希望和他人共享体验，这一点可以通过他追随他人的视线和用手指指示看出来。他人关注的事物离孩子越近、越吸引人，孩子就越有可能去看它。如果有人正和孩子交流，并且向孩子表明自己的兴趣，孩子就更有可能跟随他人的注意力。

　　在本案例中，艾丽斯坐在妈妈腿上，研究人员向艾丽斯打招呼，然后将头转向一侧，接着又转向另一侧，去看放在桌子两边的玩具。

1. 研究人员微笑着和艾丽斯进行目光接触，引起了艾丽斯的兴趣，艾丽斯立即注意到她。

2. 这时研究人员将头转向一侧去看红色的玩具车，艾丽斯感兴趣地看着她。

3. 艾丽斯自己也转过头看研究人员在看什么。

4. 接着艾丽斯转回头，又看着研究人员。

5. 现在研究人员将头转向另一侧看另一个玩具。

6. 艾丽斯也转头去看研究人员感兴趣的新东西。

地方），就能看出他人行为的计划。因此，婴儿积极参与成长活动并扩大其活动范围的经历，将直接促进他对他人类似行为的理解。不过，对完全的"连接型关系"来说，婴儿还需积极地将自己对外部世界的认知与对他人处理方式的理解联系起来（见第 20 页图 1.4 中的"路径 D"）。这一更高层次的发展是通过特定的游戏和社交互动实现的。

连接型关系的发展 2：社交互动的作用

培养共同的兴趣　前文已经提到，当 3～4 月龄的孩子对面对面游戏的兴趣逐渐减退时，父母会本能地改变交流的模式来进行调整。现在父母用来和孩子交流的技巧——追随他并将他感兴趣的东西带入游戏，或者进行身体游戏——都能有效地创造共同的关注点或主题，而且对于"连接型关系"或二级主体间性的发展非常关键，使用这些技巧能够增强孩子将自己对事物的认知与他人相关行为联系起来的意识。游戏中父母某些特定的表达也能提升孩子对这些联系的意识，所谓的"动作语言"就是其中之一。"动作语言"是一些动作行为，类似于模仿婴幼儿话语的"儿语"，通过交流的节点和强度来区分游戏的不同阶段，它常常用于儿歌中，如《在花园里转啊转》《做蛋糕》，这些儿歌通过有节奏的动作和音乐让孩子清楚地理解主题，也让孩子易于参与。当孩子的动作或者身体的某些部位成为游戏的主题时，这为他自我意识的发展提供了机会，也让他将自己的动作和同伴相联系（见案例1.14）。

在有主题的互动中，父母和孩子交流的另一个突出特点是具有"明示性"，也就是父母用不同的面部表情和声音来提示孩子，向孩子展示这个世界。这种行为和早期面对面互动中明确的"标记"行为很相似。父母在早期面对面的互动中会选出孩子的某些行为，运用"标记"的行为来加以强调和评价（见第11页，以及案例1.5中艾丽斯的妈妈"标记"女儿吐舌头的动作）。而在这种情况下，"明示性标记"会提醒孩子注意，正在发生具有潜在重要意义的事情，这样更能引起他的注意，使他更容易跟随成人进一步的引导，参与到互动的主题中（见案例1.15）。

年幼的婴儿更可能从这样的明示性信号中获益。例如，成人首次和 3～6 月龄的婴儿有了目光接触，并用"儿语"热情地和他打招呼，或者朝他挑眉微笑，就好像在暗示他即将发生有趣的事情，此时孩子就能更快地"入戏"，更容易看向成人的视线或指向的物品。另外，婴儿对周围事物的回应恰恰表明他对成人感兴趣的事物同样敏感。例如，4～9 月龄的婴儿如果曾见过成人朝某个物品的方向看，那么他的大脑在处理这个物品的信息时效率会更高。而到他 1 岁的时候，只要之前注视过这个物品的人再次出现，就算没有做出注视这个物品的动作，也会引起他对这个物品更多的关注。最后，社会联系还会影响婴儿的记忆力。例如，如果一个成人和婴儿有了目光接触并对他微笑，婴儿以后会更容易认出这个人的脸。

换句话说，婴儿不仅能根据外部特征来记住周围的人和物，也能通过与他人产生关联和分享体验丰富他对外部世界的回应。实际上，对婴儿早期发展的跟踪研究表明，父母通过"明示性标记"和教导等形式对孩子兴趣做出的鼓励，对 9～10 月龄婴儿连接型社会理解的培养尤其重要。

案例 1.14

调整身体动作

莎文，6.5 月龄。孩子从 4～5 月龄开始，对简单的面对面互动逐渐失去兴趣，父母不得不用新的方法来吸引孩子，因此，身体游戏更加频繁。莎文和妈妈"发明"了一种换完尿片"伸手站立"的游戏。莎文现在对这个游戏非常熟悉，对每一步都能预料到。现在，在游戏中，妈妈能准确地把握每一步的节奏，还能做一点儿小小的改变，这样可以让莎文对游戏更感兴趣，还可以训练莎文理解妈妈的意图并据此调整自己的动作的能力。

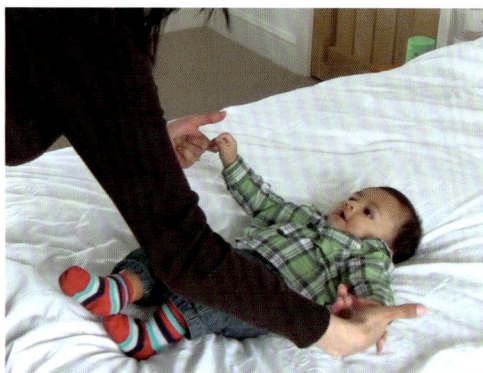

1. 换尿片后，莎文期待和妈妈玩游戏，当妈妈给他穿好衣服后，他向妈妈伸出双臂。

2. 莎文迫切地想开始游戏，当妈妈示意他准备拉他起来时，莎文激动地看着妈妈。

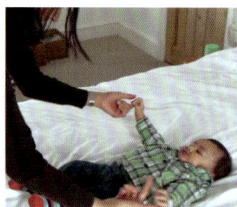
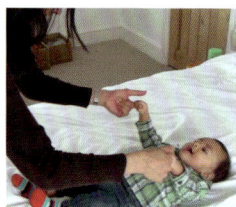

3. 妈妈发出欢呼声来"标记"莎文为站起来付出的努力。

4. 莎文很清楚下一步该怎么做，妈妈停下来等莎文主动做下一步，莎文自己准备躺下来。

5. 这一轮游戏结束，莎文和妈妈都安静了片刻，来标记游戏的过渡阶段。

6. 然后莎文和妈妈都做好了进行下一轮游戏的准备，于是游戏继续。

协调行动 在很多身体游戏中，孩子和成人的动作需要密切配合。当孩子习惯了游戏的步骤后，父母通常会在游戏气氛即将达到高潮时制造一个短暂的停顿，以让孩子意识到游戏的目标和父母的意图（见案例 1.14 中莎文向妈妈伸手）。除了游戏之外，每天重复的日常活动，如穿衣服或者换尿片等，也为孩子提供了机会，让他了解需要怎样协调自己和父母的动作，才能顺利完成任务，达成共同的目标（见案例 1.16）。实际上，父母无意中就可能为孩子提供了不断练习的机会，帮助其连接型关系的发展。

子就会以更有趣和更主动的方式表现这种腼腆，"邀请"他人来关注自己。

婴儿还会发展出其他行为来帮助他形成自己作为他人关注焦点的认知。因此，就像成人会将自己的动作作为共同的主题与孩子分享（见第27页）一样，6～7月龄的婴儿也开始掌握自己的小把戏，并以日渐复杂的方式来协调自己的社交活动。通常情况下，婴儿开始游戏的方式不同于往常，他有时是无意的，如摇头或发出有趣的声音，但这可能会得到父母的评价或者回应，于是孩子会开始有意地使用这些行为来吸引成人的注意。再过一段时间，到大约8个月大的时候，婴儿不仅能吸引他人的注意，还能通过"显摆"甚至搞笑的行为来获得成人的赞许、欣赏或是引他们发笑（见案例1.18）。

到9～10月龄时，婴儿对周围的人和物已经有了相当大的身体控制能力，并开始伸手抓握和操控物品，还常常爬行。基于他基本交流能力和他人在互动中的支持，婴儿已经能掌握他人与周围的人交流的关键信息，并且能将其与自己的体验相协调。这种更为连通的关系（二级主体间性）让孩子在社交发展上跨出了一大步，为他更加充分社会理解与社会合作打下了坚实的基础。

案例 1.18

小把戏

本杰明，10月龄。本杰明掌握了"歪脑袋"的小把戏，现在他经常和家人玩这个游戏。他会用这个特别的动作来邀请家人和他玩，和家人一起分享这一有趣的主题。本案例中，本杰明和爸爸以及曾祖母一起玩这个游戏。

1. 曾祖母在给本杰明喂吃的……

2. ……爸爸来了，本杰明开心地和爸爸打招呼……

3. ……然后他马上开始玩"歪脑袋"的新游戏。

4 爸爸加入进来，和本杰明一起玩游戏。

（续）

5. 现在本杰明看向曾祖母，看她是否也想玩。

6. 他又开始歪脑袋，曾祖母也学着他的样子做。

1 岁后：培养"鸟瞰视野"及合作型关系

虽然婴儿在 9 ~ 10 月龄时表现出的能力代表其社会理解有了真正的进步，但更多关键能力尚待发展，其中主要包括协调不同的世界观的能力，让孩子有更全面的"鸟瞰视野"，能从更客观的角度来看待事物，这种能力对婴儿的认知发展也是至关重要的（见第四章）。在之后的童年时期，这类能力将拓展为把自己的体验作为独立的主题看待和反思的能力，还会发展为思考他人对世界的需求、认识和信念，以及它们和自己有怎样的差异的能力。后面的这些能力通常被称为"心理理论"，不具备这些理解能力就不可能拥有真正意义上的合作型社交生活。

直到前不久，很多心理学家还认为，儿童要到 4 岁左右才能意识到他人对外部世界的信念和自己认为的是不同的（也就是说，他人可能有"错误信念"），开始能对关于他人的"错误信念"的问题给出正确的答案（细节见文本框 B 中有关较大儿童对错误信念的理解的内容）。不过现在观点有所不同，

研究表明，在 2 岁之前婴幼儿不仅能够领会他人体验的关键点，而且在后期，他还有种直觉，知道他人拥有和自己不同的体验（包括对世界的"错误信念"）。当然，在婴幼儿身上，这些能力并没有明确地表现出来，

B 较大儿童的心理理论和错误信念

研究人员常常使用"错误信念"任务来评估 3 ~ 4 岁儿童对他人体验和信念的理解能力。在这些任务中，孩子需要基于他人对于情境的错误信念来预测他将做什么。通常，研究人员会向孩子展示一个场景，里面有各种道具和两个角色，比如一只泰迪熊和一个洋娃娃。泰迪熊先把一个物品放到一个红色的箱子里，然后关上箱子走出场景。泰迪熊不在的时候，洋娃娃把那个物品从箱子里拿出来放到另一个地方，比如橱柜里。然后研究人员问孩子，泰迪熊回来后会到哪里去找那个物品。3 岁的孩子通常会说去橱柜里找，因为他自己知道物品放在橱柜里。但他不能意识到泰迪熊并不知道物品被放到了橱柜里，它仍然认为物品还在红色的箱子里。而年龄大一些的孩子就会考虑到泰迪熊存在错误信念，因而，能够正确预测它会去箱子里面找。

比如他还无法用语言回答"他人是怎样认为的？"这样的问题。不过，通过精心设计的实验和对婴幼儿与他人互动细致的观察，人们发现从出生到 2 岁左右这一阶段，婴幼儿展现出大量富有创意的行为。在这些行为中，婴幼儿对他人迥然相异观点的理解令人印象深刻，而这些理解在很大程度上仍然依靠直觉，使婴幼儿对自身体验持有更为客观的态度。这种直觉的理解也非常重要，因为它预示着年龄大一些的儿童才拥有的"心理理论"。

发展"鸟瞰视野"及合作型关系能力的标志

　　捉弄　在 9 ~ 10 个月时，婴儿会以自己和他人体验之间的联系做游戏，并且更为积极地进行尝试。在游戏中，婴儿还会特别关注他人的心理状态。一种方法是通过捉弄的方式来操控同伴，在婴儿 11 个月时，这种行为会变得比较常见。这类游戏的核心是婴儿故意引诱同伴产生期待，然后调皮地违反规则去捉弄同伴。例如，开始他假装递东西，明确邀请同伴来接，但就在同伴刚刚做出接东西的动作时，孩子突然把东西拿开，等同伴露出惊讶或失望的表情时，他则开心地笑起来（见案例 1.19 ~ 1.21）。这一过程通常会变成固定的游戏，婴儿会一遍又一遍地玩，乐此不疲。游戏的成功完全取决于游戏同伴的协作精神，同伴最好能表现出假装的震惊或惊讶。这样的回应清楚地向婴儿表明同伴的期望受到打击，游戏达到最佳状态和目标时大家获得的感受都是由他掌控的。而回应中的"假装"成分也让婴儿知道，同伴其实不是真的失望，而是为了加强游戏效果的协作精神（更多关于假装表达的内容见第 54 页）。

案例 1.19

捉弄 1

　　本，11 月龄。婴儿捉弄他人表明他意识到他人的体验是一个有趣的主题，也是可由自己操控的。本从 11 个月时就开始捉弄爸爸，同样的套路重复使用了好几个月。这个游戏是这样的：本假装递给爸爸什么东西，使爸爸产生期待，但当爸爸即将拿到东西的时候，本又调皮地把东西收回去。这类游戏的关键是婴儿和同伴间的协作，成人通常用明显的假装的表情表示失望，但又非真的失望。

1. 本一直在看图画书，然后他把书举起来要递给爸爸。

2. 爸爸马上伸出手去拿这本书……

（续）

3. ……爸爸看了看，把书还给本。

4. 本换了一只手拿书，又想把书递给爸爸。

5. 但这次，当爸爸伸出手去拿时，本突然把书收回去，并观察爸爸的反应……

6. ……看到爸爸失望的表情，本笑得很开心。

案例 1.20

捉弄 2

本，14 月龄。

1. 本在吃圣女果，他伸手去拿最后一个。

2. 然后他把圣女果朝爸爸递过去。

3. 本等到爸爸几乎要拿到圣女果的时候……

4. ……快速收回手，自己把圣女果吃掉。爸爸装出受到捉弄后惊讶和失望的表情……

5. ……这让本哈哈大笑。

案例 1.21

捉弄 3

本，23 月龄。

1. 爸爸想尝尝本的花椰菜，于是本把花椰菜递过去……

2. ……但爸爸还没吃到，本就收了回去，看到爸爸假装惊讶的表情，本开心地笑起来。

3. 这个时候，只要爸爸做出一点点惊讶和失望的表情就能让本笑个不停。

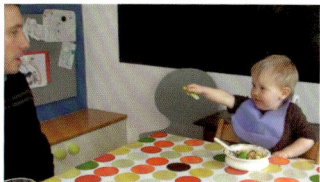

4. 本又开始玩游戏了，看起来要再让爸爸尝一口。

5. 这一次，爸爸带着一些 "假装" 的怀疑，假装这一次他真的想吃花椰菜——不过本还是没有让步。

6. 爸爸表现出来的恼怒让本又开心地笑起来……

7. ……两人都很享受捉弄游戏带来的乐趣。

欺骗　除了捉弄，婴幼儿明白自身体验和他人体验之间联系的另一表现形式是欺骗。这可以是游戏性质的，例如，婴幼儿会躲起来不让同伴发现（见案例 1.22 和 1.23）。不过，也可能是因为他自己想得到什么东西或者想做一些同伴不让他做的事情。

1 岁之前，第二种形式的欺骗往往是被动的：当孩子意识到他想要做的事情会让父母生气时，他就会等到他们离开房间的时候再去做（见案例 1.24）。

案例 1.22

欺骗 1

艾丽斯，14 月龄。躲起来不让人看见是婴幼儿常玩的游戏，它可以培养孩子的意识，让孩子意识到他人可能有着和自己不同的视角。当婴幼儿到了开始喜欢这种游戏的年龄时，他大概就开始形成对外部物质世界和物体存在本质的概念（见第四章）。和捉弄游戏（见前文）一样，欺骗游戏的乐趣也取决于同伴的协作。在孩子躲起来时，同伴因不知其去向而做出夸张的困惑表情；当孩子重新出现时，又表现出惊讶，这些都是确保游戏成功的关键因素。

1. 艾丽斯特别喜欢用妈妈的针织衫来玩欺骗游戏，现在她要开始了。

2. 艾丽斯用顽皮的表情示意妈妈她要藏起来了。

3. 艾丽斯一藏起来，妈妈就加入游戏，问道："艾丽斯去哪儿了？她去哪儿了呢？"……

4. ……然后，艾丽斯重新出现，对妈妈表现出的惊讶和意外感到特别开心。

5. 艾丽斯玩起这种游戏来乐此不疲，她又开始了。

6. 妈妈又一次装出困惑的样子，问艾丽斯去哪儿了。

7. 艾丽斯很高兴自己重新出现吓了妈妈一跳。

案例 1.23

欺骗 2

艾丽斯，18 月龄。

1. 艾丽斯现在似乎知道如果她站在妈妈背后，她能看见妈妈，妈妈却不知道她在哪儿，而妈妈大声问艾丽斯去哪儿了，这证实了艾丽斯的想法。

2. 艾丽斯觉得妈妈困惑的表情很有意思，不过也许她希望妈妈能找到她，或者希望至少能靠近妈妈，于是走过去碰了碰妈妈。

3. 妈妈转过头看到艾丽斯，艾丽斯看到妈妈又惊又喜的表情。

4. 妈妈告诉艾丽斯她好困惑，不知道艾丽斯去哪儿了，现在，妈妈很欣慰又找到她了。艾丽斯也很高兴……

5. ……温暖的重逢。

随着婴幼儿对他人观点感知能力的发展，他欺骗的行为也变得越来越复杂，可能还包括主动把东西藏起来不让同伴看见，甚至还使用分散同伴注意力和其他的欺骗方法（见案例 1.25 和 1.26）。父母提到的一种孩子常用的欺骗技巧，就是当孩子想得到什么不该要的东西时，他会试图分散父母的注意力。他会先与父母进行目光接触，并主动保持眼神交流，这样父母就不会注意到他的手在干什么。一段时间之后，孩子的欺骗技能会逐渐升级，他不仅会考虑到自己的行为，也会考虑到他人受到反对的行为。因此，到孩子 18 个月大的时候，如果他听到某人因为做什么事情受到训斥，而训斥的人能够看到他时，他就不会做同样的事情，但如果训斥的人看不到他时，他还是可能会做。这样的策略反映了相当复杂的社会理解，因为这涉及婴幼儿有意操控他人对自己行为的看法。这些行为表示婴幼儿更为客观地看待自身行为的能力在逐渐增长（像其他人可能看到的那样），也反映了婴幼儿知道他人对世界的理解可能和自己的不同。

案例 1.24

淘气意识

本，14 月龄。本开始意识到做哪些事情是淘气的行为。父母对某些会给孩子带来很大乐趣的行为的反对，会给孩子提供宝贵的机会，让他意识到他人可能和自己持有不同的态度，这有助于孩子社会理解的发展。

1. 当妈妈在做家务的时候，本发现了晾衣架，他试着把一条短裤套到自己头上。

2. 他没有成功，于是准备把短裤放回晾衣架上。

3. ……但是有点难，短裤掉在了地上。本觉得这很有趣，想到了一个好主意。

4. 他又从晾衣架上拿起一条短裤……

5. ……把它丢在地上。

6. 接下来他随便拽下一只袜子丢在地上……

7. ……拽下另外一只袜子。

8. 然后他听到妈妈问："本，你在干什么？"他看来好像意识到刚才其乐无穷的事情似乎是不应该做的。

9. 本蹲下来，好像在躲避妈妈的责备。

案例 1.25

掩盖淘气行为

本，17月龄。随着婴幼儿对家庭价值观有了更多的了解，他能够预料家人对自己淘气行为的反应，于是对自己想做而父母可能会不赞成的事情，他会尝试偷偷去做。这一定程度上反映了婴幼儿想逃避责罚的简单愿望，不过也能够增强婴幼儿的意识，让他意识到人们对于事物持有不同的观点，以及自己有左右他人感受的可能。

1. 爸爸为本准备好午饭。

2. 过了一会儿，除了撒在桌板上的食物，本注意到围嘴里也有一些，于是他饶有兴致地玩了起来。

3. 他意识到爸爸可能不喜欢他这么做，于是飞快地瞥了一眼爸爸。

4. 爸爸看起来没有注意他，于是他开始故意用勺子把食物舀到围嘴里……

5. ……本又看了爸爸一眼，似乎在确认爸爸是否注意到自己。

6. 他往围嘴里放入更多食物……

7. ……他再次确认，看爸爸有没有发现。

8. 这次爸爸发现了，爸爸过来嘱咐他好好吃饭。

9. 本开始吃饭……

（续）

10.……但很快，往围嘴里放东西的诱惑又占了上风。

11. 本再次朝爸爸那边看过去。

12. 这次爸爸立即注意到了，更坚定地告诉本不应该这么对待食物。

14. 现在，本开始好好吃饭，但仍然时不时地观察爸爸。

13. 本重新开始吃饭。

案例 1.26

有策略地操控

　　本杰明和伊莎贝尔是一对双胞胎，20 月龄。理解他人感受的好处是能够帮助自己摆脱困境。本杰明和伊莎贝尔刚刚洗完澡，喝完牛奶，拿着陪伴自己睡觉的手巾准备上床睡觉。但两人的手巾不小心弄混了。伊莎贝尔不介意自己拿哪一条，但本杰明对那条有硬包边的手巾情有独钟。本杰明似乎意识到，要得到自己想要的那条，伊莎贝尔就要放弃她手里的，而要让伊莎贝尔这么做，他就必须确保伊莎贝尔有替代品。

1. 本杰明看到妹妹拿着自己喜欢的手巾，显得有点儿不开心。

（续）

2. 他最初想伸手把手巾从妹妹手里拿过来，但他离得有点儿远，够不到。

3. 他静静地盯着自己手里的那条……

4. ……然后把它递给伊莎贝尔，就好像他意识到，如果妹妹接受了自己递过去的这条，自己就能得到想要的那条。

5. 爸爸注意到本杰明牢牢地盯着妹妹手里的手巾，帮他换了过来……

6. ……他终于得到想要的那条手巾了。

7. 本杰明累了，安心地摸着自己喜欢的手巾的硬边，伊莎贝尔则玩着自己的手巾。

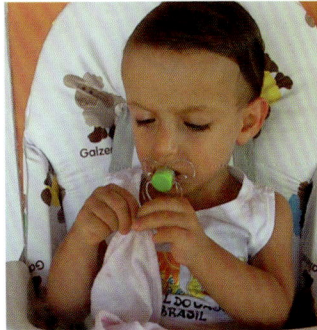

8. 本杰明捏着自己手巾的边，迷迷糊糊想睡觉……

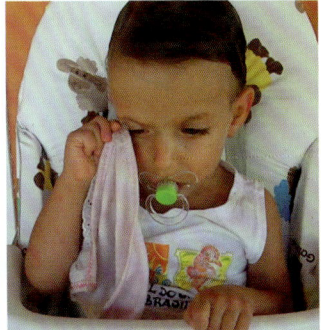

9. ……然后，像往常一样，他把手巾放到脸侧来帮助自己入睡。

镜像识别　随着更复杂的欺骗策略的出现，婴幼儿开始发展出一些相关的行为，这些行为反映出婴幼儿有了更客观地看待自己的能力。其中一个重要的标志是学会了在镜子中认出自己。1岁之前，婴幼儿很喜欢看自己在镜子中的影像，但通常是将其看成另一个孩子，并做出微笑、好奇以及玩耍的回应（见案例 1.27）。

但随着年龄增长，当婴幼儿看到镜子里的自己时可能会开始有点困惑，也许会去镜子后面找，好像已经觉察到这不是普通的游戏。到 15 ~ 18 月龄时，伴随这种行为会出现一些带有更强的自我意识的反应，比如他会带着欣赏的表情去看镜子里自己的影像（见案例 1.28）。

案例 1.27

照镜子游戏 1

本杰明，近 10 月龄。一天早上，本杰明正在和孪生妹妹伊莎贝尔一起玩耍。地上铺了一床被子，他们在上面玩的时候发现靠墙的地方有一面镜子。

1. 双胞胎开心地爬来爬去。本杰明发现了镜子，爬起来看着镜子。

2. 他似乎把镜子里的自己当成别的孩子，对着他微笑打招呼。

3. 他上前亲了亲镜子里的孩子。

4. 他使用了新的"小把戏"——咂舌头。

5. 然后他转过身和妹妹玩。虽然我们不能确定本杰明是否认出镜子里的孩子是他自己，但除了玩耍，他的行为没有传达出其他的意思。

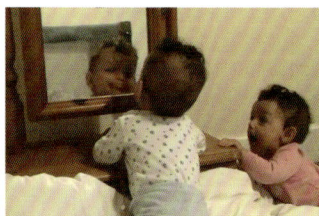

案例 1.28

照镜子游戏 2：自我识别

本，17 月龄。本坐在厨房的地板上吃零食，当他看到烤箱门上映出自己的镜像时，他的反应从某种程度上说，表明了其自我意识的发展。

1. 本坐在厨房的地板上吃零食。

2. 这时，他注意到烤箱门上映出了自己的影像，并用手指着它，就好像指着什么有趣的东西。

3. 现在他开始做一系列动作，好像在试验这些动作是否也会在镜子中出现。

4. 他长时间地盯着……

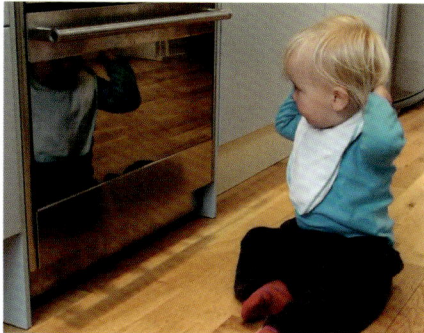

5. ……现在他的行为就像真正的检验——他开始解围嘴，一边脱一边仔细观察镜子里的自己……

6. ……他把围嘴解开并放在不同的位置。

7. 现在他又把围嘴戴上，整个过程中他都密切观察自己的影像。

（续）

8. 爸爸注意到正在发生的事情，把本喜欢的帽子递给他。

9. 本戴了一下，仍然看着镜子。

10. 然后又开始尝试，一边看着镜子一边把帽子举起来……

 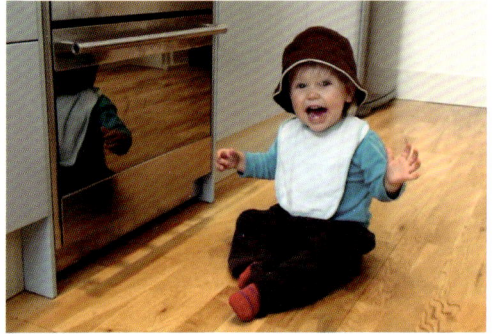

11. ……又把帽子戴上。

12. 他似乎对看到的一切感到欣喜，而且有重要的发现——他朝着爸爸大声喊，想与爸爸分享自己的发现。

　　有项经典的实验可以检验婴幼儿是否真的认出镜子中的影像是自己，称为"点红实验"。在实验中，研究人员在孩子脸上做个印记（通常是在鼻尖），然后暂时分散他的注意力，之后给他一面镜子。婴幼儿在 15 月龄之前通常没有任何迹象说明他认出镜子中的脸是自己的，但从这个时候开始，他将逐渐表现出自我识别的迹象：他会看着镜子中的影像摸摸自己的鼻子、说出自己的名字、或者指向镜中的自己。到 2 岁的时候，几乎所有婴幼儿都能在镜子中认出自己（见案例 1.29 和 1.30）。有趣的是，婴幼儿自我识别能力的发展和他更客观地看待自己（开始使用代词"我"和"我的"）的能力密切相关。

　　区别意图和行为的能力　婴幼儿有模仿他人的本能（见第四章关于认知发展的内容），随着他对他人的目的和愿望愈发了解，他的模仿也随之改变，反映出他的社会理解的新进展。例如，当 18 月龄的孩子看到别人要把一副玩具杠铃拆开，但是手滑了一下，杠铃掉了，孩子会模仿他人的意图，继续将玩具的部件分开，而不会模仿意外滑落的动

案例 1.29

"点红实验" 1

艾丽斯，14 月龄。艾丽斯正在实验室里进行"点红实验"，该实验将检验她能否认出镜子里自己的影像。

1. 妈妈为"点红实验"做准备：当艾丽斯玩的时候，她在艾丽斯的鼻尖上点红色的印记。

2. 艾丽斯注意到妈妈身后墙上的镜子，朝它爬过去。

3. 她扶着镜子站起来。

4. 艾丽斯亲吻镜子里的影像。

5. 她看着镜子里的影像，但没有认出是自己。

6. 实际上，她认为镜子后面有个孩子，正努力踮着脚尖去看。

7. 在那里没发现什么，艾丽斯失去兴趣，转身去玩玩具。

案例 1.30

"点红实验" 2

艾丽斯，18 月龄。艾丽斯回到实验室重新进行 "点红实验"。这次，她在镜子里认出了自己。

1. 妈妈又在女儿的鼻子上做了红色点印记。玩了一会儿，艾丽斯发现了镜子，好奇地靠近镜子。

2. 她的反应和上次完全不同，她马上认出了镜子里的自己，用手指碰了碰自己的鼻子。

3. 她马上转头给妈妈看鼻子上的印记，她明白镜子里的是自己的影像。

作（见第四章第 186 ~ 187 页以及案例 4.11 中艾丽斯的模仿）。在拆杠铃这个案例中，成人的目标及其实际行动紧密相连，其表情和行动明显地表现出努力拆分玩具部件的意图。然而，在其他的情况下，成人的意图可能相当模糊，与行为的联系也许不那么明显，那么孩子辨别起来会有一定困难。不过到孩子 14 个月大的时候，只要这些行为看上去有意义，他就能够辨别这种情况，也能够模仿非常不常见或奇怪的行为（见文本框 C）。这样看来，这个时期的婴幼儿已经能够透过他人所做事情的表面，了解他人的目的，并能将两者区分开。

理解对立的观点 快满 1 岁的时候，婴幼儿逐渐会对他人的心理状态产生兴趣，镜像识别也显示其自我意识正在发展，与此同时，他渐渐能够体会到自己的感受可能与他人的感受不同。正如我们所看到的，婴幼儿日渐增强的个体差异意识在他复杂的欺骗技巧中表现得很明显。不过，其他方面的理解能力的发展更进一步，要求婴幼儿以客观的方式考虑他人观点，而将自己对立的观点放到一边。例如，这种能力能够在喜欢和不喜欢的事情上显现出来。因此，尽管年幼的婴儿不能区别自己和他人的喜好，但是如果有人向 14 月龄的孩子表示他喜欢吃孩子特别不喜欢吃的东西（比如花椰菜或葡萄柚），而特别不喜欢吃孩子喜欢的东西（比如饼干），孩子就会考虑喜好上的差异，恰当地把同伴喜欢的食物留给同伴（见案例 1.31）。

C 理性理解——对异常行为的模仿

有一项经典实验，实验中两组孩子分别观看两种异常行为的演示。在第一组中，一个成人坐在桌前，桌子上有个灯箱，这个人身体前倾，用额头触碰灯箱顶部的方式来开灯，双手则放在身体两侧。这里，这个人显然是故意用这么特别的方式开灯，因为没有其他理由可以解释他这种奇怪的行为。

而在另一组中，孩子也看到成人用前额来开灯，但是这次看起来是情况所迫，因为他的双手一直拉着披在肩上的毯子。和第一组不同，这个成人不是故意要用额头来开灯，而是不得已这么做，因为他的双手被占用了。

一周以后，研究人员让孩子们坐在同样放有灯箱的桌子前，对两组孩子的行为进行比较。结果显示，第一组的孩子会用额头触碰的方法开灯，他们可能认为这是开灯的正确方法，而第二组的孩子则会用手开灯，这可能是因为他们意识到用额头触碰并不是开灯的正确方法。

案例 1.31

对他人感受的意识

艾丽斯，18 月龄。在一项经典实验中，这个年龄的孩子能够意识到他人的感受可能和自己的不同。妈妈给孩子看两种食物——一种孩子极其讨厌，另一种孩子特别喜欢。妈妈表现出自己的喜好和孩子的完全相反，然后请孩子给妈妈挑选食物。年幼的婴儿好像无法区别自己的感受和他人的感受，会把自己喜欢的东西给妈妈，但到 18 个月大时，情况就不同了。

本案例中，艾丽斯和妈妈用葡萄柚和饼干进行了这项实验，实验中艾丽斯的行为清楚地表明她知道妈妈的喜好和自己的不同。

1. 妈妈给艾丽斯看两种食物——葡萄柚和饼干。妈妈知道艾丽斯讨厌吃葡萄柚，而对饼干情有独钟。

2. 妈妈拿起一块葡萄柚果肉。

（续）

3. 妈妈把葡萄柚果肉放进嘴里，发出享受美味的声音，艾丽斯目不转睛地看着。

4. "嗯，真好吃。"妈妈咂着嘴说道。

5. 然后，妈妈拿起一块饼干品尝……

6. ……艾丽斯还是目不转睛地看着妈妈开始吃饼干，这一次妈妈皱起了眉头。

7. "啊，真难吃。"妈妈说道，脸上明显表现出厌恶的表情。

8. 妈妈把两个盘子都推向女儿。

9. 然后妈妈伸出手，问艾丽斯能否给她一些东西吃（不是说自己想吃什么），艾丽斯立即伸手去拿葡萄柚果肉……

10. ……递给妈妈一块葡萄柚果肉。

11. "嗯，好吃。"妈妈说……

12. ……妈妈再向艾丽斯要吃的，艾丽斯又伸手去拿葡萄柚果肉……

（续）

13. ……递给妈妈。

14. 妈妈一口一口地吃着艾丽斯给她的葡萄柚果肉……

15. ……很快，盘子里只剩下一块葡萄柚果肉。

16. 艾丽斯把这片葡萄柚果肉也递给了妈妈……

17. ……妈妈津津有味地吃完了所有葡萄柚果肉。

18. 当妈妈继续向艾丽斯要东西吃时，艾丽斯的手停在了装饼干的盘子上……

19. ……但是她的手又伸向装过葡萄柚的空盘子。

20. 艾丽斯显得不知所措，茫然地看着妈妈。

21. 妈妈又问有没有什么东西可以给她吃，艾丽斯的手又一次伸向装饼干的盘子。

22. 她看上去打算拿起一块饼干，但是又改变了主意……

（续）

24. 艾丽斯把空盘子拿起来给妈妈看。妈妈告诉艾丽斯不用担心，自己已经吃饱了，艾丽斯不用再为难了。

23. ……艾丽斯又把手伸向空盘子，就好像她清楚地知道妈妈不想吃自己喜欢的东西。

　　差不多也是在这个年龄段，婴幼儿变得非常乐于帮助人，而且他提供帮助的特定情境能够揭示他是怎样理解他人感受的。有些帮助的行为较为直接，反映出婴幼儿能够意识到他人可能只是不了解情况。例如，1 岁的孩子看到某人将需要的东西"意外"掉落或者随手放到了哪里，然后十分困惑地说"嗯，真奇怪……"，他就会迅速把东西指给对方看。但是在接下来的几个月中，婴幼儿的帮助开始表明他不仅明白他人不知情，还可能知道他人的想法实际上是错误的。例如，某人最后看到某个物品在一个地方，但在他离开后这个东西被挪到了另一个地方，而孩子知道东西已经换了地方。之后孩子的表情和帮助行为都表明，他能够明白这个人的想法和自己认为正确的想法不同，也就是说孩子能够暂时保留自己的观点，并且理解他人对于物品位置的错误信念。在 12 ~ 18 月龄时，婴幼儿对于自己和他人信念差异的理解越来越复杂，从前面说到的理解他人对于物品位置的错误信念，扩展到理解对迷惑性外表造成的错误信念，最终发展到理解对物品特性（外表上看起来一样，但隐藏着某种不同）的错误信念。

　　这些能力中的一部分是随着婴幼儿自己对世界体验的扩展而发展的。一些专家认为，与自我控制以及抑制正常冲动相关的大脑发育的变化也影响这些能力的发展（更多内容见第三章第 142 页）。这清楚地体现在对待错误信念的情境中，如案例 1.31 中选择葡萄柚或饼干，这时孩子必须把自己认为正确的观点放在一边。此类大脑进一步发育带来的变化对于解释为什么年龄大得多的儿童在面对同一类问题时会有困难非常重要，因为对年龄大得多的儿童反应的判断，不是基于他做了什么（如婴幼儿研究中孩子的帮助行为和表情回应），而是基于他能否对错误信念的问题给出口头回答（这涉及更高层次的自我反省和自我抑制）。尽管如此，一直以来都是个体不断的成熟在驱动着这些发展。研究还显示，婴幼儿的社会关系在培养这些能力上也发挥着重要作用。

社交互动的作用

在婴儿 9 ~ 10 月龄的时候，特定类型的社交经历能促进其连接型关系的发展，而其他稍有不同的互动也能帮助婴儿持续发展更客观的社会理解和合作。这对于他们能够区分他人表面的行为和他人实际的目的、愿望、信念是尤为重要的，理解自己的体验可能不同于他人。

假装游戏和冲突 假装游戏有着想象与现实的根本性差异，与幼儿第二年里社会理解的发展密切相关。实际上，孩子玩的假装游戏越复杂，就越早地表现出镜像自我识别的能力，这并非巧合。大约从 12 月龄开始，幼儿越来越多地参与假装游戏，到 18 月龄时，他就可以轻易地展现想象的场景，用一个物体"代表"另一个物体，比如用彩色积木代表三明治，喂给泰迪熊吃。到 2 岁时，这样的游戏变得非常常见（见案例 1.32 和 1.33）。

案例 1.32

一起玩假装游戏

艾丽斯，18 月龄。假装游戏是一个让幼儿思考他人体验以及对比表象和真实的重要途径。如果有同伴的参与和帮助，游戏会变得更丰富，更有利于将来幼儿社会理解的发展。

在本案例中，艾丽斯和妈妈来到大学的实验室，他们在玩做饭给泰迪熊吃的游戏。

1. 艾丽斯和妈妈用一些玩具厨具以及玩具食材玩假装游戏，他们假装在烹饪一根玩具香肠并且在讨论香肠是否熟了。

2. 艾丽斯在妈妈的帮助下把香肠从锅里盛出来，她们打算确认一下香肠是否熟了。

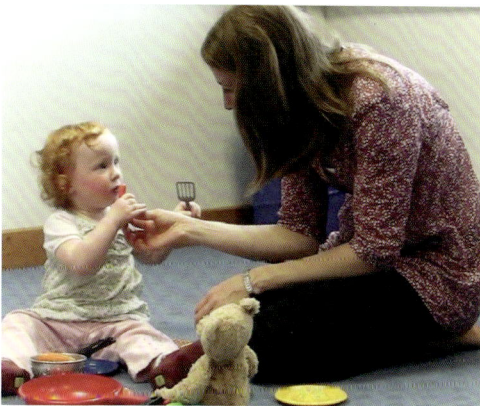

3. 艾丽斯把香肠拿到嘴边，假装要试一试温度，她盯着妈妈，看妈妈的反应。两人都用嘴巴吹气，就好像香肠很烫一样。

4. 香肠烹饪结束后，艾丽斯似乎对一根玩具香蕉产生了兴趣。妈妈注意到了，把盘子递给了艾丽斯。

（续）

5. 妈妈提示艾丽斯，或许泰迪熊想吃香蕉……

6. ……艾丽斯伸出手假装给泰迪熊喂香蕉。

7. 艾丽斯小心地拿着香蕉，很认真地喂，妈妈则告诉艾丽斯泰迪熊很喜欢吃香蕉。

8. 现在艾丽斯把香蕉喂给妈妈吃，妈妈表示感谢，然后假装吃香蕉。

案例 1.33

独自玩假装游戏

本，24 月龄。本在和他的动作人偶玩耍。根据自己的体验，本准备为人偶换纸尿片，他先用湿巾擦一擦人偶，然后把尿片换上。过程并不顺利，不过本根据情况对游戏做了调整。

1. 本在浴室里有条不紊地把婴儿湿巾准备好，然后把动作人偶排成一排。

2. 他从包装袋里抽出一张湿巾……

3. ……给第一个人偶擦屁股。

（续）

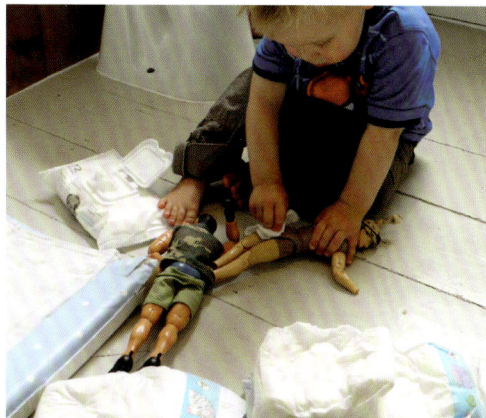

4. 现在第二个人偶也擦好了。

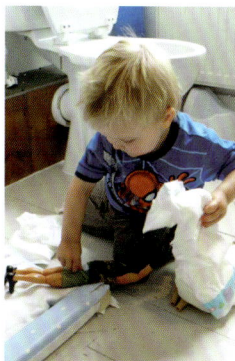

5. 下一步是给人偶穿纸尿片。

6. 本遇到了点儿麻烦，因为纸尿片对人偶来说太大了。

7. 本有些茫然，仅仅用纸尿片把动作人偶盖上并不是他的目的……

8. ……然后，他找到了解决的办法：他觉得用纸尿片把人偶包起来应该也不错。

9. 最后，本骄傲地向爸爸展示自己的成果。

显然，如果幼儿和他人，无论是成人、哥哥、姐姐或是其他的孩子一起玩假装游戏，游戏本身都会变得更加丰富。另外，与独自一人玩假装游戏相比，频繁的社交活动对于幼儿日后的心理理论和其他换位思考能力的发展都有重要意义。父母在孩子1岁的时候就开始频繁和他玩假装游戏，在游戏的过程中，父母会给孩子很多提示，帮助他区分假装的和真实的事物。例如，父母常常露出傻傻的、夸张的表情和笑容，并且带着"我知道"的神情更长时间、更频繁地关注孩子的脸，似乎在确认孩子是否明白这个游戏"只

是"假装的。父母还会在游戏过程中故意改变事情原有的发展模式，来帮助孩子区分真实的与假装的事物，比如，在假装吃一块积木"饼干"时，父母通常只是把"饼干"放到嘴边，而非真正放进嘴巴里。

另一种形式的假装游戏——"角色扮演"——特别有助于发展幼儿对他人不同观点的理解以及与他人合作的能力，这不仅归因于游戏的本质，还因为在游戏的准备阶段，参与者就需要协商不同角色的分配，相关的动作和感受也随之确定。这类游戏尤其可能在幼儿和哥哥姐姐之间进行，他们能够理解

弟弟妹妹的感受并且有助于弟弟妹妹理解自己的感受（见案例 1.34）。令人印象深刻的是，研究表明，幼儿和兄弟姐妹间的冲突预示着其在心理理论任务方面有更好的理解（见案例 1.35）。这种关联可能源于假装游戏中的一个相似的环节——角色分配协商，游戏中的冲突让幼儿意识到他人可以持有和自己不同的观点。

交谈　不断发展的语言是幼儿能够将标志和符号与其所指事物区分开重要体现（更多内容见第四章共同阅读）。但对于社会理解和合作的发展而言，除了幼儿的语言理解和使用的综合能力在发挥作用，和幼儿交谈的方式也很重要。研究表明，如果父母向孩子解释感受和行为的原因，那么孩子在童年后期就能够更好地理解他人的感受和观点。父母在与孩子谈话时的理解程度和敏感程度对孩子的体验来说也很关键，如果父母在谈话时能够精确地意识到孩子的感受和意图并对其做出回应，那么孩子就更有可能理解他人的感受，并且会以更积极的方式来进行社交互动（更多内容见第二章依恋）。

合作性活动的机会　如前文所述，在快满 1 岁的时候，婴幼儿开始积极参与活动，并乐于提供帮助（见案例 1.36）。当然，对父母来说，孩子参与比自己单独完成要花费更多时间；但对孩子来说，和父母一起参与各种活动极其充实和有趣。如果父母在孩子幼年时期能够并且愿意和孩子参与这样的合作性活动，那么孩子将来会有更好的协调能力和更积极的社交行为（见第三章有关自我调节与控制的内容）。婴幼儿可以从帮助他人的活动中获得情感的满足，因为这种活动要求婴幼儿朝着大家共同的目标协调自己的行动来配合同伴，长此以往还有助于他进一步了解他人的想法和感受。

一起完成有意义的日常任务也能够让婴幼儿对共享的价值和更大的目标有深刻的体会。在第二年，幼儿很快就能掌握体现这些共享理念的常用标志和符号，并乐于和他人一起演练，在家庭文化中积极地发挥自己的作用（见案例 1.37）。

案例 1.34

角色扮演

本，27 月龄，和他的哥哥乔一起玩假装的游戏。兄弟姐妹常常会玩有不同角色的假装游戏，这些游戏是婴幼儿理解他人的体验和观点的好机会。在本案例中，本和哥哥在玩扮演医生的游戏。

1. 哥哥乔穿着"白大褂"，把本抱到床上给他检查身体。

（续）

2. 本说自己的喉咙痛，他有过这样的经历，所以对此很熟悉。

3. 乔俯身把听诊器放在本的喉咙附近。

4. 本把嘴巴张开让乔用手电筒照着检查。

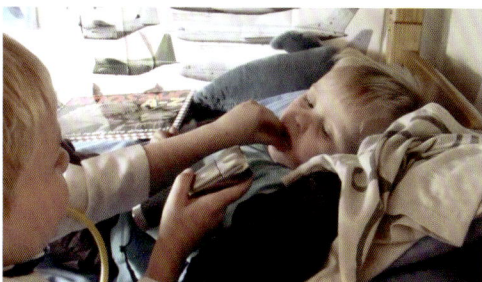

5. 情况不妙，本需要切除舌头。乔小心地进行手术，本是一位配合的病人。

6. 现在医生告诉本，他要移植新舌头，本在等待手术。

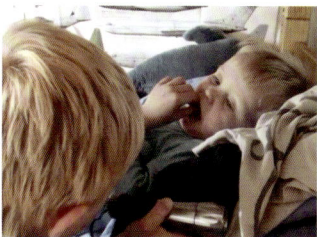

7. 新舌头移植好了，本的喉咙也好了。

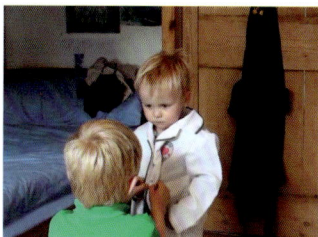

8. 现在轮到本做医生。

9. 他戴上听诊器，让病人躺到床上去。

　　到 2 岁的时候，幼儿已经在社会理解方面取得了巨大的进步，能够进行各种各样的头脑体操，以帮助自己理解他人可能拥有和他自己不同的感受。这也赋予他一些新技能，如捉弄和欺骗他人，以及更重要的与他人合作的能力。虽然和幼儿进行的各种交流都有助于这些能力的发展，但为他寻找共同完成任务的机会、与他一起玩假装游戏、告诉他别人的感受和做某件事情的意图，这些对他的发展尤其有帮助。

案例 1.35

兄弟姐妹间的冲突

本，17 月龄。兄弟姐妹间常常会发生口角和争斗。这些经历能够让幼儿明确地知道，他人对世界的理解可能和自己的有所不同，也能够让幼儿获得从和谐互动中无法获得的社会理解。

1. 本在涂色，哥哥乔走过来。

2. 对于这些画，乔有自己的想法，他走到本面前，拿过铅笔，演示给本看。

3. 本一开始并不在意，在乔画画的时候，本摘下了自己的帽子。

4. 但在乔还没有完成全部画作之前，本想收回掌控权。

5. 两人开始争抢画本，他们都有自己的目的……

6. ……本想把哥哥拉开，而乔则开始把画纸撕下来。

7. 本愤怒了！

8. 但当乔把画纸叠起来，告诉本自己的想法时，本平静了一些，看着乔。

9. 乔把画纸还给本，这纸现在看起来像一架飞机……

10. ……本在上面加上自己的设计。这个插曲让本直接体验了不同意图的冲突，不过，哥哥的介入也向他展示了处理事情的不同方式。

案例 1.36

任务中的合作

　　马克斯，19 月龄。大约 2 岁时，幼儿越来越喜欢帮忙和参与需要合作的任务。和他人一起从头到尾地参与一项任务能够帮助幼儿理解他人

行为的主要原因，也能帮助他更好地理解家庭和家庭文化的社会价值。

1. 马克斯发现爸爸在花园里摘醋栗，爸爸问马克斯是否愿意帮忙……

2. ……并向马克斯演示怎么找到藏在叶子后面的醋栗。

3. 马克斯摘到了一些醋栗……

4. ……并小心地把它们放到盆里。

5. 当摘了很多醋栗后，两人都觉得应该停下来。

6. 马克斯低头看自己的成果……

7. ……并骄傲地把盆端给妈妈看。妈妈夸奖马克斯的辛勤劳动……

9. 醋栗（以及马克斯的 T 恤）洗干净了，马克斯和爸爸坐下来一起分享美味。

8. ……并给了马克斯一个吻作为奖励。

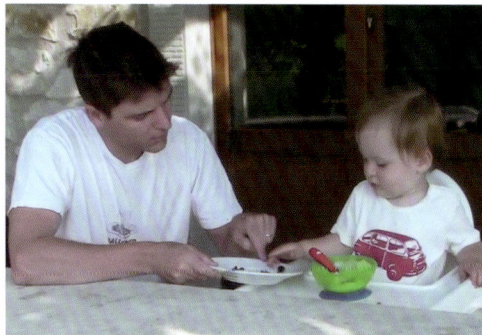

案例 1.37

家庭文化

本，18 月龄，和家人在一起。在孩子出生的第二年，随着其社会理解的发展，幼儿逐渐意识到家庭中共有的意义和价值，并寻求机会体现自己在家庭文化中的作用。在本的家庭中，对每个人来说，晚餐时间是家人围着餐桌团聚和分享各自体验的重要时刻。本最近热衷于向父母及哥哥说"干杯"，通过这种方式和他们建立联系。

1. 爸爸举起杯子向本大声地说"干杯"。

2. 本立即以同样的热情回应……

3. ……然后向对面的妈妈看去，邀请妈妈一起干杯。

4. 本的妈妈举起杯子和他说"干杯"。

5. 现在本转向哥哥乔，想让他也加入。

6. 乔也对他说"干杯"……

7. ……接下来本准备好来第二轮。

小 结

孩子一出生就做好了社交的准备：他热衷于和人接触，对人们与他的交流高度敏感。在最初的两年里，随着认知能力和生理机能的发展，孩子和人们交流的方式也发生变化（这些发展变化的进程见表 1.1）。父母甚至是其他儿童，会对这些变化本能地做出回应，也会随之调整自己的行为。虽然父母与孩子交流时的行为看起来非常普通，但父母做的那些细微的调整恰恰能与孩子日渐增长的社会理解相适应，并且有助于孩子的发展，最终帮助他立足于更广阔的社会。

表 1.1　最初两年中婴幼儿社会关系的变化

变化的年龄和阶段	社会关系的特征
新生儿 /1 月龄 被人吸引	婴儿被目光、声音、母亲的气味吸引。 主要通过碰触和抓握产生联系。
2 月龄 核心关系	婴儿对社交回应的积极性很高；能保持目光接触，表现出积极的社交行为（如微笑、发出声音以及做出手势），能够面对面互动，近距离表达情感。
4 ~ 5 月龄 主题型关系	婴儿视力有所提高，开始伸手抓握物体。 他们的兴趣从单纯的面对面互动转变为集中于某个主题。互动方式包括用物品玩游戏和进行身体游戏。
9 ~ 10 月龄 连接型关系	婴儿将自己对外部世界的兴趣和他的交流技能整合起来，直接和他人交流共同感兴趣的事物。互动方式包括一起玩互动性更强的游戏。
18 月龄 合作型关系	婴幼儿能够在镜子中辨认出自己，理解他人的感受可能和自己的不同，清楚意识到真实的和假装的事物的区别。社交互动能够发展为真正的合作以及围绕共同的目标和文化价值组织和展开的活动。

艾丽斯需要妈妈
稳稳地扶住她。

第二章　依恋

婴幼儿会对照看自己的人产生依恋，这是婴幼儿成长过程中非常重要的方面。婴幼儿的这种依恋和他与某些特定人的情感联系比较相似，不同之处在于，依恋关系以婴幼儿的情感和身体的脆弱性与依赖性为中心，处于这种关系中的婴幼儿需要他人的保护、帮助、疼爱以及安抚。因此，其他的关系可能也很亲近，却与婴幼儿的这些特点无关，不属于依恋关系的范畴，比如婴幼儿与其他孩子之间的关系，其重心为社交性的玩耍。

1952 年，约翰·鲍尔比首次强调了依恋关系对儿童健康和成长的重要意义。他研究了因战争与父母失散的儿童及家庭破碎的少年惯犯，研究与父母分离对他们的影响。此外，还研究了儿童住院治疗时被迫与父母分离后（当时的做法是强制儿童与父母分离）的反应。他的研究推动了婴幼儿依恋关系的研究，也推动了婴儿护理政策的改善。值得注意的是，这些对婴幼儿的早期研究与对恒河猴的研究结果一致，表明除了基本的身体护理以外，提供亲密的帮助与安抚对婴幼儿的情感健康具有重要意义。基于这一结论，鲍尔比以及其他研究者认为，婴幼儿（包括其他灵长类动物的幼崽）与父母或其他照看者产生的依恋关系对于进化具有重要意义，应得到广泛重视，因为这种关系能够在危险中为婴幼儿提供保护，并且最终能帮助他生存下来。

多年来，依恋方面的研究主要关注的主题包括：

- 婴幼儿依恋的本质——尤其是安全型和不安全型依恋关系的差异；
- 对婴幼儿安全感的影响——尤其是什么样的照看方式能够促成安全型依恋；
- 父母照看婴幼儿的能力对依恋关系的影响（合适的照看方式能促进婴幼儿安全型依恋关系的形成）；
- 早期依恋关系对儿童发展的长期影响。

婴幼儿依恋关系的本质

通常来说，婴幼儿只与少数人形成依恋关系。依恋关系主要产生于孩子与父母以及其他经常照看他的人（如祖父母）之间，不过，婴幼儿与密切照看他的专业人员之间也可能产生依恋关系。在本章中，为了简便我们只使用"父母"一词，但一般来说，依恋对象应该包括婴幼儿依恋的所有人。

进入正题之前，需要重点指出的是，并非照看的所有方面都是依恋关系，即使是密切关注婴幼儿依恋需求的关系也不例外。父母或其他照看者和婴幼儿在一起时常常要担任多重角色，是友好的玩伴，也是教导和提供知识帮助的人，当然还是对婴幼儿的依恋需求做出回应的人。这些角色中的哪一个角色在什么时候占主导地位，会随婴幼儿当前的行为和情绪状态变化，还会随婴幼儿所处的情境以及发展阶段变化。当婴幼儿受到惊吓或不安，或者处于更脆弱的状况（比如疲倦、生病或者仅仅是饥饿——对小婴儿来说）时，与依恋相关的照看就变得极为重要。这时，婴幼儿的依恋需求尤为突出，得到支持和安抚对他来说尤为重要。而在其他情况下，比如，处于熟悉的、没有威胁的环境中感到满足时，或知道父母就在身边而感到舒服时，婴幼儿对于依恋的需求就没有那么迫切。在这种情况下，婴幼儿更有可能有兴趣去探索环境、玩耍，以及锻炼独立处理事情的能力——这些能力对于婴幼儿的发展也很重要，但需要照看者用不同的照看方式来帮助其获得（见案例 2.1）。

依恋的标志

从婴儿出生开始，父母就很自然地为其提供有助于他们产生依恋的照顾，不过通常要到半年后婴儿才会明显地在情感回应上表现出对特定个体的依恋。大约也是从这个时候开始，随着认知和社交能力的发展，婴

案例 2.1

身体不适

所处的情况不同，婴幼儿的依恋需求也会有所不同。例如，在感到不适或者疲倦的时候，婴幼儿更需要依恋对象的亲密接触和安抚，而对环境的探索和独立意识会减弱。在本案例中，9 月龄的双胞胎伊莎贝尔和本杰明正在奶奶家里玩耍，他们从来没有来过这里。伊莎贝尔的耳道感染了，有点儿发热；本杰明则很健康。在妈妈的陪伴下，本杰明愉快地尝试所有新玩具，并在游戏区爬来爬去。相反，伊莎贝尔紧紧地挨着妈妈，只有稳稳地坐在妈妈的腿上时，她才玩一会儿玩具。

1. 本杰明在开心地玩着各种玩具。伊莎贝尔虽然感兴趣地看着哥哥，却不想玩这些玩具，只是懒洋洋地躺在妈妈脚边。

2. 看到伊莎贝尔似乎对哥哥玩的东西感兴趣，妈妈把伊莎贝尔抱起来……

3. ……并向伊莎贝尔演示，这个小锅盖可以转起来。

4. 伊莎贝尔有了一些兴趣，伸手去拿小锅盖，妈妈一直和她保持身体接触，用手轻轻地抚摸她的后背。

（续）

5. 但伊莎贝尔可能还需要更多的安抚，于是她转身趴在妈妈的腿上。而这时，本杰明还在继续玩玩具。

6. 妈妈继续安抚伊莎贝尔，意识到伊莎贝尔需要在亲密接触的情况下才愿意玩耍。

8. 本杰明爬到另一边，而伊莎贝尔则安稳地坐在妈妈腿上，一边看着本杰明，一边咬着小锅盖。

7. 只有舒服地坐在妈妈的腿上，伊莎贝尔才愿意玩小锅盖。对本杰明来说，妈妈在身边就能够满足他的依恋需求，所以他并没有过多地关注妈妈。

儿才能逐渐意识到自己对父母的依恋。这一点最先表现在家庭环境中，以前他对父母离开似乎并不在意，而现在会焦虑不安，就好像他能清楚地感觉到对他很重要的人消失了（见案例2.2）。但随着婴儿习惯了日常生活中的这种短暂分离，知道这不会导致令人不开心的结果，这个阶段很快就会过去。不过，这种焦虑并不是向不成熟行为的倒退，而反映了一种新意识的获得，表明婴儿已经对特定个体产生了依恋。同样，他对依恋对象逐渐增长的依恋感也会使即使和不熟悉的

人都可以愉快相处的孩子变得挑剔起来。婴儿还可能会表现出新的恐惧和回避，不仅是对陌生人，甚至是对相当熟悉的人（见案例2.3）。当婴儿感到警惕、恐惧或者紧张不安的时候，他希望与依恋对象保持身体上的接触，得到安抚，这也是依恋的表现。当他遇到一些新的潜在挑战时，这一点就会表现得更明显：他通常会先寻求与父母的身体接触，获得父母的保障和支持，才有信心做出探索之举（见案例2.4和2.5）。

案例 2.2

分离焦虑

婴儿产生明确依恋感的最早标志是与父母分离时焦虑不安。即使是在家里，婴儿在其他熟人的陪伴下，也会出现这种焦虑。在本案例中，洛蒂，6 月龄，当妈妈暂时离开房间时，她的依恋需求得不到满足，她马上变得焦虑不安。她对妈妈的特殊依恋的新意识意味着即使是她非常熟悉的人也无法安抚她。但当妈妈回来后，洛蒂靠近妈妈，她很快就平静了下来。只有确定妈妈在身边，洛蒂的依恋需求才开始减少，她才能把注意力转向在旁边玩耍的小朋友阿斯特丽德的身上。

1. 妈妈要离开房间去泡茶。她先确保洛蒂在玩自己喜欢的玩具，然后告诉洛蒂自己很快就会回来。

2. 最初几分钟洛蒂在专心地玩她的玩具……

3. ……但很快她变得焦虑起来。

4. 洛蒂开始哭泣。

5. 妈妈的朋友试图安慰她……

6. ……但洛蒂更加难过了……

7. ……妈妈的朋友抱起洛蒂，虽然她经常来家里玩，却也无法使洛蒂平静下来。

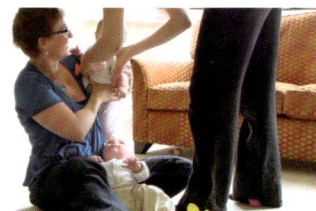

8. 妈妈很快回来了……

（续）

9. ……妈妈抱起洛蒂之后，洛蒂很快平静下来。

10. 她很快就开心地和妈妈玩耍起来。

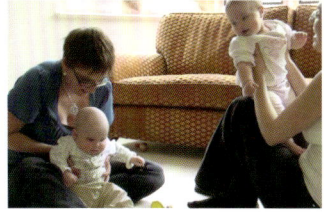

11. 一旦重新恢复平静，洛蒂的注意力就回到玩耍上来，她感兴趣地观察小朋友阿斯特丽德在干什么。

案例 2.3

陌生人恐惧

婴儿对父母特殊依恋的发展也反映在"陌生人恐惧"的现象中。在本案例中，婴儿表现出他能明确区分让他感觉安心的人（他的依恋对象）以及其他需要更谨慎对待的陌生人。

虽然在前 8 个月里，本都乐于和不熟悉的人亲近，但最近开始变得谨慎起来。现在本 10 月龄，家里来了一位他从没见过的客人，他对这位客人的到来很感兴趣，但感兴趣的同时他也担心、害怕。当他被妈妈稳稳抱着的时候，他喜欢社交，也会表现出好奇心，但随着和陌生人接触的增多，他变得更为谨慎。一旦离开妈妈安全的怀抱，紧张的情绪就会占上风，他必须重新回到妈妈的怀抱，才有足够安全感，才愿意和刚认识的人交流。

1. 家人的朋友来拜访，妈妈把本介绍给客人，本愿意伸出手来和客人握手。

2. 客人也握住了本的手。

（续）

3. 但是本似乎对此很警惕，他抽回自己的手，转向妈妈。

4. 他把脸埋在妈妈的肩上寻求安全感。

5. 本平静之后，勇敢了一点儿，又转向新朋友。

6. 在妈妈的鼓励下，他甚至愿意让对方抱着，不过还是试探性地看着对方。

7. 本还是不确定是否该放开妈妈，不过妈妈微笑着鼓励他。

8. 妈妈鼓励他让这位朋友抱着。

9. 不过，离开妈妈的怀抱对本来说还是不够安全，他从朋友那里探身离去找妈妈。

10. 一回到妈妈的怀抱，本就对这位陌生人重新感兴趣了。

11. 大家都认为，最好还是多给本一点儿时间，这样他才敢再次尝试离开妈妈。

案例 2.4

遇到一只不熟悉的狗

当婴儿面对新的挑战时，依恋对象恰当的鼓励和支持有助于他获得足够的安全感来克服恐惧和不安，并且使他有信心去探索新事物。相较而言，面对同样的挑战时，不熟悉的人的鼓励和支持无论多么得当，都不能让婴儿感到安心。

在本案例中，本杰明，9 月龄，遇到一位不熟悉的女士在遛狗。本杰明被狗吸引，想去摸狗，但只有在爸爸的鼓励和支持下他才敢摸。

1. 本杰明和爸爸遇到一位从未见过的女士，这位女士正在遛狗。本杰明被狗吸引了，但他有些害怕狗。他一边看着狗，一边把自己的大拇指含在嘴里。

2. 爸爸询问狗的主人，狗是否友好。狗嗅着本杰明的脚，本杰明一直密切地注视着它。

3. 狗主人向狗介绍本杰明的时候，爸爸紧紧地抱着本杰明，然后弯下腰，和本杰明一起向狗打招呼。本杰明仍然很小心，还是含着大拇指。

4. 狗的主人蹲下来，与本杰明对视，并且告诉本杰明，狗很喜欢别人摸他。

5. 狗的主人伸出手邀请本杰明和自己一起摸狗。

6. 虽然本杰明开心地笑起来，但还是缩着手，他还没有准备好接受这位陌生人的邀请。

7. 爸爸开始抚摸狗，并告诉本杰明狗的毛摸起来好软，本杰明很感兴趣。

（续）

9. 本杰明和爸爸一起摸到了狗，爸爸似乎体会到了本杰明的感受，对本杰明说这只狗真乖，它喜欢本杰明摸它。

8. 现在本杰明开心地在爸爸的帮助下伸手去摸狗。

10. 现在，在狗主人和爸爸的鼓励下，本杰明勇敢地自己向狗伸出手。

11. 在爸爸的帮助下，本杰明继续抚摸这只温顺的狗。

12. 本杰明似乎对自己刚才做的事情感到很开心，他看着狗的主人，然后两人一起开心地笑了。

依恋关系中的差异

婴幼儿通常都会对照看者形成依恋，只有在非常缺乏关爱的情况下，如在居住环境非常差、婴幼儿几乎得不到单独照看的情况下，才不会形成依恋。不过，婴幼儿的依恋会根据依恋对象呈现不同特点，主要取决于每个依恋对象给予的照看的质量。通常来说，在婴幼儿依恋的所有人中，婴幼儿的偏好会有等级差异，因此，在他感到不安和害怕的时候，如果有几个依恋对象在场，孩子会选择其中的一人或者两人来安抚自己。

安全型依恋

婴幼儿对父母的依恋对于他的总体发展至关重要，其本质就是从父母那里得到的安全感。安全型依恋有两个关键特征。

首先，婴幼儿会产生一种感觉，在自己有需求的时候，他的父母或者他依恋的其他人会待在自己身边，给予情感的支持或做出及时的回应。这就意味着他无须确认父母是否准备好或者是否愿意帮助他。

第二，有安全感的婴幼儿会感到自信，因为父母不仅在自己身边，而且在需要的时候他们还会给予安抚和帮助，能够消除自己的焦虑不安。

案例 2.5

吓人的乌龟

当婴幼儿面对让他感到害怕的东西时，他常常会靠近自己的依恋对象来获得安全感。但一旦他获得自信了，这种亲密的接触就不再重要，他探索新事物的冲动就会占主导地位。

本，17 月龄，正在和爸爸参观儿童农场。他们来到乌龟圈旁，看到这个没见过的动物在里面爬行，本想靠近乌龟的渴望随着他紧张的心情起伏不定。随着自己情绪的变化，他紧挨着爸爸的需求也随之发生变化。

1. 本舒服地坐在爸爸的两腿之间，而爸爸正给他介绍乌龟，并将手臂轻轻地放在本的身体两侧。本被这些移动缓慢、步态笨拙的乌龟迷住了。

2. 但当一只乌龟朝本爬过来时，本不确定会发生什么，于是迅速转向爸爸，向爸爸伸出手。

3. 一旦安全地坐在爸爸的腿上，本就觉得舒服多了，即使乌龟离得这么近，本也能愉快地看着。

4. 过了一会儿，本觉得自己足够得勇敢，从爸爸腿上站起来，并向爸爸表示自己对乌龟爬行产生了浓厚的兴趣。

5. 很快，本对乌龟的兴趣和对环境的熟悉让他可以离开爸爸，去靠近乌龟，甚至在爸爸的注视下把手指放在乌龟的脚上。

因此，在安全型关系中，婴幼儿无须为自己对父母的依赖而焦虑，当他感到不安和需要帮助的时候，他可以表现出来而不必压抑自己。而且，在需要安抚和支持的时候，他还可以把父母当作"安全的避风港"，自由表达自己害怕和受伤的感觉，寻求与父母的亲密接触，并表示自己期望需求能得到关注和及时的反馈。有了这样的安慰，安全型依恋的婴幼儿通常能迅速从焦虑不安的情绪中恢复，将父母作为"安全基地"，从这里出发去探索，而且能够轻松地去享受其他活动带来的乐趣（见案例 2.6）。

案例 2.6

婴幼儿安全型依恋的模式

如果对父母（或其他照看者）的依恋让婴幼儿感到安全，那么当他面对稍有挑战的情境时，他会清楚地将这种依恋需求表现出来。例如，孩子到达一个不熟悉的地方以及遇到了一个陌生的人，之后还将短暂地离开父母。在这样的情境中，父母离开之前，有安全感的孩子会高兴地探索新环境，也许还会对不熟悉的人产生兴趣；但当父母离开房间后，他的依恋需求就会显现出来。有安全感的孩子已经习惯受到悉心的照顾，会自由地表达对父母离开的不适以及需要靠近父母的愿望，因此一个典型的反应就是会反抗和变得烦躁。父母回来后，他相信父母会对他的焦虑不安做出回应，会安抚他，所以会靠近父母寻求亲密接触。父母的重新出现很容易让他安心，相对较快地恢复平静，这也就意味着，他能重燃对探索的兴趣并获得乐趣。

在本案例中，艾丽斯，18 月龄，和妈妈来到大学的研究实验室，这里的情境对她的依恋需求带来挑战，她表现出了所有安全感的标志性行为。

1. 艾丽斯和妈妈被请进了休息室，那里有一些很有吸引力的玩具。艾丽斯开始玩这些玩具，妈妈则坐在旁边看杂志。

2. 艾丽斯知道妈妈在旁边，安心地独自玩这些玩具。

3. 有不熟悉的人进来，艾丽斯对她很感兴趣。陌生人和妈妈说话时，艾丽斯看着她，同时继续安静地玩耍。

4. 陌生人坐在地毯上加入艾丽斯的游戏，艾丽斯高兴地和她交流，这个时候妈妈还是坐在旁边。

5. 但是，妈妈一走向门口，艾丽斯就马上停止了和陌生人的游戏，转身看着妈妈。

（续）

6. 陌生人把艾丽斯喊过去，试图让她继续玩……

7. ……但是艾丽斯拒绝和她一起玩，还从她身边离开。

8. 艾丽斯朝门口跑去。

9. 她哭喊着要妈妈。

10. 妈妈回到房间，艾丽斯向妈妈伸出手。

11. 艾丽斯靠在妈妈的肩膀上，安心地依偎着妈妈。

12. 和妈妈抱了好久，艾丽斯才抬起头重新打量房间。

13. 注意到艾丽斯又对玩具有了兴趣，妈妈用手指向彩色青蛙。但艾丽斯还是搂着妈妈，并把手指含在嘴里。

14. 妈妈伸手把青蛙拿过来，这样艾丽斯就可以和妈妈紧紧抱在一起，直到她准备好离开妈妈的怀抱。

15. 很快，艾丽斯离开妈妈的怀抱，全身心地投入游戏中。

（续）

16. 现在艾丽斯已经准备去房间的另一头找别的玩具……

17. ……把它拿过来和妈妈一起玩。

需要注意的一点是，婴幼儿的安全感和对父母情感上的亲近并不意味着他需要一直靠近父母的身体。实际上，婴幼儿哭闹的时候，父母适当的安抚并不会导致他的过度依赖，相反，父母其实是在给他保证和信心去独立行动。实际上，安全型婴幼儿具备一种健康的平衡依恋和探索需求的能力。因此，一方面，在脆弱（如生病、受到惊吓、疲惫或面对新挑战）的时候，婴幼儿的依恋需求会增加，并且他能自然地表达出来；另一方面，当依恋需求得到满足时，他会感到自信和舒服，他对探索和独立的渴望也会增强（见案例 2.7）。

案例 2.7

适应新环境

当儿童进入一个复杂的新环境时，依恋和探索需求之间的平衡就会发生变化。起初，他的依恋需求较强，然后会慢慢减弱，但当环境对他的要求发生变化时，依恋需求可能再次出现。这种时候儿童会想靠近父母，可能还想用能够转移注意力或带来安全感的物品来帮助自己应对。随着他变得更自信，他探索的冲动也会增强。这时，他不再需要和父母身体接触，但父母在身边还是能给他提供一个"安全基地"，这样他可以从这个"安全基地"出发，然后安全地返回。这种依恋和探索需求的平衡不会随着婴儿期的结束而结束。

本案例中，3 岁的艾萨克正在参加博物馆举办的亲子活动。我们看到，他表现出有安全感的儿童在适应新环境过程中所有的标志性行为。

1. 艾萨克和妈妈到达博物馆，得知活动小组的位置。

（续）

2. 其他孩子之前都参加过这类活动，比较熟悉流程。当活动小组的组长贝基拿出一些手偶时，艾萨克坐在妈妈腿上依偎着妈妈。手偶很柔软、可爱，能帮助孩子适应新环境。

3. 其他孩子选择各自喜欢的手偶，艾萨克饶有兴趣地看着。

4. 但他不愿意离开妈妈去拿手偶。

5. 贝基知道他有点儿紧张，于是把放手偶的盒子拿给他，这样他就不必离开妈妈了。

6. 鸭子手偶让艾萨克害怕，于是贝基给了他另外一个。

7. 艾萨克变得勇敢一些了，拿到第二个手偶后，他举起手偶给贝基看，他已经开始和贝基有良好的互动了。

8. 贝基带着孩子们唱《小星星》的时候，艾萨克紧紧地握着手偶。他不知道有这个环节，又回到妈妈身边依偎着妈妈。

9. 现在贝基给孩子们看《饥饿的毛毛虫》这本书，艾萨克看过这本书，于是他自信地往前坐了一点儿，不过还是握着他的手偶，而别的孩子已经把手偶丢开了。

10. 贝基一边讲解一边向孩子们展示。

11. 贝基注意到艾萨克兴趣强烈，感觉到他现在愿意回应了，于是邀请他一起讨论书里的内容。

12. 艾萨克现在感觉舒服多了，他主动离开妈妈，手里还握着他的手偶。他走上前来向贝基展示在毛毛虫身上发生了什么。

13. 游戏时间到了。艾萨克开心地离开妈妈，并且把手偶也放到一边……

14. ……他准备好和其他小朋友一起探索。

15. 现在艾萨克感觉很自在，他甚至开始探索游戏区之外的区域，并且注意到博物馆展览区里面的农用四轮车。

16. 过了一会儿他回来告诉妈妈自己看到了什么。

17. 然后他坐下来和别的孩子一起玩。

不安全型依恋

虽然大部分婴幼儿都会对父母产生安全依恋，但并非总是如此。有研究人员密切观察了日常生活中婴幼儿在具有挑战情况下的依恋反应，发现了三种不同的不安全型依恋。在这些情况下，孩子不像那些依恋需求得到父母满足的孩子那么自信。

回避型 在强烈激发孩子依恋需求的情境下，如果父母把他留在不熟悉的环境——这通常会导致有安全感的婴幼儿变得不安（见案例2.6），回避型不安全依恋的婴幼儿对父母的离开几乎不会显示出明显的不安。而且，当父母回来后，安全依恋的孩子会毫不犹豫地寻求父母的接触和安抚；而回避型依恋的孩子大多会对他们视而不见，避免和他们亲密接触，他也许会忙于玩玩具，看起来他更愿意自己玩玩具。虽然，这些孩子表面上可能不受父母离开的影响，因为他没有紧张不安的外在表现，但研究显示，这类情况下，他的心跳会加快，其他生理反应（如皮质醇水平会升高）也会受到影响，表明这些情况其实对孩子造成了压力。孩子表面上似乎表现得非常独立，而实际上更可能反映出他在此情境中感到艰难，并且觉得寻求父母的安抚和帮助也无法解决。这种回避型依恋模式被认为是不安全的，表明孩子害怕表达自己的需求，在感到不安、害怕时他也不能自信地认为能得到父母的安抚。

矛盾－抗拒型 这种模式的婴幼儿对于父母是否在身边以及自己的依恋需求是否得到满足高度焦虑。这类孩子通常会密切关注父母是否在身边，有些对于安全依恋的孩子构不成挑战的环节，对这类孩子来说仍然是困难的，比如当房间里有一位友好但不熟悉的人出现的时候，他就会无法安心玩耍和探索新事物。和安全依恋的孩子一样，矛盾—抗拒型依恋的孩子在面对不熟悉的环境和与父母分离这样的情境时也会表现出紧张不安，但是这些孩子的表现会更极端。而且，安全依恋的孩子在父母回来后就会感到安心和愉快，而这些不安全依恋的孩子即使父母安抚他，他仍然会感到不安，有时候还会生气或发怒，无法让自己平静下来继续玩耍或探索。这种反应模式被认为是不安全的，因为孩子似乎对父母是否在身边经常极度焦虑。

混乱型 在前面描述的安全型、回避型或矛盾－抗拒型依恋模式中，当孩子的依恋需求面对挑战，他们都会做出有条理的应对，而有些孩子，其反应不属于哪种明确的类型，或者虽然出现了其中某一种模式，但占主导的却是一些混乱的行为。这些孩子的依恋需求面对挑战时，通常表现出奇怪的、似乎没有明确目标的矛盾行为。例如，当父母短暂消失一段时间回到房间后，他可能刚开始时会靠近父母，然后转向相反的方向；他还可能会做没有方向性的、刻板的动作（如前后摇摆、撞头或来回挥手）；尤其是当父母在场的时候，他可能会突然僵住，甚至表现出害怕。这种反应模式被认为是不安全的，这是因为孩子在表达依恋需求上出现了恐惧和混乱。

孩子的安全感与父母的作用

敏感回应的重要性

　　和约翰·鲍尔比最初的理论一致，历经三十多年的研究表明，父母对孩子的敏感性回应是安全依恋的关键预测指征。敏感性包括以下特征：父母能够亲近自己的孩子、能够热情而合作地参与互动、对孩子的需求和信号及时做出适宜的回应。在孩子迫切需要安抚和依恋的紧张不安的时刻，这显得尤其重要（更多有关敏感性的内容见第 95 页文本框 D）。

　　对婴儿来说，他对自己行为的控制能力、对正在发生事情的理解能力以及对即将发生事情的预测能力都很有限，甚至日常生活中的体验，如洗澡、换尿片或感到饥饿等，都会让他感到不适甚至是抓狂。为了给予孩子更为精心的照看，父母需要了解孩子独特的信号以及回应方式、认识到什么样的方法能有效地安抚孩子，这都需要一定的练习。一段时间之后，父母和孩子会习惯彼此的方式，之前感到困难和需要全神贯注才能做到的事情现在做起来日渐顺利和轻松，这样父母和孩子就能有更多的精力来探索和游戏（关于早期喂养问题见案例 2.8 ～ 2.11；成功和愉快的喂养见案例 2.12 ～ 2.14）。

案例 2.8

安抚焦躁不安的孩子

　　婴儿完全需要依赖他人的照料，需要照看者更为敏感的回应来缓解自己不安的感觉。每个孩子表达需求的方式都不一样，对感受的回应也各不相同。因此父母需要了解自己孩子发出的信号和孩子的习惯，懂得如何调整自己的行为来更好地适应孩子。特别是当孩子非常紧张、难受的时候，更需要父母有足够的耐心，甚至强大的心理素质，才能找到有效帮助孩子的方法。喂养常常就是一个让各种技能发挥其作用的领域，尤其在最初几周中，良好的喂养习惯还没有形成，这时候孩子一旦饿了很快就会不安，行为会没有规律可循。

　　此处，斯坦利只有 1 周大，他急切地要吃奶，即使妈妈已经帮他摆好姿势，他还是焦躁得很难衔住乳头。妈妈需要更耐心、更小心地扶住斯坦利的头，安抚他焦躁不安的情绪，帮助他调整没头没脑的尝试，然后才能开始喂奶。

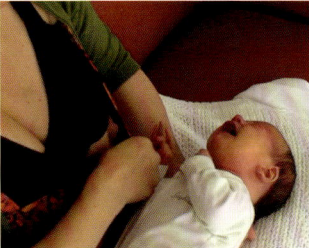

1. 斯坦利扑腾着哭闹着，急切地要吃奶。

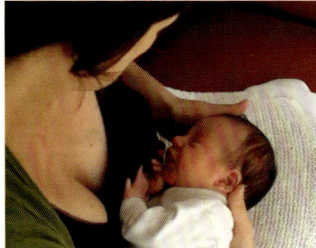

2. 妈妈用两只手扶住他，但因为此时的斯坦利焦躁不安，这个姿势并不容易。

3. 即使是妈妈已经帮斯坦利摆好吃奶的姿势，他仍哭闹着无法吃到奶。

（续）

4. 要有耐心才能帮斯坦利衔住乳头。

5. 斯坦利在情绪不稳定的情况下很难吃到奶，所以妈妈一直耐心地反复尝试。

6. 最终斯坦利成功衔住乳头……

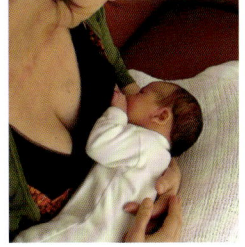

7. ……现在他完全平静下来，安安静静地吃奶。

案例 2.9

理解 2 周大的孩子

即使过了 2 周，喂奶仍然是一件困难的事情。衔乳的习惯尚在建立中，妈妈还在继续摸索孩子行为信号的意思以及可能导致孩子烦躁的原因。

本案例中，我们又见到斯坦利和他的妈妈。他们逐渐熟悉了吃奶的过程，但有些时候妈妈还是需要小心地调整自己的姿势来帮助斯坦利。吃

奶之后，对斯坦利和妈妈来说还面临更多的挑战，因为不知为什么斯坦利总是不能平静下来。更重要的是，斯坦利的父母努力理解斯坦利的感受，试图找到解决办法，他们相应地调整他们自己的照看行为，试图缓解斯坦利的不安、难受。

1. 斯坦利安安静静地吃了一会儿奶……

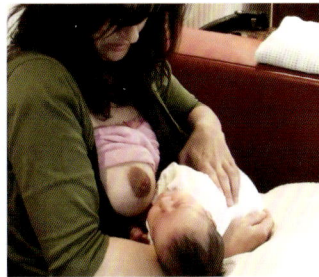

2. ……但是，他很快转过头离开妈妈的乳头。

3. 妈妈不确定地看着斯坦利，不知道他是不是吃饱了。

（续）

4. 休息了一会儿后，斯坦利的妈妈把他重新抱回吃奶的姿势，看他是不是还想吃，但整个衔乳的过程仍然不顺利，斯坦利的手放在妈妈的乳头上。

5. 妈妈必须得把他的手拿开，同时还要注意保持对斯坦利头部的支撑。

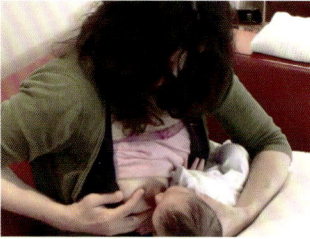

6. 姿势终于摆好了，斯坦利即将衔乳。

7. 妈妈小心地扶着斯坦利，直到他安静下来吃奶。

8. 然后妈妈继续舒服地给斯坦利喂奶。

9. 吃奶后，爸爸抱着斯坦利，帮他拍嗝。

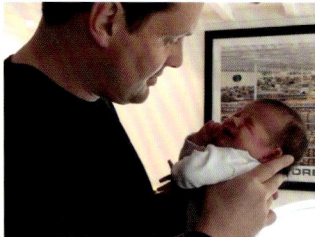

10. 但斯坦利开始啼哭，爸爸也不知道是怎么回事。

11. 他猜想是不是斯坦利没有吃饱，所以就把斯坦利抱给妈妈。

12. 斯坦利看起来好像哪里不舒服，所以妈妈用这个姿势抱着他，这曾经有效，然后妈妈用轻柔的声音安抚他，她猜想他可能没有吃饱。

13. 但斯坦利无法平静下来，所以妈妈又尝试了另一个姿势，并轻轻抚摸他的背。

（续）

14. 新姿势还是不奏效，妈妈把手指伸到斯坦利的嘴边看他是否吮吸，如果吮吸就表明他还想吃奶。

15. 但斯坦利拒绝了妈妈的手指。

16. 妈妈揉揉他的肚子，看着斯坦利，试图弄明白是什么问题。

17. 最后，妈妈又恢复了第一个抱斯坦利的姿势，虽然斯坦利还是烦躁不安，但看起来平静了一点儿。所以妈妈继续这样抱着他，轻轻地摇晃，柔声地和他说话。

案例 2.10

规律的改变

斯坦利现在 6 周大了，开始用奶瓶吃奶了，此时正是爸爸开始参与喂奶的好机会。但喂奶方式的改变以及相互熟悉各自的信号，都需要双方新的协作和调整，而且第一次用奶瓶喂奶对爸爸来说不是一件容易的事。

爸爸不能确定自己是否读懂了孩子的信号，于是向妻子寻求帮助，因为妈妈对孩子的回应更熟悉。在妈妈的帮助下，爸爸又能顺利地喂奶，对自己照顾儿子的能力更有信心了。

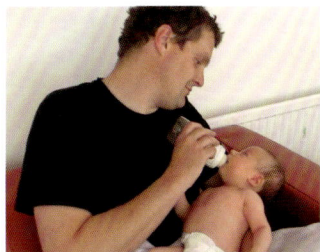

1. 斯坦利和爸爸享受着这种新的喂奶方式带来的乐趣。

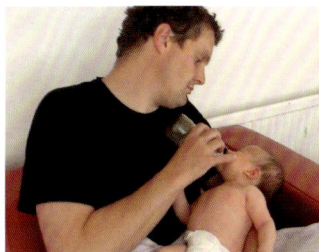

2. 斯坦利安静地吮吸着，而爸爸则深情地轻抚着他的脸颊。

3. 斯坦利满足地吃了一会儿。

（续）

4. 他大口吃了很多奶之后，突然停下来。

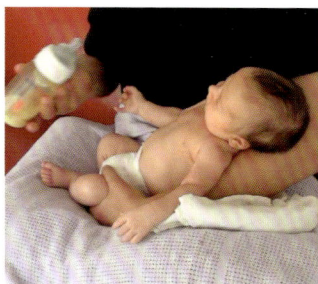

5. 爸爸把奶瓶拿开……

6. ……爸爸查看斯坦利的情况。

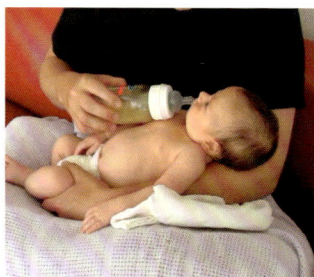

7. 斯坦利似乎比较平静，于是爸爸又拿起奶瓶。

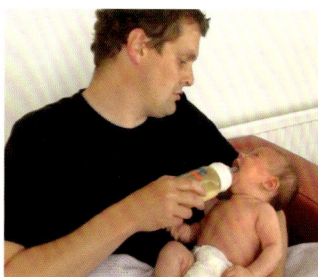

8. 但斯坦利立即变得不安，把头扭向一边。

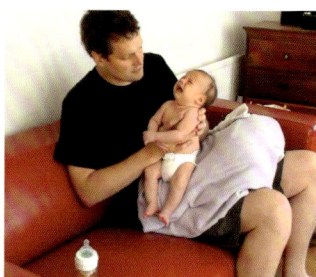

9. 爸爸不能确定这是怎么回事。

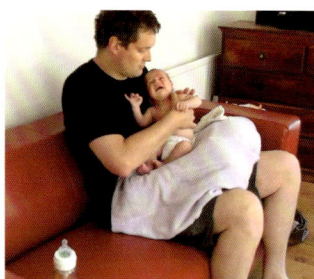

10. 他认为斯坦利可能还想吃奶，试图再次把斯坦利调整回吃奶的姿势。

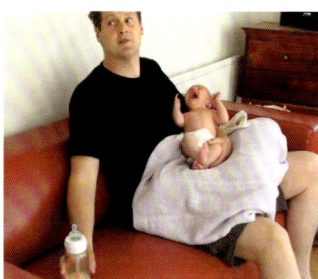

11. 但当他把手伸向奶瓶的时候，他犹豫了，开始喊斯坦利的妈妈。

12. 妈妈过来帮忙让斯坦利处于更舒服的姿势，这样爸爸就能再次喂奶。

案例 2.11

早期喂养中的反复试验

通常几周之后，妈妈和孩子对喂养中相互间的提示信号都已经非常熟悉了。艾丽斯的妈妈完全了解把女儿放在什么样的姿势才能让她舒服地吃奶。艾丽斯现在对吃奶的流程非常熟悉，她知道准备阶段的每个步骤，所以衔乳比较顺利。不过妈妈对哺乳过程中的其他方面还不够清楚，还需要反复试验，比如，知道什么时候艾丽斯已经吃饱了。如果父母能够关注孩子行为被误读之后的反应，那么他们就能通过这些更好地理解孩子的需要并作出适宜的回应。

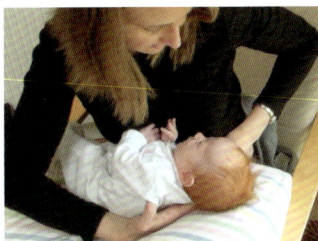

1. 艾丽斯熟悉这个姿势，这是妈妈准备喂奶的第一个动作，期待地看着。

2. 艾丽斯张大嘴巴，准备衔住乳头⋯⋯

3. ⋯⋯她很容易就吃到了奶。

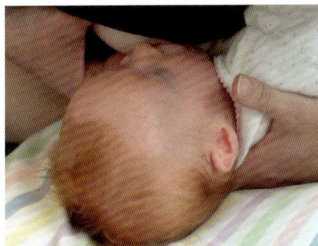

4. 后来，两侧乳房都吃了一会儿后，艾丽斯的吮吸慢了下来。

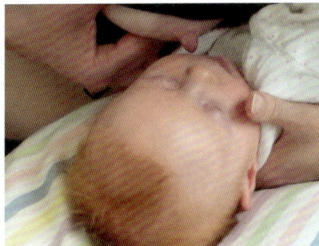

5. 她转过头，似乎已经吃饱。

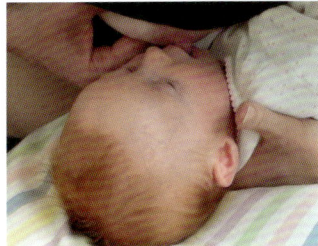

6. 然后，她又转回来⋯⋯

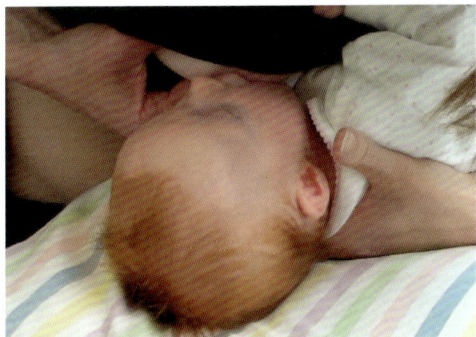

7. ⋯⋯也许她还有些饿，所以又继续吃了一些。艾丽斯的信号不怎么好懂，也许她自己也不确定是否已经吃饱。

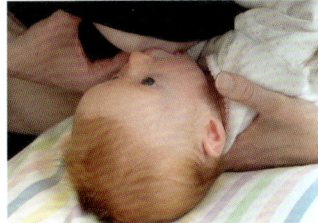

8. 当她再次转过头吃奶的时候，她吮吸的力度弱了一些，还感兴趣地看着妈妈。

（续）

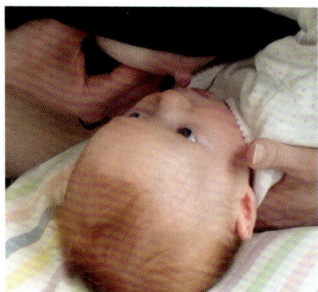

9. 当艾丽斯再次中断吃奶，并且看起来准备进行社交性交流时，妈妈猜想她也许已经吃饱了。

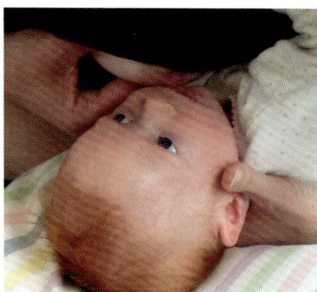

10. 为了确认，妈妈再次把乳头靠近艾丽斯，而艾丽斯看起来已经没有兴趣了。

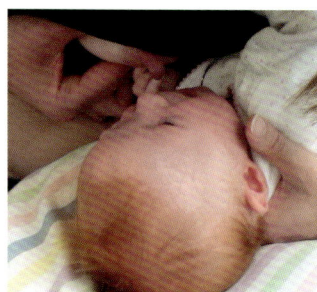

11. 实际上她还开始有些激动、不安。

12. 妈妈猜想艾丽斯也许有些不舒服，所以把她抱起来并轻轻拍打她的背，帮助她打嗝。

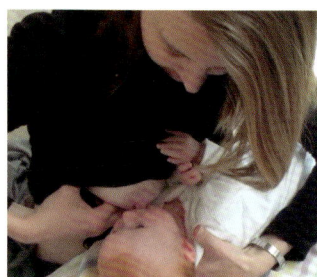

13. 然后，妈妈把乳头又一次靠近艾丽斯。

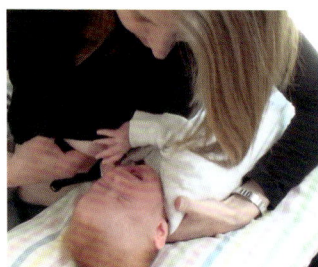

14. 这一次艾丽斯明确表达出她不想吃奶的意愿。

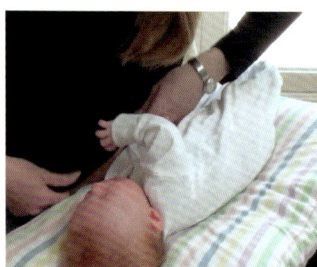

15. 妈妈做出回应，表示知道艾丽斯是真的吃饱了。

16. 最后妈妈让艾丽斯靠在自己的肩头并安抚她。

案例 2.12

吃奶时的游戏 1

阿斯特丽德，4 月龄。当喂养的规律建立，喂养过程中的步骤只是按流程进行时，父母需要倾注的注意力就开始减少。那么，对孩子喂养的动作就变得更自然而然，于是母婴双方都能够解放出来，让父母和孩子在喂奶的过程中做一些更有趣的事情。

本案例中，阿斯特丽德已经开始能够伸手抓物，于是利用喂奶的时机用手调皮地触摸妈妈的身体，而反过来，妈妈也有更多的机会和孩子进行社交性交流，这在几周前是不可能实现的。

1. 阿斯特丽德现在能用正确的姿势舒舒服服地吃奶了，吃奶时也不再像以前那样全神贯注需要费好大的劲儿了。

2. 一旦安静下来吃奶，阿斯特丽德就开始用手触摸妈妈的身体。

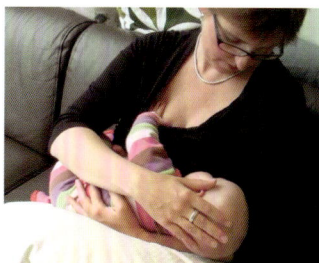

3. 她伸手触摸妈妈的皮肤，而妈妈也温柔地抚摸着她。

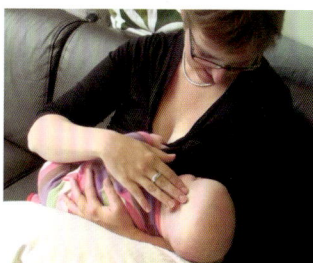

4. 妈妈告诉女儿，这样玩是什么样的感觉。

5. 然后，阿斯特丽德一边吃奶，一边伸手玩妈妈的项链。

6. 一吃完奶，她就开始对周围的事情产生了兴趣。

案例 2.13

爸爸顺利喂奶

阿斯特丽德，4.5 月龄，出生几周之后可以顺利地用奶瓶吃奶。阿斯特丽德的爸爸经常把妈妈挤出来的母乳用奶瓶喂给女儿吃。爸爸对女儿的信号非常敏感，知道女儿什么时候想暂停一下，什么时候想停下来儿四处看看。同样，阿斯特丽德现在也对喂奶过程很熟悉，知道下一步是什么，所以她能够主动地为下一步做好准备，并很享受掌控带来的乐趣。

1. 爸爸给阿斯特丽德看了看满满的奶瓶，留出时间等待她作好吃奶的准备。

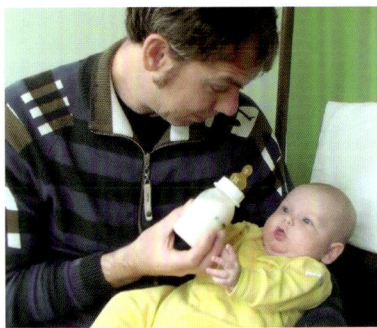

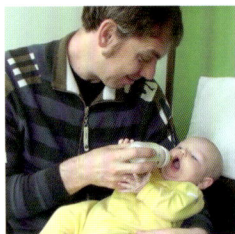

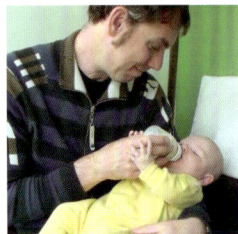

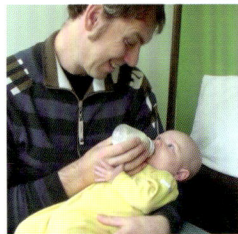

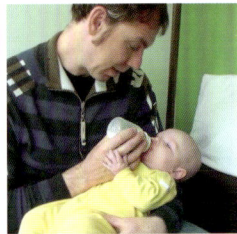

2. 当爸爸把奶瓶举向她时，她带着期待把嘴巴张得大大的，同时和爸爸一起举起奶瓶。

3. 阿斯特丽德大口地吃着奶，爸爸对女儿的表现感到很开心。阿斯特丽德的手扶着爸爸的手，她喜欢参与掌控吃奶的过程。

4. 阿斯特丽德不那么饿了，她的手也不再那么用力地把奶瓶往嘴边送了。现在她能注意到身边的事物，想要玩……

5. ……然后她又继续吃奶，这次吃奶的时间更长了。

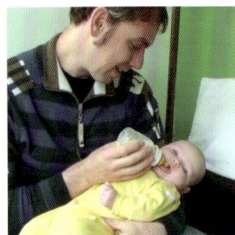

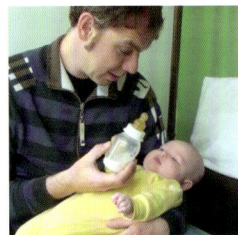

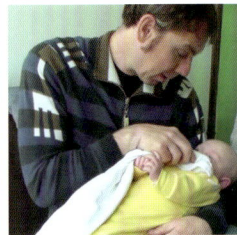

6. 现在阿斯特丽德吃了很多奶，注意力分散得更广了，爸爸也乐于让她暂停吃奶，四处看看。

7. 当阿斯特丽德转回头时，爸爸又给她看奶瓶，等待她的回应，而不是直接把奶瓶放进她的嘴里。

8. 阿斯特丽德没有回应爸爸，所以爸爸继续观察她的反应，然后认为她也许已经吃饱了……

9. ……最后爸爸帮她擦干净嘴巴。

案例 2.14

吃奶时的游戏 2

这里我们看到的是莎文，6.5 月龄。现在吃奶已经成为例行的程序，这让莎文能腾出双手来探索，也让社交游戏能围绕莎文的手部动作来展开。这时即使没有目光接触和相视微笑，妈妈和孩子两人相处的时候也充满乐趣。

1. 莎文吃奶的时候喜欢把手挥来挥去。

2. 妈妈抓住他的手……

3. ……莎文继续吃奶，妈妈和他一起玩触觉游戏。

考虑孩子感受的重要性

最新的研究表明，孩子的安全感不仅与父母的行为（实际的行为回应）相关，同时还与父母对孩子及其依恋需求的思考方式相关。尤其是，如果父母能够对孩子的反应进行反思，准确理解孩子的感受和意图，这就可能给孩子带来更多的益处。这种洞察力毫无疑问部分表现在对孩子的照看行为中。但父母基于对孩子感受的理解而做出的信号对其安全感的培养可能也有额外的帮助。因此，对婴幼儿社会和情感发展的研究（见第三章第 148 页通过社会意识和"社会参照"调节回应）通常表明，除了通过共情回应表明父母能明白孩子的感受之外，父母理解孩子的能力，尤其是通过信号传达出这种难受的情绪是可以应对的能力，都有助于帮助孩子应对困难。在最初的几周或几个月内，主要是通过面部表情、声音以及触摸表达出这种理解，但随着孩子对语言理解的发展，和孩子谈论难受的体验就变得更加有效（见案例 2.15 ~ 2.19）。

案例 2.15

难过的时候 1

对父母来说，孩子在疲惫或者不舒服的时候是比较难照顾的。在最初几周中，孩子会因为不明原因而感到难受，这样父母安抚起来可能需要多次的试验，一种方式不行要换另一种。

本案例中，11 周龄的艾丽斯难以平静下来，我们可以看到艾丽斯的妈妈在安抚过程中表现出了一些敏感呵护的核心因素。首先，妈妈表现出对女儿的理解和同情；第二，妈妈根据艾丽斯不断变化的状态和发出的信号来适当地调整自己的

回应；最后，妈妈能够容忍女儿的烦躁并给予帮助和安抚，而自己保持冷静。此处艾丽斯睡得好也吃得好，只是心情不好。一开始妈妈试图和坐在摇椅中的艾丽斯进行面对面游戏，但艾丽斯还是不高兴。然后妈妈表达出自己的同情和担心，用自己清晰的面部信号"标记"出艾丽斯的表情，表示自己理解艾丽斯的感受，并且通过交流来表达对艾丽斯的支持以及想帮助艾丽斯从不良的情绪中恢复的意愿。

1. 虽然艾丽斯看上去愿意坐在摇椅中和妈妈做游戏，但此时她的情绪突然发生了变化，开始不安起来。

2. 妈妈模仿女儿的表情，表示自己理解女儿的感受，妈妈这么做的时候，艾丽斯专心地看着妈妈。

3. 现在妈妈虽然还是表达出对女儿的同情，但不是模仿女儿难受的表情，而是试图引导女儿进入游戏状态。艾丽斯平静了一会儿，还是密切注视着妈妈，但看起来还是难以克服不良的情绪。

4. 艾丽斯转过头，妈妈表示同情，告诉艾丽斯自己知道艾丽斯真的无法平静下来。

5. 当艾丽斯回过头来的时候，妈妈又试着引起艾丽斯的兴趣……

6. ……但妈妈看出艾丽斯难以做到这一点，只能再一次向艾丽斯表示同情……

（续）

7. ……以及自己将用行动来帮助她。

8. 妈妈打消了做游戏的念头，把艾丽斯从摇椅中抱出来。

案例 2.16

难过的时候 2

妈妈把艾丽斯从摇椅中抱出来，并且一直抱着她，艾丽斯看起来平静了一些。现在，妈妈用垫子把艾丽斯舒服地撑起来，看她是否乐意玩一个彩色的玩具小象。但艾丽斯又一次不安起来，妈妈再一次表达了她的同情和理解，努力帮助女儿恢复。妈妈放弃了玩玩具的想法，又一次抱起女儿安抚她。

1. 艾丽斯舒服地靠在垫子上，开始充满兴趣地看她的玩具小象，而妈妈则把小象来回晃动。

2. 但过了一小会儿，艾丽斯又不安起来，妈妈仔细地观察艾丽斯表情的变化，同时努力让玩具更具吸引力。

3. 现在艾丽斯表现出明显的不安，妈妈表达着自己的担心，并表示自己意识到艾丽斯没有玩玩具的心情。

4. 妈妈放下玩具，试图用自己的声音和温柔的抚摸来安抚不安的艾丽斯。

5. 随着艾丽斯不安情绪的加剧，妈妈的表情反映出她的同情以及她知道艾丽斯现在很难受，所以她把艾丽斯重新抱起来……

6. ……然后紧紧地将艾丽斯抱在怀中，继续用自己的声音安抚女儿。

案例 2.17

难过的时候 3

妈妈意识到，只有抱着女儿，女儿才能平静下来，所以她一直抱着女儿，想看女儿现在是否愿意参与游戏。但今天艾丽斯看起来只有在被妈妈紧紧地抱着、轻柔地拍着、没有一丝干扰的情况下她才会感到高兴。

1. 妈妈拿起另一个玩具看艾丽斯是否愿意玩，同时观察着艾丽斯的反应。

2. 看到艾丽斯完全没有参与游戏的意愿，妈妈迅速把玩具放下。

3. 艾丽斯又开始哭闹，所以妈妈开始变换姿势让艾丽斯远离所有不受欢迎的打扰。

4. 并且，专注地抱着艾丽斯安抚她……

5. ……慢慢地，伴随着轻柔的话语……

6. ……以及妈妈有节奏的轻拍。

7. 艾丽斯慢慢平静了下来……

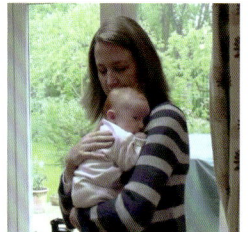

8. ……并且在妈妈的怀里放松下来。

案例 2.18

疼痛的体验——接种疫苗 1

艾丽斯，4 月龄。孩子在脆弱（如感到疼痛）的时候，我们可以清晰看到他们的依恋需求。本案例中艾丽斯在注射第一针疫苗，妈妈全程都在安抚她，帮助她减轻打针的疼痛带来的压力。

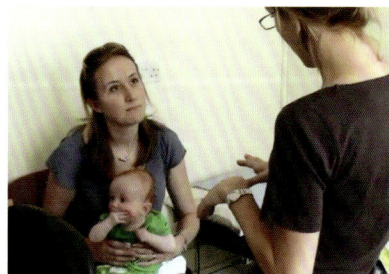

1. 护士向艾丽斯的妈妈讲解接种疫苗的过程。

（续）

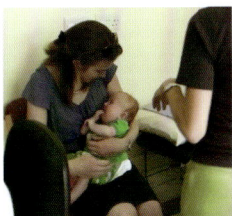

2. 在护士做准备的时候，妈妈稳稳地抱着艾丽斯，并和她说话。

3. 注射第一针的时候，艾丽斯大哭起来，并且紧紧地抓住妈妈的 T 恤，而妈妈则继续温柔地和她说话……

4.……抚摸她。

5. 护士要注射第二针，她们需要把艾丽斯换个方向，但是艾丽斯抓着妈妈的 T 恤不肯放手。

6. 妈妈专注地安抚女儿，继续和她说话，帮助她度过这个艰难的时刻。

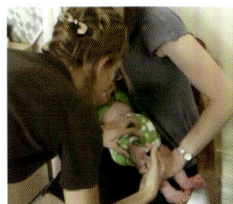

7. 现在，第二针已经注射完……

8.……妈妈立即把艾丽斯抱起来，这样可以更好地安抚她……

9.……之后，妈妈紧紧抱着艾丽斯，轻柔地摇晃、轻拍，同时用声音来安抚她，直到她恢复平静。

案例 2.19

接种疫苗 2

本，13 月龄，现在需要进行第二轮疫苗接种。在这个阶段，可以用一些东西分散本对难受体验的注意力。妈妈给本看他喜欢的书籍，希望能有所帮助，不过打针仍然是比较痛苦恼人的体验。妈妈用亲密的身体接触给予本支持和爱，也告诉本正在发生的事情，让本知道自己了解他的感受，并向他做了简单解释。妈妈以这样的方式帮助本克服难受的感觉。妈妈能敏感地判断每个阶段本对妈妈接触需求的程度，并灵活地做出回应。在本表现出还没有准备好和妈妈分离、需要更多亲密接触的情况下，妈妈打消了把本放到婴儿车中的念头。

1. 本要打针了，妈妈希望通过读本最喜爱的书来分散本的注意力，从而减少打针带来的影响。

（续）

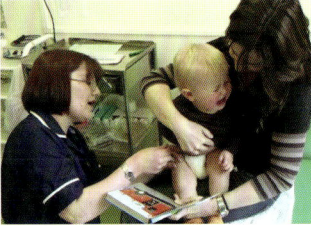

2. 但即使是《火车头托马斯》也不能消除疼痛的感觉。

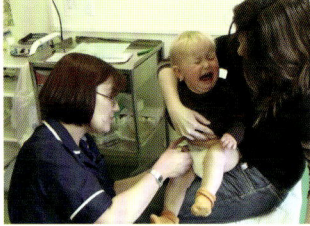

3. 妈妈迅速放下书，来安抚大哭的本……

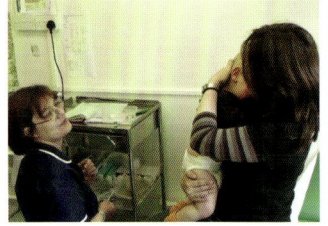

4. ……妈妈把他抱起来，搂在怀中，让他感受到支持。

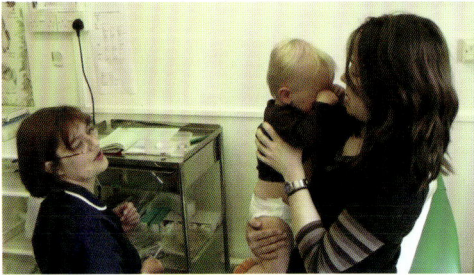

5. 在本慢慢恢复平静的时候，妈妈告诉他自己知道打针让他觉得疼，也明白他的感受。

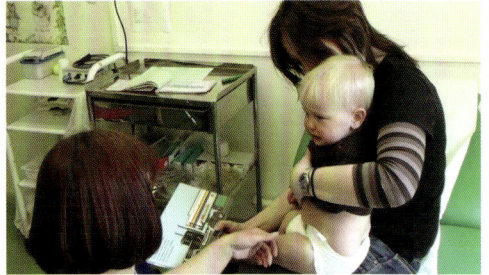

6. 要打第二针了，本警惕地看着护士，书也没办法分散他的注意力了。

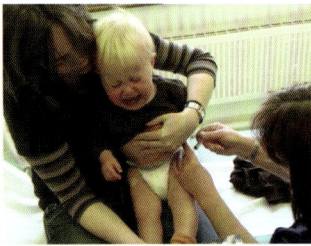

7. 打针又疼了一次。

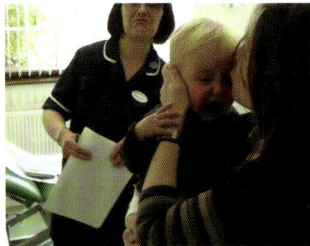

8. 妈妈将他抱起来，紧紧地抱着，用亲吻来安抚他。

9. 妈妈又和他说话了，让他明白妈妈知道打针很疼。

10. 妈妈向本解释，医生必须给他打针，但现在结束了。

11. 妈妈告诉本他很勇敢，然后提议回家玩他喜欢的游戏。

（续）

12. 他们准备离开诊所。

13. 妈妈准备把本放进婴儿车。刚开始本觉得还行……

14. ……但要和妈妈分开的时候，本还是觉得自己比较脆弱，更愿意待在妈妈的怀里。

15. 妈妈表示理解，并告诉本自己明白他也许还没准备好。

16. 所以妈妈一手抱着本，一手推着婴儿车，直到本觉得可以坐到车里了。

父母的养育风格与婴幼儿的不安全依恋模式的关系

就像父母的敏感回应会带来婴幼儿的安全依恋一样，父母某些不敏感的养育方式与婴幼儿各种类型的不安全依恋之间也存在着系统性的关联。所以，和其他的婴幼儿相比，回避型不安全依恋婴幼儿的父母更可能对亲密接触感到不适，或具有过度刺激、过度打扰或者过度控制的性格。而矛盾－抗拒型不安全依恋的婴幼儿，其父母更有可能对他时而敏感，时而不敏感，时而关注，时而不关注。最后，混乱型不安全依恋的婴幼儿则可能由于其父母的行为而产生过恐慌。除最后一种混乱型之外，婴幼儿不同的回应似乎都是他为了满足自己的依恋需要，根据对父母行为的预期，采取的适应性策略。于是，有安全感的孩子的策略是寻求支持，因为他预料到自己能够得到帮助；而回避型孩子的策略是试图将他对父母的依赖降到最低，因为父母不鼓励这种依赖的表达，或者会给出不悦或受到打扰的回应；矛盾－抗拒型孩子的策略则是强调自己的依赖，最大限度地增大获得回应的可能性。

对不同国家和不同社会群体的研究发现，父母的敏感度和孩子的安全依恋之间存在着联系。这些联系显示的不仅仅是孩子的特点（比如他的性情）对父母回应性的影响之类的简单关系，而是真正的因果关系，有3组研究证明了这一点。

• 孩子对不同照看者的依恋可能不同，很大程度上取决于相关成人的照看质量。不仅是孩子对父母依恋的差异，孩子对专业照看人员的安全依恋也和这些照看人员的敏感度有关。

• 在孩子出生前，可以根据父母对依恋需求的看法来预测孩子对父母可能产生的依恋模式（更多内容见下文，父母的依恋模式）。

• 通过干预来提高父母的敏感度，给孩子带来更高的安全依恋。

婴幼儿自身特点的作用

大量研究表明，婴幼儿受到的照看对其依恋的形成有很大的影响，而与之相反的是，几乎没有证据可以证明婴幼儿基因会对依恋造成直接影响。

甚至，孩子自身的性情虽然可能影响他回应的特点和情感强度（比如倾向于胆怯或消极），但似乎不会直接决定他的依恋模式是安全的还是不安全的，而可能以间接的形式表现出来。首先，与性格温和、反应不那么活跃的孩子相比，那些情绪反应强烈、容易难过的孩子受到成长环境的影响更大（见第三章有关婴幼儿自我调节方面的内容）。因此，这些反应较为强烈的孩子，如果他接受的照看是不敏感的，更有可能变得没有安全感。从积极的方面来说，如果他的父母接受指导后能够给予孩子更为敏感的照看，反应强烈的孩子也可能比别的孩子获益更多。孩子的性情与其安全依恋相关联的第二种方式是通过对父母的影响来实现的。例如，反应强烈、容易难过的孩子可能对父母的要求更高，需要父母更为敏感的照看，那么这些父母可能尤其需要帮助。

影响父母给予敏感照看能力的因素

背景环境

育儿不是发生在与世隔绝的理想空间，随着家庭问题的累积（如贫困、工作问题、缺少社会或伴侣的帮助），孩子对父母依恋的不安全感就会增加。很明显，当父母被这些问题困扰的时候，他们很难给予孩子敏感的照看，而且有些问题本身就可能对孩子的依恋产生直接影响。例如，如果夫妻双方的关系出现问题，不仅会减弱他们对孩子做出敏感回应的能力，而且如果婴幼儿目睹了父母间的冲突，他们的安全感也会受到影响。

父母自身的特点

父母的依恋模式　除了背景环境，父母自身的体验也会影响他们满足孩子依恋需求的能力。尤其是父母童年时期的依恋关系，这些关系到现在对他们仍然产生影响。因此，那些自身有安全感，以及情感上对自身所受到的照看持开朗、平和以及释然态度（即使自己的童年不那么理想）的父母，会更容易理解孩子的情绪并满足孩子的需求，而他们的孩子也更可能对他们形成安全的依恋。研究者将这种父母自身的依恋描述为"自主的"，即成人能够以一种自由而不带偏见的态度看待他们自己早期的关系。

相反，那些没有安全感的父母可能很难满足育儿的需求。有些人学会了通过遗忘来应对潜在的痛苦感觉，从而忽略了亲密情感的价值。这种忽略型风格可能让父母难以察觉和接受孩子的依恋需求，反过来孩子更有可能对他们形成回避型不安全依恋。

D 敏感的本质特征

根据依恋研究领军人物玛丽·安斯沃思的描述,敏感的父母都具有一些核心的特征。

意识　敏感的父母对细小微妙的信号也很警觉,比如孩子面部表情的变化,或者像抓耳朵这样特别的动作——说明孩子可能疲倦了。敏感的意识还包括父母能准确地读懂孩子发出的信号,这意味着他们的判断不是基于偏见或者臆想(比如,认为疲倦的孩子会通过哭来引起自己注意)。最后,敏感的意识也包括共情能力,父母不仅能注意并准确解读孩子的信号,还能和孩子感同身受。

回应　敏感的父母不仅能对孩子的感受准确理解并形成共情意识,还能及时恰当地做出回应。怎样叫恰当,什么时候回应是恰当的,这当然随情境和孩子自身的发展而变化。对婴儿来说,恰当的回应通常是指能立即发现孩子的信号并满足他的愿望。所以,当他想要被抱起来的时候就抱起他来,感到烦躁不安的时候就安抚他,饿的时候就给他喂奶,想玩的时候就和他一起做游戏。随着孩子的理解力以及他对难受感觉的容忍力的发展,恰当回应的特点也随之变化。所以,对幼儿来说,敏感的父母会了解他的愿望,但是可能有时候会让孩子等待一段时间,而不是马上给他提供他想要的。

合作　敏感包括合作以及对孩子的自主性、独立性的尊重。尤其应注意的是,合作的育儿方式是非侵入式的,即父母不应把自己的意愿强加到孩子身上,也不会干扰孩子做事的进程。因此,身体接触既不会是干扰性的,也不会是压倒性的,父母也不会对孩子发号施令或者试图控制孩子,而是会对孩子的信号做出回应。

接受　接受的概念是指父母在照看孩子的过程中承受挫折的能力,包括在产生消极或者易怒情绪的时候,父母能感受到爱高于一切,接受孩子是作为个体存在的事实。

有些缺乏安全感的父母可能会不断为自己早期依恋体验所带来的困扰而耿耿于怀并且愤怒,从而难以对其形成合理的认识。这可能导致,当孩子表现出依恋需求的时候,他们的回应反复无常,孩子也就更可能对他们形成矛盾-抗拒型的不安全依恋。

如果父母以前经历过他们无法接受的伤痛和失败,或者被当前生活中的困难所压制,那么他们可能会非常专注于这些问题。这就可能导致他们有时会在孩子面前完全封闭自己,甚至无法控制自己的行为。这两种反应都可能吓到孩子,更可能导致孩子对父母形成混乱型不安全依恋。

总而言之,父母对自己早期依恋体验的看法和感受可能会深深地影响他们对孩子依恋需求的回应,反过来也影响孩子对他们的依恋方式。

父母的整体调适　父母的个性、心理健康以及整体幸福感也会影响他们给孩子提供有助于形成安全依恋的照看的能力。比如,研究表明,调适得当的父母(即自信、积极、适应力强)以及压力小的父母,他们的孩子更有可能形成安全型依恋;相反,如果父母高度焦虑或者抑郁,他们就难以给予孩子敏感的照看,那么孩子形成安全型依恋的概率就相应小一些。

早期依恋和长期发展

有一个重要的问题需要考虑,那就是早期的依恋关系是否和孩子的情感发展存在长期的关系。从几个方面来看,是存在关系的,包括早期的依恋关系对孩子怎样看待自己和怎样看待他人的影响，以及对发展出的不同的社会关系模式的影响。另外，影响婴儿早期依恋模式的育儿方式可能会持续存在，而且会对孩子长期的发展造成持续的影响。

早期依恋和后期社会关系

大量研究表明，婴儿和父母之间的与依恋相关的互动模式无论好坏，都将逐渐成为孩子模仿的范本，孩子通常会据此来思考和感受自己以及自己与他人的关系。例如，如果孩子所接受的照看是充满爱的，那他就会形成一种思维模式，觉得自己是可爱的。这种模式会决定孩子如何解读他人行为、预期他人对自己的回应方式，所以这影响着成长中的孩子与他人的互动。

研究人员用娃娃、图画或者故事等作为工具，来研究孩子对父母的依恋与后期他对自己和他人的认知之间的联系。通常，研究人员会让孩子想象，当一个娃娃或者故事角色面对一些具有挑战性的情境（如父母晚上出门了，把孩子留在家里），或者其他潜在人际关系困境时（如孩子无意中打坏了父母的东西），他会怎么办。在这些研究中，婴儿时期有安全感的孩子可能认为父母形象是回应积极、关爱体贴的，并且会提出积极的解决办法。此外与婴儿时期形成不安全型依恋的孩子相比，他们能更好地理解他人的感受，尤其是他人负面的感受。重要的一点是，这种早期安全依恋和长大后良好的社会理解之间的联系通常都得到了父母的支持，包括持续地给予孩子敏感的照看，特别是在孩子语言发展的重要时期，开诚布公地与他探讨人们行为背后的情感和原因。

除了早期依恋对幼儿如何思考人际关系的影响，研究还表明，婴儿早期依恋与幼儿和他人实际关系的质量之间也存在一致的联系。在亲密关系中这些联系更加突出。所以，在童年早期，甚至到青春期，婴幼儿时期有安全感的孩子会与亲密的朋友有着更和谐、更积极的关系，而他也能从亲密关系中获得更多的支持。不过，早期依恋似乎与孩子较为松散、随意的关系之间的相关性不强，如与其他孩子的一般性互动，这些时候，父母对孩子社会关系的持续支持则显得尤为重要。

早期依恋和后期行为问题

除了儿童的社会理解和人际关系，研究人员还经常会探讨一个问题——有安全感的孩子是否比没有安全感的孩子在童年时期出现行为问题的可能性更小。答案应该是肯定的。因为对于有安全感的孩子来说，良好的社会和情感理解能力使他能够更好地协调具有挑战性的人际关系，而且他也已经学会了如何调节自己难受的情绪。

最近两篇涉及大约6 000名儿童的综述表明，与不安全依恋的孩子相比，婴儿时期对母亲有安全依恋的孩子确实更少出现行为问题。对于"外化"的问题，如攻击或违抗行为，在混乱型依恋的孩子身上表现得尤其明显，其中男孩也比女孩表现得更强烈。虽然这种关联在社会各个阶层都存在，但在贫困环境中成长的孩子身上表现得更为明显。对于"内化"问题，如焦虑和回避社交，虽然也明显地受到不安全感的影响，但不像"外化"问题那么明显，这一次，是不安全依恋中的回避型孩子具有更大的风险。

长期环境和育儿的影响

虽然研究表明，婴儿早期依恋和他之后的发展存在联系，但有重要的一点需要记住，通常来说，养育孩子的质量往往是相对稳定的，长期的环境和父母照看的特点对孩子的行为有重要影响。而如果环境变化，父母的敏感性也随之发生变化，那么婴儿早期依恋和后期行为问题之间的联系就会减弱。例如，美国一个大规模的研究结果表明，不安全型依恋的婴幼儿如果后期受到敏感的照看（通常是父母境况改善的结果），其行为问题则会减少。同样，如果安全型依恋的婴幼儿的父母后来生活中经历了困境，难以维持敏感的育儿方式，他们的孩子存在行为问题的风险则会增大。不过，这些结论并不是指早期依恋体验的影响完全可以改变，只是说明在早期，孩子发展的路上存在一定程度的灵活性，但随着时间的推移，发生变化的可能性会逐渐减小。当涉及亲近、亲密关系的时候尤其如此，主要是因为个体的行为可能会延续过去人际关系的模式。例如，在孤儿院长大的儿童在交流方面常常会存在一些问题，之后即使他进入更适宜的生活环境，但仍然可能会继续存在这些问题。

帮助父母

婴幼儿的依恋关系在他的发展中有如此重要的作用，所以帮助父母提供能够培养孩子安全感的照看就成为了第一要务。过去，干预措施主要侧重于帮助父母以更敏感的方式照看他们的孩子，尽管这成功地改善了父母的日常行为，但有时还是不能给孩子的安全依恋带来成效。因而，最近更多的重点被放在让父母回忆起自己婴幼儿时期的经历上

来。有时候，这涉及让父母思考，对于自己在儿童时期所受到的照看，自己现在的感受如何。另一种干预方法是使用视频反馈：当父母观看自己与孩子互动的视频时，他们能花时间观察孩子的反应，从而能从孩子的角度重新看待事物。这不仅有助于父母思考孩子困难的体验和行为问题，而且还能帮助父母更清楚地捕捉到孩子的情感依恋信号。这样，交流的积极性可以得到提升，父母也能够意识到在与孩子的关系中自己拥有的巨大力量，从而受到鼓励。

考虑各种干预成效，我们可以得出结论，不同的方法适用于不同的家庭。考虑到寻求帮助的父母面对的不同境况、不同背景和个人经历（比如，有的父母打算收养孤儿院的孩子，而这些孩子可能过去有不顺利的依恋体验，有些父母自身可能正处于艰难的境况中，如抑郁等），这个结论并不令人感到意外。婴幼儿的个性特点，如性情，似乎也影响干预的效果，情绪上反应更强烈的孩子，他的父母会觉得帮助更有用。通常来说，生活在高风险环境的家庭可能需要更大范围、更长时间的帮助；而对于背景环境问题较少的家庭，干预项目不必那么密集，时间短一些也能获益。

婴幼儿和非父母照看：日托及其影响

从古至今，父母有时会需要他人帮忙照看自己的孩子。虽然有一段时期婴儿大部分都是由妈妈专职照看，但从 20 世纪 80 年代开始，美国和英国大部分 2 岁以下的儿童都经历过某些形式的非父母照看。非父母照看可能会对儿童发展带来什么样的影响，这一

问题对父母、儿童甚至全社会来说都是非常重要的。因此，许多国家都展开了对非父母照看的研究，涉及几千名儿童。

出人意料的是，其中一项规模最大的研究发现，非父母照看的总体影响可以忽略不计，但是，研究也明确指出，这种照看形式也很重要。尤其是在研究的各种不同类型的照看方式中——祖父母或其他亲戚、住家保姆、幼儿托管人以及日托中心（包括托儿所）——仅最后一种照看方式显示出与儿童发展有关联。基于这一原因，也因为日托是目前发展最快的婴幼儿照看方式，所以我们这部分内容主要关注日托的哪些方面是最重要的，以及在这种方式下怎样做才最有利于婴幼儿发展、建立与照看者亲密的关系。

日托研究中最关键的主题是日托品质的重要性。高看护配比、良好的员工培训以及高收入都有助于提升看护老师的道德水准和职业精神，并有助于降低其流动性。反过来，这些特征还与照看中对婴幼儿社交、情感以及认知发展需求的敏感度有关。这关系到照看者与婴幼儿个体一对一的联系，也关系到他们管理一群孩子的能力。针对有孩子在日托中心的家庭，各国在有关工资和工作条件的法律规定以及财政支持等方面差别很大。通常来说，管理较严、政府支持较好的国家，其日托中心提供的照看质量较好，斯堪的纳维亚半岛的国家更是如此，那里的日托质量普遍较高。而在美国，对日托中心的管理较松，条件差异很大，平均水平差强人意，可能在其他监管不严格的国家也是如此。

调整和适应日托

当父母开始为孩子安排日托时，他们通常会经历各种复杂的情绪和担忧，能感觉到自己作为父母的角色和其他社会角色的冲突，会对自己把孩子放到日托中心的决定产生疑问，不知道这样是否正确。他们可能还会害怕每天和孩子的分离，自己害怕也担心孩子会害怕，可能还会担心孩子不适应陌生的环境，甚至父母还可能担心他们自己和孩子的关系会出现问题。尽管有这么多担心，但研究表明，我们能够做很多事情来帮助孩子更好地适应日托，保持和孩子的良好关系。还有，虽然研究显示儿童的发展受日托影响，尤其是受日托质量的影响，但这些影响整体来说相对较小，而家庭背景因素和父母与孩子之间的关系对儿童发展的影响则要大得多。

帮助孩子适应日托

毫无疑问，对婴幼儿来说开始日托生活会让他紧张不安。父母离开时孩子哭闹是很常见的，而且在开始日托的几周内，他很容易变得沮丧不安。有些研究发现，如果婴幼儿到 12 ~ 18 月龄还没有开始日托则更容易这样，他可能会比年龄小一些的婴儿更能意识到与父母的分离。当婴幼儿感到脆弱的时候，其沮丧、不安的情绪可能再次出现，比如假期过后重回日托或者请病假之后返校的时候。婴幼儿开始日托时，他的应激激素——皮质醇水平会增高。要注意，无论是对妈妈有安全依恋还是不安全依恋的孩子，其发生的概率都一样。从研究中还可以看出，到孩子调整适应之前，在日托中心经历的重复和长时间的分离都可能会对婴幼儿想要父母陪伴的期望造成挑战。日托老师无论有多敏感，也无法预防这类不安情绪的发生。针对这一点，对父母来说，重要的是要帮助孩子适应日托的转变。如果父母有时间跟随孩子进入日托的话，那就可以根据孩子的适应情况，和孩子待在一起，带领孩子逐渐熟悉环境，那么孩子的紧张不安就可能得到缓解。实际上，有一项研究表明，在母婴依恋安全或父母能够敏感地慢慢引导孩子适应日托环境的情况下，日托开始时，孩子并没有出现与之相关的皮质醇水平升高的现象（见案例 2.20 ~ 2.24 中关于开始日托的内容，以及案例 2.25 关于适应日托的内容）。

案例 2.20

6 月龄开始日托 1

埃德蒙，6 月龄，即将开始进入一个高质量的托儿所。他对这里已经很熟悉了，因为他的哥哥姐姐就曾在这里上学，他和妈妈都认识这里的老师，但这是他自己第一天入托。在这里每个孩子都有他们自己的负责老师，也就是负责照看他们的人。

在这个案例中，埃德蒙开始认识自己的负责老师柯丝蒂。埃德蒙似乎适应得很好，妈妈决定第一次先离开 1 个小时。埃德蒙几乎所有的时间都和柯丝蒂待在一起，但柯丝蒂也在帮助埃德蒙和别的孩子建立关系。鉴于第一次很顺利，下一次埃德蒙在托儿所待了一整天。下一组图片追踪了埃德蒙这一天的生活，从妈妈离开，他就游戏、吃饭、睡觉、喝奶、继续游戏，一直到妈妈来接他。我们可以看出，柯丝蒂非常敏感地根据埃德蒙的状况调整自己的照看行为，而埃德蒙也能对她很好地做出回应，尽管妈妈回来后他还是急切地想和妈妈接触。这一天埃德蒙适应得这么好，以后他就可以全天托管了。

1. 在托儿所，当妈妈和柯丝蒂交谈的时候，埃德蒙认真地看着妈妈。柯丝蒂将会是埃德蒙的负责老师。

（续）

2. 柯丝蒂俯下身跟埃德蒙打招呼，妈妈微笑着鼓励埃德蒙。

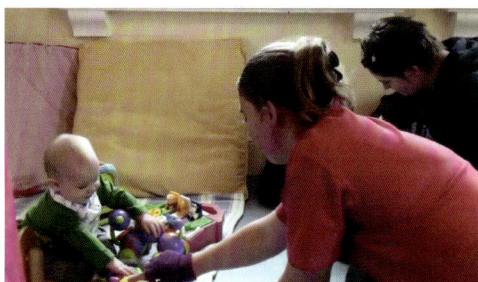

3. 很快，埃德蒙就愿意和柯丝蒂一起玩玩具了，而妈妈坐在旁边填一些表格。

4. 看到埃德蒙和柯丝蒂相处得很好，妈妈离开房间，离开前妈妈在门口观察埃德蒙是否开心。埃德蒙坐在柯丝蒂身边，吮吸着一个木勺并四处看。

5. 柯丝蒂开始专心地和埃德蒙玩玩具，而埃德蒙也很愉快地和她一起玩各种玩具。

6. 另一个孩子进来了，埃德蒙转头看着他，看起来有些不确定。

7. 埃德蒙转向柯丝蒂并向她伸出手，柯丝蒂弯腰靠近他。

8. 柯丝蒂感觉埃德蒙可能想和她保持更亲近一点儿的接触，现在游戏区的小朋友渐渐多起来了，她把埃德蒙抱到自己的腿上玩耍。

9. 另一个孩子走上前来看着埃德蒙，从后面给柯丝蒂一个拥抱。柯丝蒂把埃德蒙举起来，帮助他和这个男孩进行交流。

（续）

10. 埃德蒙1个小时的游戏刚结束，妈妈就回来接他了。妈妈伸出手来抱埃德蒙，他的身体朝妈妈靠过去。

11. 妈妈将埃德蒙举起来，给他一个大大的拥抱，柯丝蒂开心地看着埃德蒙和妈妈重聚在一起。

案例 2.21

6月龄开始日托2

1. 第二天，柯丝蒂和埃德蒙在说话，而妈妈准备让埃德蒙在托儿所待一整天。

2. 柯丝蒂又花了一些时间和埃德蒙玩耍，以便他能轻松适应。

3. 埃德蒙感觉很舒服，很享受和柯丝蒂在一起的时光。

4. 晚些时候，柯丝蒂让埃德蒙坐在孩子椅上，准备让他吃午饭——但埃德蒙变得很不安。他可能觉得这是个大事情，尤其是现在他和柯丝蒂的接触变得不那么容易。

5. 柯丝蒂看出这对埃德蒙有一定难度，所以她准备把埃德蒙从椅子上抱出来。

6. 她给了埃德蒙一个温暖的拥抱来安抚他。

（续）

7. 柯丝蒂让埃德蒙坐在自己腿上吃饭，埃德蒙吃得很开心。

8. 埃德蒙差不多吃饱的时候，柯丝蒂给了他一些便于用手抓着的食物让他自己拿着吃……

9. ……现在他不饿了，也更平静，柯丝蒂又尝试把埃德蒙放到孩子椅上。这次埃德蒙愉快地接受了，尤其还有自己吃东西的乐趣。

10. 到了埃德蒙睡觉的时候，柯丝蒂按照埃德蒙妈妈嘱咐的方式小心地把他放在小床上……

11. ……按照埃德蒙的妈妈提供的安抚方法，柯丝蒂轻轻地、稳稳地把手放在埃德蒙的背上。

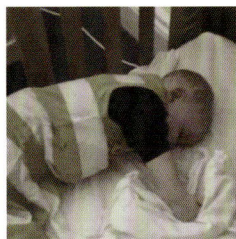

12. 埃德蒙很快就舒服地睡着了。

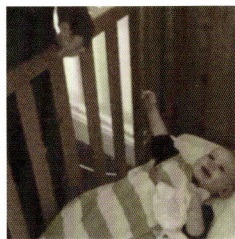

13. 埃德蒙醒来的时候，他看起来很高兴看到柯丝蒂，把手举向她。

14. 柯丝蒂把埃德蒙抱起来，友好地问候他……

15. ……柯丝蒂为埃德蒙记下他今天睡觉的时间。

16. 然后柯丝蒂告诉埃德蒙要用奶瓶给他喂奶。

（续）

17. 埃德蒙吃奶的时候专注地看着柯丝蒂。在整个喂奶的过程中，柯丝蒂都温柔地和他说话。

18. 现在又是游戏时间。柯丝蒂还是和埃德蒙一对一的游戏，她让埃德蒙坐在自己的腿上，一起玩面团。埃德蒙喜欢用手去感受面团的质感。

19. 埃德蒙的妈妈来接他，很高兴看到他和柯丝蒂相处得愉快。

20. 柯丝蒂抱起埃德蒙，把他送给他的妈妈。

21. 他热情地伸手，要到妈妈那里去。

案例 2.22

13 月龄开始日托 1

奥利弗，13 月龄。每个孩子适应日托的过程根据他的年龄、性格以及他对环境的熟悉程度而不同。对奥利弗来说，他以前没有上过日托，经过几天才逐渐适应日托。第一次去的时候，奥利弗的负责老师安娜和奥利弗的父母交谈了很长时间，安娜尽可能多地了解了奥利弗的日常生活规律、回应方式、喜好以及父母希望老师怎么照看他。安娜也留出很多时间来回答父母的问题，鼓励他们说出可能存在的担心。她知道这种体验对父母来说是很有挑战性的，对孩子来说也是一样。

第一组图片展示的是介绍部分，安娜温柔地开始和奥利弗建立关系，敏感地捕捉他的信号。

1. 奥利弗和父母来到日托中心，见到奥利弗的负责老师安娜。

2. 安娜把大家都安排到一个有玩具的房间，他们在这里一起讨论奥利弗的情况以及父母对照看奥利弗的看法。奥利弗感兴趣地四处张望，不过还是待在爸爸身边，抓着爸爸的衬衣。

3. 爸爸注意到儿子对玩具海龟感兴趣，他向奥利弗演示怎么让海龟动起来，而安娜和妈妈在谈话。

4. 安娜向奥利弗示意她也喜欢海龟，奥利弗认真地看着她。

5. 奥利弗在房间里待的时间长了一些，他胆子大了一点儿，开始四处探索，爸爸安静地看着他。

6. 奥利弗注意到房间的另一头有一些有趣的碎纸屑，于是他爬了过去，而大人们则继续着他们的讨论。

7. 奥利弗对这些纸屑很着迷，不亦乐乎地把它们扯开。

8. 安娜抓住这个机会和奥利弗建立关系，她抓起纸屑撒到奥利弗身上，奥利弗开心地咯咯笑。

9. 过了一段时间，在安娜和奥利弗的父母进行畅谈后，安娜建议他们带奥利弗去主游戏室。

（续）

10. 安娜向奥利弗伸出手表示要抱他，不过奥利弗有点犹豫……

11. ……但他还是同意让安娜抱着，同时转头看着妈妈的反应，而妈妈热情地鼓励了他。

12. 安娜带领大家进入游戏室。

13. 奥利弗一边玩更多的玩具，一边观察周围的情况，安娜坐在奥利弗身边，妈妈坐在附近。

14. 过了一会儿，奥利弗的父母准备带奥利弗回家，他们帮助奥利弗和安娜进行沟通，和安娜说"再见"。

案例 2.23

13 月龄开始日托 2

3 天后，奥利弗的妈妈只把奥利弗留在日托中心 1 个小时。因为奥利弗是刚来，妈妈和他一起在游戏室待了一会儿，等到他能安心游戏的时候妈妈才离开。对父母和孩子来说，这是一个特别焦虑的时刻，日托中心的老师能在这时发挥重要的作用，可以倾听父母的担心并且给予他们帮助。和很多相似情况的孩子一样，妈妈离开的时候奥利弗变得紧张不安，这时候负责老师的反应对帮助他度过这个阶段非常关键。本案例中，安娜非常敏感地对奥利弗做出回应，在他不安时抱起他，尽量安抚他，给予他全部的关注。她根据奥利弗发出的信号灵活地转换照看方式，在他不需要和自己进行近距离接触就能应付的时候就支持他自己做。

1. 当奥利弗和妈妈第二次来到日托中心时，安娜做好了迎接他们的准备。

2. 妈妈花了一些时间帮助奥利弗安顿下来，她坐下来和安娜交谈，奥利弗就坐在旁边。奥利弗刚开始时比较安静，吮吸着自己的大拇指，手里抓着一个毛绒玩具。

（续）

3. 不过很快奥利弗就活跃了起来，在游戏室四处探索。妈妈和安娜一起等着，等奥利弗安顿下来，妈妈离开了。

4. 奥利弗看到妈妈离开，开始变得紧张不安起来，但安娜抱着奥利弗和他说话，告诉他妈妈很快就会回来。

5. 安娜决定和奥利弗进行亲密的接触。她听奥利弗的父母说奥利弗喜欢书，所以她让奥利弗坐在自己的腿上看书，奥利弗能够理解里面图片的内容。

6. 但过了一会儿，奥利弗又不安起来，想要妈妈。安娜安慰奥利弗说妈妈用不了多久就会回来。

7. 她抱着奥利弗在房子里转悠，看是否有奥利弗感兴趣的东西。

8. 安娜为奥利弗找到一个很好玩的小汽车，奥利弗玩小汽车的时候安娜让奥利弗继续坐在自己腿上。为了帮助奥利弗，安娜还把奶嘴给他。奥利弗可以平静下来玩耍了。

9. 过了一会儿，安娜带着奥利弗来到其他孩子画画的地方，但她仍然让奥利弗坐在自己腿上，近距离支持他。

10. 当奥利弗看起来确实被画画吸引时，安娜把他放在椅子上，让他坐得舒舒服服。

11. 安娜待在奥利弗身边，如果奥利弗需要更近距离的接触的话，她可以随时做出反应。而实际上奥利弗已经进入良好的状态，正忙着画画。

（续）

12. 因为奥利弗适应得不错，也快到妈妈接他的时间了，安娜觉得现在让他和其他孩子在地板上玩一会儿对他会有帮助。她在一旁密切地观察着奥利弗的反应，准备随时提供帮助。

13. 妈妈来了，奥利弗把手里玩的小球递给妈妈，这样妈妈也分享了奥利弗今天的体验。安娜坐在一旁开心地看着母子俩。

14. 安娜告诉妈妈奥利弗今天的情况。

15. 然后她热情地夸奖奥利弗今天画的画，并让妈妈把画带回家，奥利弗高兴地看着。

案例 2.24

13 月龄开始日托 3

3 天后，奥利弗在日托中心待了半天。这一次，除了要和妈妈分别，他还要在日托中心睡一觉，这对有些孩子来说又是一次挑战。无论是和父母分别还是在日托中心睡觉，这两者都需要日托老师细心、认真地照看。在适应阶段的孩子有一些紧张不安的情绪是很常见的，所以日托中心的老师需要待在孩子身边和他一对一地相处。奥利弗的负责老师安娜预料到奥利弗在每个环节对于接触的需求。她尤其能够意识到分离以及入睡对适

应阶段的重要性，并且在这些时刻密切帮助着奥利弗。日托中心认识到适应阶段对于父母来说也是一个焦虑的时刻，所以规定负责老师在上午的时候给父母打电话，通常是在孩子入睡之后。这是向父母反馈孩子每天的表现情况之外的补充，因为让父母感觉到自己和孩子保持联系非常重要。当父母对孩子待在日托中心的焦虑减轻时，他们就能更好地、更有信心地帮助孩子适应日托中心的生活。

（续）

1. 在一个阳光明媚的早晨，奥利弗和妈妈来到日托中心，妈妈准备让奥利弗在这里待第一个半天。母子俩和安娜一起在室外看着别的孩子玩耍。

2. 过了一会儿，妈妈把奥利弗递给安娜。

3. 妈妈准备离开，奥利弗吮吸着奶嘴目不转睛地盯着妈妈。

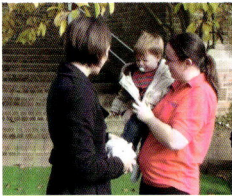

4. 奥利弗开始哭泣，安娜建议在妈妈走之前他们三人可以一起参观一下花园。

5. 这让奥利弗平静了下来，于是安娜抱着奥利弗开始参观，他开始观察别的孩子在干什么。

6. 奥利弗、妈妈和安娜在游乐区和别的孩子一起玩了一会儿。

7. 然后妈妈对奥利弗说她现在得走了，但会回来的。

8. 奥利弗还是对与妈妈分开感到不安，安娜努力安抚他，告诉他妈妈会回来的，同时紧紧地抱着他。

9. 安娜建议奥利弗可以和自己在花园里找个游戏做，当奥利弗看着各种各样的活动时他平静了下来，但还是用手搂着安娜的脖子，吮吸着奶嘴。

10. 奥利弗恢复平静后，安娜和他一起玩球。

11. 奥利弗很喜欢这个游戏，当其他孩子过来看他们玩的时候他也很开心。

（续）

12. 到奥利弗上午睡觉的时间了。安娜按照奥利弗父母提供的方式把奥利弗放到小床上，他嘴里含着奶嘴，身边放着他特别喜欢的毛绒玩具。等奥利弗平静下来后，安娜待了几分钟才离开……

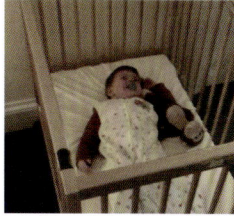

13. ……但安娜一走，奥利弗就开始哭泣，这表明安娜的陪伴对于帮助他克服困难很重要。

14. 安娜立即回来，开始安慰并抚摸奥利弗。安娜的陪伴让奥利弗又重新平静下来。

15. 现在安娜让奥利弗处于睡觉的姿势，按照奥利弗父母提供的奥利弗喜欢的方式抚摸着他的背，直到他完全睡着。奥利弗搂着他特别喜欢的毛绒玩具。

16. 停止抚摸奥利弗之后，安娜又待了一会儿，确认奥利弗确实睡着了才离开。

17. 安娜给奥利弗的妈妈打电话，讲述上午奥利弗的情况并告诉她奥利弗已经睡着了。

18. 快到中午的时候，妈妈来接奥利弗，奥利弗见到妈妈很开心，向妈妈伸出手。

19. 妈妈靠近奥利弗，看着奥利弗在玩的玩具，帮助奥利弗把她和他的日托经历联系起来。

20. 在妈妈和奥利弗离开之前，妈妈和安娜谈了一会儿，安娜向妈妈描述了奥利弗上午的情况。

案例 2.25

适应日托

6 周后，奥利弗已经 15 月龄了。现在奥利弗完全适应了日托的生活，玩着喜欢的玩具，享受着美味的午餐，不再需要安娜像以前那样时时刻刻关注自己了。他也能够和别的孩子更多地交流，并能够以有限的方式对他们的兴趣做出回应，而不是仅仅关注自己的体验。

本案例中我们看到奥利弗和埃德蒙在一起，埃德蒙入托已经 6 周了。

1. 奥利弗开心地探索这条隧道，等轮到他时他才爬过去。

2. 他还能长时间沉迷于玩简单的乐高积木。

3. 午饭时奥利弗和别的孩子一起吃饭。他现在对日托中心的生活常规很清楚，很乐于成为日托中心的一员。

4. 奥利弗的兴趣现在扩展到关注其他小朋友的经历。他看着埃德蒙爬向一个闪着灯光的木架。

5. 然后奥利弗俯身把手伸进架子里打开灯。

6. 他看着埃德蒙，想观察灯打开后埃德蒙的反应。

当父母有机会帮助孩子，并能够确定孩子在日托中心适应得好时，他们就会对与孩子的分离少一些矛盾和焦虑。反过来这也能维护父母与孩子关系中的安全感。如果日托中心能够建立规章制度，让家长和老师之间对孩子日常体验和需求方面进行交流，这个过程将变得轻松得多（见案例 2.26 和 2.27）。

案例 2.26

假期回归后的依恋需求

好的日托会表现出灵活性，会根据婴幼儿对近距离帮助和安抚需求的变化而进行调整。即使已经适应日托生活，但经过一个假期或者生病休假回来后，婴幼儿常常需要额外的安抚。于是，在这种情况下，需要父母和日托老师再一次对孩子的感受进行密切的沟通。

本案例中，14 月龄的尤恩，和家人一起度过假期后重回日托，需要一些时间才能让自己重新拥有自信。他的负责老师柯丝蒂敏感地进行调整，首先给予他所需要的额外接触，然后在他胆子大一点儿之后给予他帮助。这组图片展示的是尤恩重返日托中心前两天的情况。

1. 假期之后，尤恩的妈妈带他来到日托中心的游戏室。

2. 尤恩紧紧地搂着妈妈，妈妈向负责老师柯丝蒂解释，也许尤恩需要一点儿时间才能重新安心待下去。

3. 妈妈一边摸着尤恩的头，一边告诉尤恩，他可以和柯丝蒂一起玩一会儿，柯丝蒂看着他们。

4. 柯丝蒂以欢迎的姿态向尤恩伸出手，但尤恩看上去有些犹豫，将拇指含在嘴里。

5. 当妈妈和他们告别的时候，柯丝蒂和尤恩看着妈妈。

6. 柯丝蒂让尤恩坐在自己腿上，她脱下尤恩的外套。尤恩看起来闷闷不乐，继续将拇指含在嘴里。

7. 柯丝蒂意识到和妈妈分开对尤恩来说还是很艰难的，她温柔地抱着尤恩，尤恩依偎在她的怀里。

8. 过了一会儿，柯丝蒂把这种拥抱变成一个游戏，来帮助尤恩享受这个游戏。她在尤恩的脖子上亲了一下，发出响亮的声音。

9. 她查看尤恩的反应，尤恩好像很享受。

10. 所以她又在尤恩的脖子上亲了一下，尤恩开心地咯咯笑。

11. 现在柯丝蒂感觉尤恩已经准备好和其他的孩子交流了。她还是让尤恩坐在自己的腿上，同时邀请另外一个孩子一起参加一个玩球的游戏。

12. 很快，尤恩就投入到游戏中，他自己从柯丝蒂的腿上滑到地板上。

13. 他现在感觉很舒服，所以柯丝蒂离他远了一点儿，这样柯丝蒂、尤恩以及另外那个孩子就可以一起玩游戏了。

14. 第二天，尤恩适应得更好了，但柯丝蒂仍然觉得尤恩可能需要和她亲近得待一段时间。很长一段时间尤恩高兴地和柯丝蒂待在一起画画。

15. 突然尤恩感觉需要靠得更近一点儿，所以他向柯丝蒂伸出手……

16. ……柯丝蒂温柔地把他抱起来……

17. ……舒舒服服地坐在柯丝蒂的腿上，尤恩又平静了下来……

18. ……在和柯丝蒂亲近地待了一会儿之后，尤恩又开始开心地画画。

案例 2.27

与家庭生活相联系的个性化照看

敏感照看的核心部分是能够考虑到每个婴幼儿具有的独特个性和感受。如果父母和老师之间有密切的交流，关于孩子独特的生活规律、特有的安抚的方式以及最近经历的信息就能得到有效沟通，那么日托就能给予每个孩子更为敏感的照看。尤其是在处理孩子紧张不安的情绪和睡觉这样的过渡情况时这些就显得特别重要。而且了解有关孩子家庭以及他日常生活方面的信息还能在孩子的语言和认知发展方面发挥关键作用，因为日托老师可以利用这些"内部消息"帮助孩子在日托中心和更广阔外部世界的体验之间建立联系。

本案例中我们将看到在日托中心 4 个个性化照看孩子的例子。

1. 13 月龄的罗茜，她的父母曾询问是否可以抱着罗茜摇晃她入睡，把她喜欢的玩具也放在她身边。

2. 罗茜的负责老师安娜开始安抚她，摇晃她直到她睡着。

3. 然后安娜轻轻地抱起她放在小床上，和在家中时父母做的一样。

4. 而且罗茜的小泰迪熊也放在她身边。

5. 马克斯和菲比为了一个球开始争抢起来，安娜在旁边看着，准备在需要的时候给予帮助。

6. 马克斯很快向安娜示意需要她的帮助。

7. 安娜示意他来到自己身边。

8. 马克斯的父母曾经说过，当马克斯不安以及睡觉的时候他的猴子毛绒玩具可能会有所帮助，于是安娜把他的玩具猴子给他。

9. 马克斯抱起自己的毛绒玩具，很快就变得开心起来。

10. 现在马克斯开始玩别的玩具，安娜把马克斯的毛绒玩具放到他的附近。

（续）

11. 玛蒂尔达，11 月龄，休息了一个周末后重新回到日托中心。安娜在翻阅一个笔记本，这是玛蒂尔达父母记录特殊事件的本子。她发现玛蒂尔达周末去喂过鸭子，所以询问玛蒂尔达喂鸭子的事情。

12. 安娜找到一只玩具鸭子，帮助玛蒂尔达回想起周末的经历。

13. 玛蒂尔达很感兴趣地玩起鸭子来，而安娜则继续和她谈论她周末做的事情。

14. 14 月龄的萨姆为什么事情感到不安。

15. 萨姆伸手要拿他那条柔软的毛巾，这是他父母送他来日托中心时特意带来的。

16. 安娜把毛巾递给萨姆，萨姆拿到毛巾后平静下来。

17. 萨姆咬着毛巾的一角，把它抓得紧紧的，安娜看着他确保他已经恢复平静。

适应日托：家庭支持

　　将孩子放在日托中心的父母，他们回家后常常会格外关注孩子的活动。实际上有些研究发现，外出工作的妈妈通常比全职妈妈更密切、更投入地参与孩子的活动。如果孩子长时间待在质量不高的日托中心（这种情况下孩子会表现得非常烦躁，晚上在家的时候会经常哭闹），那么父母格外敏感的照看就显得尤其重要。如果白天孩子没有得到很好的照看，那么晚上他就会特别需要父母的帮助来应对这些难受的情绪。不幸的是，当父母受条件所迫不得不把孩子长时间放在日托中心时，他们也很难对孩子的需求作出敏感的回应，此时如果孩子还是待在一个低质量的日托中心的话，那么其形成不安全依恋的风险就会增加。考虑到父母的敏感回应对婴幼儿成长的重要性，政府的政策应该支持高质量的日托服务，缩短婴幼儿父母的工作时间，增加弹性工作时间。

婴幼儿与日托教师的关系

　　在日托中心，婴幼儿可能会和父母之外的其他成人形成重要的关系，父母常常担心这些新的依恋对婴幼儿的重要性可能会超过自己的。实际上，只要孩子对父母有安全的依恋，没有迹象表明这种情况会发生。相反，

案例 2.28

在日托中心表现出的对父母的依恋

在日托中心待了一天的孩子，父母来接他的时候，他有时不会表现出对父母明显的依恋。这一定程度上是因为如果孩子愉悦、平静并且感觉安全，他的依恋需求就不会表现得那么强烈。因此，有安全感的孩子在更具挑战性的环境中团聚后，并没有表现出研究文献中描述的那种经典的喜悦时，父母也无须沮丧。对父母来说，如果孩子见到他们的反应是欢天喜地，尤其当他们知道孩子对日托老师也表现出亲密的依恋时，他们会倍感温暖。

本案例中，我们见到的是 15 月龄的亚历克斯，他和负责老师柯丝蒂很亲近。这是一个特别的日子，孩子们在这一天举办了圣诞派对，亚历克斯的爸爸来接他回家。

1. 派对结束后，家长陆续到日托中心接孩子，亚历克斯和柯丝蒂一起等待爸爸妈妈。他发现了爸爸的身影，展开了灿烂的笑容。

2. 现在亚历克斯扭动身子从柯丝蒂的怀中滑到地上，从柯丝蒂的两手间挣脱。

3. 亚历克斯冲过去迎接爸爸……

4. ……紧紧地拥抱爸爸。

5. 爸爸把他抱起，询问派对的情况。

6. 柯丝蒂加入谈话，协助亚历克斯告诉爸爸关于派对的事情。

7. 然后，到了回家的时间。

8. 回家的路上，亚历克斯和爸爸聊这一天的事情。

多个研究表明，父母通常排在孩子依恋名单的最前列，所以，如果父母和日托老师都在场，大部分的孩子都会选择和父母亲近互动（见案例 2.28）。

父母自然希望自己的孩子和日托老师相处时感到安全和舒服，孩子也确实会对日托老师产生依恋。和对父母的依恋一样，当日托老师在有规律的有效照看中，能高度参与孩子的活动，敏感地应对孩子的需求，那么孩子就更有可能对日托老师形成安全的依恋。而日托老师在拥有良好的工作条件和培训条件的情况下才更有可能做到这些。此外，日托中心为父母和日托老师提供对孩子的日常生活经历进行密切交流的机会，也使这些更有可能实现。

在满足这些条件的情况下，婴幼儿会表现出父母与孩子间安全的关系中所有那些安全依恋的标志性行为，他感到难过的时候会从照看者那里寻求安抚并且能立即得到安抚，也会选择和照看者一起玩游戏或者进行其他活动。当婴幼儿刚进入日托中心的时候，日托老师可能会给予他特别关注和安抚。随后，婴幼儿通常会更专注于游戏，这时候日托老师就要为他的探索以及和其他小朋友的关系提供更多的支持。毫无疑问，当孩子对日托老师形成安全的依恋时，他们一起做游戏的质量也会提高。不仅如此，孩子其他的关系也会从中受益，比如他会更积极地参与和其他小朋友的游戏（案例 2.29 ～ 2.32）。

案例 2.29

与日托老师的亲密关系 1

当日托进展顺利，老师能敏感地回应孩子的需求时，父母与孩子间安全的关系中的依恋行为也会出现在孩子和日托老师的关系中。这包括孩子希望和老师靠近，与老师分别时感到难过，难过时老师能有效安抚。父母有时会担心孩子对日托老师的依恋会削弱孩子对自己的依恋。研究发现事实并非如此，孩子对日托老师的依恋完全可以和其对父母的依恋同时发展。而且，孩子能从自己与日托老师之间的亲密关系中获益。

卡勒姆，13 月龄，非常依恋自己的负责老师塔尼娅。当卡勒姆想玩游戏的时候以及塔尼娅进入房间的时候，他都会靠近塔尼娅，这都显示出他和塔尼娅的特殊关系。

1. 当负责老师塔尼娅进入房间时，卡勒姆一下子就发现了。

2. 他直奔塔尼娅而去。

3. 当塔尼娅把他抱起来的时候，卡勒姆喜笑颜开。

（续）

4. 后来，当塔尼娅为其他孩子准备午餐的时候，卡勒姆凑到塔尼娅的面前想找塔尼娅一起玩。塔尼娅发起了一个手指游戏。

5. 塔尼娅一边胳肢他一边告诉他，他已经吃过午餐了。卡勒姆开心地扭动身子。

6. 然后，卡勒姆用自己的双手回应塔尼娅，跟她一起做游戏。

案例 2.30

与日托老师的亲密关系 2

日托中心的另一个孩子扎克，特别喜欢自己的负责老师安娜。扎克，13 月龄，非常喜欢和安娜玩游戏，当安娜去给他拿东西时，他看到她离开，变得不安起来，等安娜回来后，他想让安娜抱着自己。

1. 安娜表扬了扎克，因为扎克摇晃瓶子使里面的水变了颜色，扎克在旁边看着。

2. 安娜把瓶子还给扎克，并告诉他自己要去拿点儿别的东西给他看。

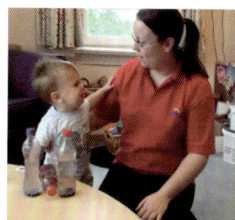

3. 看到安娜走了，扎克变得不安起来。

4. 安娜马上回来了，向扎克伸出了双手。

5. 同时，扎克也向安娜伸出双手。

6. 安娜紧紧地抱着他，直到他感觉好些了。

案例 2.31

与日托老师的亲密关系 3

当婴幼儿感到疲倦或身体不舒服的时候，他与依恋对象亲密接触的需求就会增加。如果和日托老师建立起这种关系，日托老师就可以满足这些需求。亚历克斯，13 月龄，已经和自己的负责老师柯丝蒂建立了牢固的亲密关系。即便前一天

晚上亚历克斯不舒服，第二天他还是渴望到日托中心来和柯丝蒂待在一起。当然，亚历克斯和柯丝蒂之间的这种关系，非但没有丝毫削减他对爸爸的依恋，而且还有助于亚历克斯应对和爸爸分别的情况。

1. 爸爸把亚历克斯带到日托中心。

2. 负责老师柯丝蒂正在迎接他们。爸爸告诉老师，儿子昨天晚上不舒服，可能今天没有往常那么精神。

3. 柯丝蒂向亚历克斯靠近，对亚历克斯表示同情。

4. 她告诉亚历克斯的爸爸，她今天会密切关注亚历克斯。然后他们讨论了亚历克斯白天的睡觉安排。

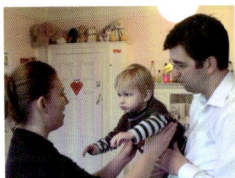

5. 亚历克斯的情绪虽然比往常要低落一点儿，但当柯丝蒂向他伸出双手时，他还是很高兴让柯丝蒂抱着自己。

6. 亚历克斯和柯丝蒂待在一起很舒服，但也密切关注着爸爸，爸爸正写下一些注意事项。

7. 在爸爸离开之前，柯丝蒂想确认亚历克斯是否想玩游戏，所以她把亚历克斯带到放着彩色瓶子的桌子前，而爸爸则在旁边等着。亚历克斯好奇地看着这些东西。

8. 在亚历克斯开始玩游戏之前，他转过头和爸爸说再见，非常清楚爸爸要离开了。

9. 爸爸在门口和亚历克斯挥手道别。

10. 然后，在柯丝蒂的身边，亚历克斯放松下来，专注地玩起了游戏。

案例 2.32

适应能力强的孩子

在日托中心适应得很好的婴幼儿对负责老师的安抚需求会少一些，当然负责老师还是需要给予孩子一些必要的照看（比如安抚孩子睡觉）。随着婴幼儿依恋需求的减少，他与其他孩子一起游戏和探索更广阔世界的兴趣就会更强烈地表现出来。

里夫，15 月龄，来日托中心已经 6 个月了，适应得很好。我们看到他能愉快地和其他的孩子一起游戏，不过换尿片的时候，他还是喜欢和负责老师安娜玩熟悉的游戏。安抚里夫睡觉的方法是和他的父母商量后制定的，在整个过程中里夫没有表现出任何不安。除了与安娜建立了一种亲近而温暖的关系外，里夫也与其他老师形成了依恋关系，也会找她们一起玩游戏。日托老师除了日常照看孩子，也会为孩子做常规的记录，把孩子的日常生活分享给父母。

1. 安娜为里夫和另一个孩子伊莎贝尔准备了一些颜料。

2. 很快，两个孩子就沉浸在了游戏中。

3. 两人试着把颜料涂到对方的手上，安娜亲切地看着他们。

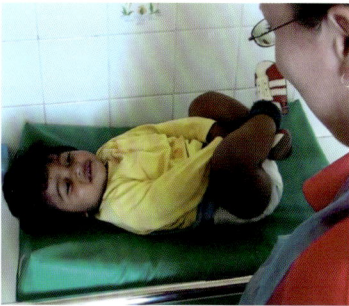

4. 到了给里夫换尿片的时间，里夫知道这是他和安娜玩他们专属游戏的时刻。

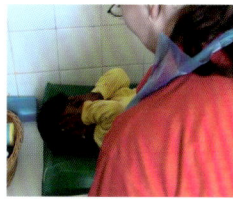

5. 里夫率先开始玩起藏猫猫游戏，他用手遮住自己的脸……

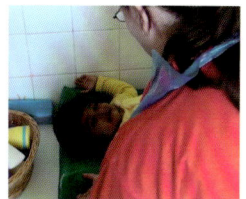

6. ……然后他移开手，露出自己的脸，给安娜一个惊喜。

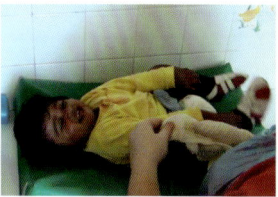

7. 现在轮到安娜遮住自己的脸——这是里夫喜欢的游戏环节。

8. 后来，到了里夫上午睡觉的时间，安娜按照里夫父母的要求，准备把他放在地板上的一个垫子上，这样是为了让里夫清楚地明白白天和晚上作息不同。里夫很清楚这点，做好了睡觉的准备。

（续）

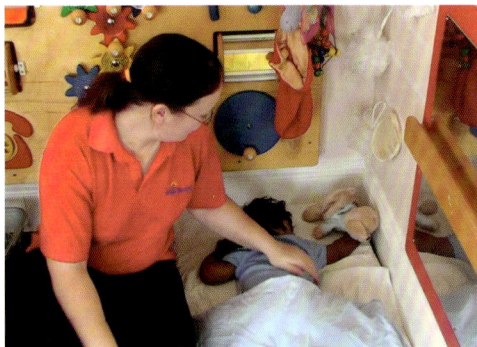

9. 然后，在里夫入睡的时候，安娜按照他父母的指导抚摸着他的背。里夫也把自己特别喜欢的兔子毛绒玩具放在身边。

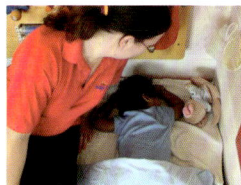

10. 像和里夫父母说好的那样，安娜确认里夫睡着了才离开。

11. 虽然里夫和安娜建立了亲近、温暖的关系，但里夫也喜欢柯丝蒂，经常会找柯丝蒂玩一些游戏。

12. 这里，里夫和柯丝蒂在玩把叶子放入罐子的游戏。

13. 在刮风的日子玩这个游戏需要一些技巧，柯丝蒂耐心地看着里夫小心地放叶子。

14. 叶子成功地放进去了，安娜分享着里夫的快乐。

15. 里夫的妈妈来接他。

16. 安娜通过记录向妈妈讲述里夫一天的情况，这样父母就了解了孩子一天的经历。

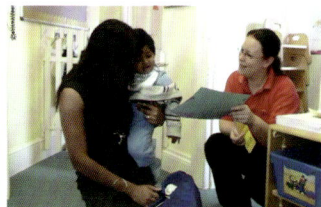

17. 安娜向妈妈展示里夫当天上午的画作。

婴幼儿之间的关系

父母选择日托的一个关键原因是鼓励孩子认识和接触其他小朋友，尤其是独生子女家庭或者人口较少的家庭。当然，不仅是日托中心，其他监督良好的社会团体也能够为孩子学习社会合作提供安全的环境和趣味盎然的游戏，如集体游戏、合作完成的音乐或艺术活动。这样的团体为孩子探索未知世界、处理各种情绪以及练习社交技能提供了安全的方法。虽然婴幼儿还没有发展出对他人的社交反应，但在日托中心12～18月龄的孩子身上，能够表现出诸如善良、乐于助人等这些具有明显同理心和社会意识的行为，并且开始出现简单的社交仪式。当孩子与日托老师建立高质量的关系时，这种积极的关系更有可能形成。

即使婴幼儿之间发生了正常的冲突，如果日托老师能妥善处理，那么这可能有助于孩子意识到自己和他人观念的差异（见第一章第 56 页以及案例 1.35 关于冲突对社会理解的价值的内容）。不过，日托老师的管理能力对预防冲突升级很重要，而有组织的活动和其他趣味性较强的互动能极大降低孩子发生严重冲突的概率（见案例 2.33）。

案例 2.33

日托对社交技能的影响

父母觉得孩子上日托的好处之一是其社交技能的发展，包括和其他孩子一起游戏以及适应群体环境等。对于年龄大一些的孩子更是如此。本案例中，我们将看到发生在优质的日托中心的各种社交经历的案例，包括婴幼儿之间亲密、友爱关系的发展，活动范围涉及从唱歌到自由玩耍等方面。

1. 卡勒姆、马克斯、里夫以及伊莎贝尔一起开心地和安娜进行集体活动。

2. 一起唱歌。

3. 一起阅读。

4. 自由活动。

5. 有组织的游戏。

6. 吃饭时间。

（续）

婴幼儿以各种方式相互联系。

7. 马克斯看到詹姆斯对着镜子做鬼脸感到很有趣。

8. 伊莎贝尔和尤恩准备到室外去。

9. 首先，伊莎贝尔对尤恩挥了挥手……

10. ……然后尤恩探身给了伊莎贝尔一个吻。

11. 本正在和最好的朋友雷米一起玩耍的时候，得知离开日托中心的时间到了。

12. 本给了雷米一个温暖的拥抱。

13. 本离开的时候转身向雷米挥手告别。

家庭背景也会对婴幼儿在日托的社交反应产生重要影响。例如，如果妈妈和孩子的互动是敏感的，那么孩子在和其他孩子的互动中就可能表现出更强的能力。相比之下，来自问题家庭的孩子更容易对其他孩子的痛苦迹象做出愤怒、甚至焦虑的反应。除了家庭因素，婴幼儿自身的反应方式也影响他与其他孩子之间的关系。例如，羞怯的孩子可能很难和大胆的孩子互动，跟不害羞的孩子相比，日托更让他觉得紧张不安。因此，日托老师如果能了解孩子的家庭环境以及孩子独特的性情和脆弱点，那么就能更好地理解孩子的需求。

日托对婴幼儿发展的影响

这些年，对日托和儿童更广泛发展之间关系的研究变得更加复杂，在研究中需要着重考虑家庭情况已经成为共识。重要的是要记住，父母选择的日托的质量和送日托的频率，可能很大程度上取决于家庭收入和父母的教育水平等因素。在财政投入少、高质量日托可能只有高收入阶层才能承担得起的国家更是如此。除非将这些因素纳入考虑的范围，否则，任何关于日托特点与儿童发展相关联的报告都可能会误导大家，因为所报道的影响也许实际上归咎于家庭背景，而不是日托直接导致的。实际上，一些将家庭和父母育儿方式纳入考虑范围的研究以无可辩驳的证据表明，这两个因素才是儿童发展结果的最重要预测指征。

除儿童对父母的依恋程度之外，研究显示，儿童各个方面的发展主要受到家庭和父母育儿方式的影响，包括行为问题、社交能力以及认知和语言发展。不过，研究也表明，日托对其中的一些结果也会有所影响，不过影响要小得多。研究还表明，高质量的日托有益于儿童的语言和认知发展，也有益于儿童的社交成熟和与他人的关系。但在行为问题方面，各种研究证据支持的观点并不一致。美国的日托质量常常不如一些国家，其日托质量与行为问题的少量增加有关，但最近对英国的研究却没有发现这种影响。

根据目前我们的了解，日托对儿童发展的整体影响较小，其程度取决于家庭背景，尤其取决于这个家庭是否承受压力。实际上，如果父母处于压力之下，高质量的日托反而会对孩子的发展有益。例如，有的家庭不能为孩子的语言技能提供很好的帮助，那么他们的孩子就更有可能从高质量的日托中获益。在家庭条件不理想的情况下，如果孩子接受了高质量的日托，那么他出现行为问题的概率也能降低。最后在考虑日托影响的时候，婴幼儿自身的个性特点也应该纳入考虑范围，这一点很重要。例如，和性格温和的婴幼儿相比，情绪消极或性格敏感的婴幼儿如果接受低质量的日托，就会出现更多的行为问题，但如果日托质量高，则行为问题会相应减少。

总而言之，婴幼儿从父母和日托老师那里接受到的敏感回应对他适应日托的程度以及他社交体验和发展的质量都有至关重要的作用。随着日托儿童数量的稳步增长，政府的监管非常重要，既要保证日托中心提供高质量的服务，又要支持父母弹性工作时间，并保证他们可以以一种响应婴幼儿需要的方式来使用日托服务。

婴幼儿对物品的依恋

虽然婴幼儿主要的依恋对象很明显是照看他的人，但他也可能对物品表现出明显的依恋。这些依恋可能看起来微不足道，但也值得注意，因为它对很多婴幼儿的生活来说也很重要。这种依恋通常出现在孩子快 1 岁的时候，表现为他对特定物品的强烈偏好。最为常见的物品是毛绒玩具、毯子或者手巾，父母常常也为这些物品取个特别的名字，如"布布""巾巾"或者根据物品的某些特点取个婴儿版的名字（比如有松鼠图案的手巾就叫"松松"），而且这样的名称会一直用到孩子能够流利说话之后。这些物品有时候被称为"安全毯"或"过度客体"。物品本身和它独特的性质对婴幼儿来说都是至关重要的。如果物品丢失了，孩子会变得紧张不安，如果物品以任何方式发生了改变，比如被清洗了，孩子可能也会表现出难过。婴幼儿常常以特有的方式对待他的安全物品，通常是将它紧紧地贴在脸上，抚摸它，用它在脸颊上蹭，或者用手把玩它的某个部分，如手巾（见案例 1.26 中本杰明和他的手巾）。同时他可能还会吮吸自己的拇指，或者摸耳垂、捻头发，这种情况尤其可能发生在孩子入睡的时候，不过，孩子难过的时候一般也会用这个物品来安抚自己。另外，当孩子处于不熟悉的环境时，如果他手里拿着这个物品，那么他可能会更愿意进行探索和游戏。所以，从某些方面来说，婴幼儿与某些特定

案例 2.34

对物品的依恋

　　伊莎贝尔，10 月龄，睡觉的时候总是喜欢拿着一条手巾。以下图片没有添加说明文字。从图中可以看出，她先是前后挥动手巾，然后再把它贴在自己的脸上，并用它轻轻地抚摸自己的脸颊，马上就进入了梦乡。

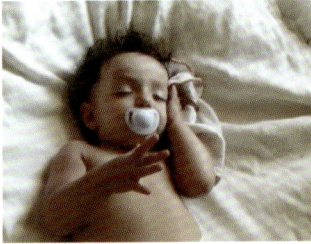
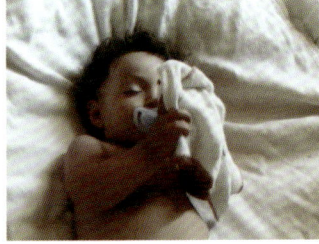
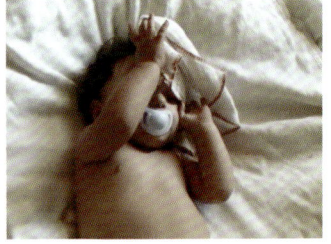

1　　　　　　　　　　2　　　　　　　　　　3

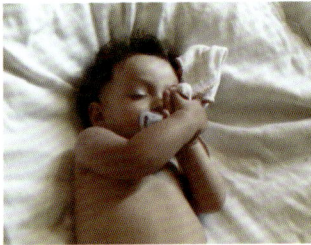
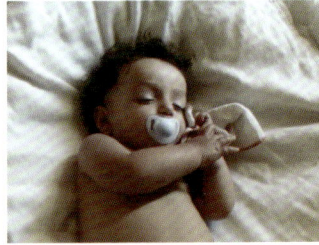
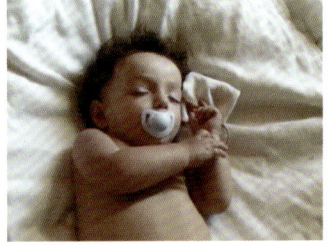

4　　　　　　　　　　5　　　　　　　　　　6

物品的关系很像对照看者的依恋关系。实际上，有些研究表明，在轻微的压力下，婴幼儿更能从他的特定物品中获得和从父母那里一样的安抚，所以当父母不在身边的时候（如在日托中心），这些特定物品会特别有用（见案例 2.34）。

　　临床医生和研究人员长期以来一直思考为什么有些孩子会对某个特定物品产生依恋，而有些孩子却不会。有人认为这些物品是用来补充照看的不足；有人则认为那些获得良好照看的婴幼儿，以及有足够的信心开始和父母分离的婴幼儿也会使用它们。实际上，还没有证据表明孩子拥有特定物品和他对父母的安全依恋之间存在什么联系。不过，某些育儿模式似乎的确造成了特定物品使用上的差异，尤其是在日本这样的文化中，晚上孩子很少和父母分开，他对特定物品的依恋就少一些。而美国则相反，通常父母晚上不在孩子身边，孩子对特定物品的依恋就常见得多。在同一个国家，婴幼儿拥有特定物品的比例也可能因为不同的育儿方式而存在差异。这些发现似乎表明，对特定物品的依恋有助于婴幼儿适应父母鼓励其独立（尤其在睡眠方面）的育儿方式。

小　结

在婴幼儿早期发展的各个方面，他对父母的依恋模式对他后期的调整适应和健康发展特别重要。当孩子接受到对其依恋需求敏感的回应时（包括那些能体现父母理解孩子感受能力的照看），他更有可能成长为有安全感的人，因而他在亲近人际关系中出现行为问题和困难的风险更低。父母给予敏感照看的能力又与他们自身早期的依恋体验、面对的生活压力以及身心健康状态等都有关系。此外，婴幼儿自己的个性特点，如性情温和还是反应激烈，也会反作用于父母做出敏感回应的能力。制定多种干预措施来帮助陷入困境的父母，不同的帮助方式适用于不同的育儿情境。

总而言之，婴幼儿与父母一起生活的体验对婴幼儿的影响远远超过其他照看体验，如日托中心的生活体验。然而，在这些情境中也会存在依恋问题，日托老师可以和家长一起努力帮助孩子适应日托生活，帮助他实现多方面的发展。如果想要日托提供好的服务，基本的一点是政府必须规范其质量以及帮助父母更灵活地利用日托。最后，婴幼儿也会对特定物品形成依恋。虽然孩子对物品的依恋不如对父母的依恋那么重要，但这些物品对婴幼儿的舒适感和安全感仍然有一定影响，所以也应该认真对待。

本的沙堡塌了。

第三章 自我调节与控制

婴幼儿面临的最具挑战性的任务之一是应对自己难受的感觉和状态、调节或控制自己的行为。良好的自我调节能力是很重要的，因为它为多种能力打下基础——帮助孩子很好地参与他正在做的任何事情；无论是认知活动还是社交活动，它都能帮助孩子积极地应对新的环境和需求。自我调节和控制能力在包容和减少攻击性行为以及提高社会协作能力方面起到了特别重要的作用。虽然自我调节能力的发展持续到成年期，但特别重要的变化却发生在最初两年，这段时间，婴幼儿认知和社会理解方面的进步让他可以逐渐对自己的体验采取更有意识和更主动的控制。

婴幼儿调节的基本概念

即使是新生儿，他对发生在自己身上的事情的感受和处理方式也各不相同。婴儿早期自我调节的一个基本体现就是他的反应程度。有些孩子即使面对轻微的刺激，他的反应也是迅速而强烈的，而有些孩子的反应则没有这么强烈。早期调节的第二个基本体现就是婴儿能够在多大程度上控制自己的感受。同样，有的孩子比别的孩子更容易做到这一点，也许是通过吮吸自己的手指让自己平静下来，或者是停止对反复刺激的反应。人类还不能完全解释这些反应能力和调节能力产生差异的原因，但已经知道它们包括基因和产前因素两个方面（比如孕妇在极端的情况下过量饮酒或高度紧张）。但无论其根源是什么，这两种能力都会对父母的体验产生实质性的影响，反之，父母对孩子行为方式的反应又在孩子将来自我调节能力的塑造上起到了关键性的作用。

父母对婴幼儿基本自我调节能力的支持

早期照看

所有婴幼儿，无论其先天能力如何，最初都完全依赖照看者来照顾。在最初几周中，孩子的需求常常与饥饿明确相关（见案例2.8、2.9、2.11），或者与照看过程中发生的重大变化相关，如脱衣服、被抱出浴盆，或者是接种疫苗这样不愉快的体验（见案例3.1，以及第二章中的案例2.18、2.19）。虽然最初几周里，无论照看者多么敏感，婴儿在这些场景中的难受和哭泣还是无法轻易地减少，但父母通常能通过满足他的身体需求、改变或减少任何造成这些问题的刺激、给予他亲密的安抚等方式来帮助他恢复平静，比如抱起、抚摸、摇晃或者抱着他来回走。随着孩子在社交方面越来越活跃，除了以上这些安抚方法，每天面对面的互动也能为父母提供很多机会去促进孩子自我调节能力的发展。

案例 3.1

婴儿的不安

斯坦利，4 周。在最初几周中，某些日常的护理流程似乎让孩子感觉到自己非常弱小并且容易受伤，比如，如果脱下孩子的衣服换尿片，或者洗完澡把他从温水中抱出来，他可能立即就会变得不安、难受，行为也会失调。在这样的时刻，他可能更需要亲密的接触来恢复平静。

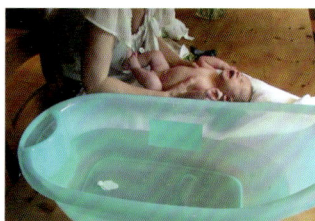

1. 斯坦利需要换尿片了，妈妈想给他洗个澡。当妈妈帮他脱掉衣服，把他抱起来时，他变得非常不安。

2. 当妈妈把他放进水里的时候，他的手开始胡乱拍打。

3. 很快，身体四周温暖的水让斯坦利感觉不错，妈妈稳稳地托着他，于是他平静了下来。

4. 但当妈妈把斯坦利从水里抱出来时，他又激动、不安起来，动作也变得混乱……

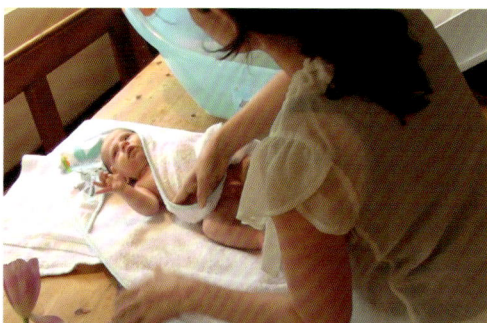

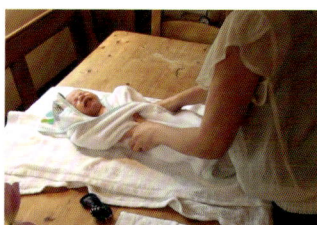

5. ……很快，他的不安、难过再次升级。

6. 妈妈开始和他进行目光接触，并且用声音安抚他，这些对他有一定帮助。

7. 这个方法很有效，妈妈慢慢地把斯坦利裹到浴巾里，一边温柔地和他说话，一边看着他的眼睛。

（续）

9.……同时还继续温柔地和他说话。斯坦利平静下来，不再难过，趴在妈妈肩上四处看。

8. 然后妈妈稳稳地把斯坦利抱在怀里，抚摸着他，有节奏地轻拍着他的背……

面对面交流

静止脸　有一个经典的实验叫"静止脸"，这个实验形象地展示了在面对面互动中，婴幼儿受到父母行为的影响有多大。但这个实验也表明，即使是在刚出生的第一周，婴幼儿也有多种策略来帮助他自己应对轻微的社交挑战。在"静止脸"的实验中，父母和孩子之间先进行一段时间正常的面对面互动，然后父母突然停止对孩子的回应，大约在 2 分钟的时间内父母的脸保持静止、面无表情地看着孩子，之后再继续进行正常的互动（见案例 3.2 和第一章案例 1.6）。虽然孩子对这种中断的忍受能力和反应风格各不相同，但整体来说，当父母这样做的时候，孩子立即就能注意到并且会迅速应对这一挑战。通常在看到父母面无表情的时候，孩子一开始会试图通过向父母发出社交邀请来影响父母，然后会做出抗议的行为，也许是发出咕哝声、皱眉或者挥动手臂。如果这些尝试都没有成功吸引父母重新加入交流，有些孩子会变得沮丧或者退缩。有的孩子似乎能很好地应对这种奇怪的情况和随之而来的负面情绪。他也许会转过脸不看父母，主动将注意力集中到别的事物上；也许会开始自我安慰，可能是吮吸自己的手指，摸自己的脸或者摸自己的衣服；也许还会时不时瞟两眼，好像是在确认父母还有没有继续交流的可能。还有一些生理反应表明，孩子在面对"静止脸"的情况时，其压力应对机制能够被更强地激活和调动起来，比如，孩子的心率、呼吸以及应激激素皮质醇水平的变化。最后，当父母恢复和孩子的正常交流时，孩子通常需要一段时间才能恢复正常社交行为，并可能继续表现出这些自我调节行为，直到重新进入状态。

正常的面对面交流　在"静止脸"实验中，父母面无表情对面对面交流来说是一种非常不自然的中断。但事实是，正常的面

案例 3.2

面对面"静止脸"实验

阿斯特丽德，4.5 月龄。在面对面"静止脸"实验中，父母先和孩子正常交流了一段时间，然后突然停止回应，保持一种静止或者说是没有表情的状态，同时与孩子继续对视 1 ~ 2 分钟，然后恢复正常交流。这个实验给孩子呈现的挑战场景是日常互动模式的突然中断，以及必须在没有父母的帮助下调节自我行为。婴幼儿对这个短时挑战的反应各异，有一部分是因为性情特点不同，也可能因为他之前与父母互动的体验不同。习惯了敏感、积极回应的孩子很大程度上能对父母对他的社交信号的反应有明确的预期，所以在父母保持面无表情的阶段，他可能会继续试图引起父母的反应。而且，在以往社交互动中自我调节能力得到锻炼的孩子更能够在这个挑战中保持良好的自我调节能力。

本案例中，阿斯特丽德迅速对爸爸的"静止脸"做出反应，先以积极的社交行为来获得与爸爸的交流，然后把自己的注意力转移到自我安抚以及探索环境上，反复循环使用这两种方法，没有表现出不安、难过。不过"静止脸"阶段结束后，爸爸恢复正常交流时，她还是花了一段时间才能重新和爸爸建立正常的交流。

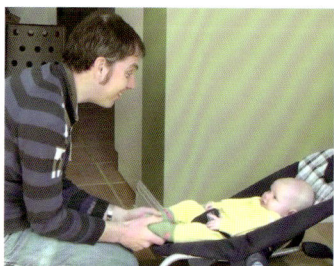

1. 阿斯特丽德和爸爸一起愉快地做游戏。

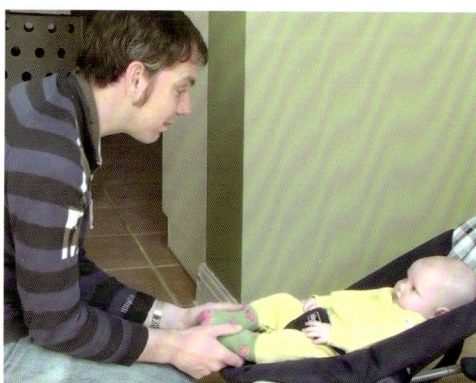

2. 当爸爸突然停止和她交流时，她也安静了下来，并注视着爸爸的脸。

3. 她很快收回视线，开始看自己的手。

4. 阿斯特丽德又忍不住看向爸爸，好像在确认爸爸是否还表现得那么奇怪。

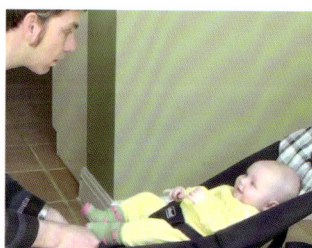

5. 阿斯特丽德已经习惯爸爸对她热情的回应，所以她对爸爸做出明确的邀请，让爸爸和她一起玩。

（续）

6.爸爸继续保持面无表情，阿斯特丽德又不看爸爸了。

7.阿斯特丽德开始专心地玩自己的小手……

8.……但是她又快速地瞥了一眼爸爸。

9.阿斯特丽德又一次试图让爸爸和她交流。

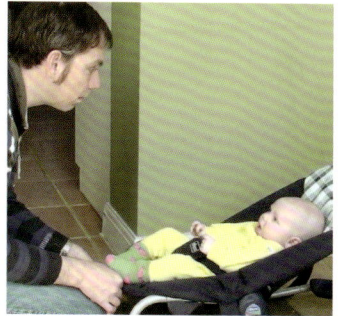

对面交流中孩子和父母也往往不是完全同步的，它常常也会给孩子带来挑战，只是程度不同而已。如果这些挑战相对较小，并且处理得当，孩子可以从中获得应对困难处境的经验，增强调节自身状态、情绪、行为和恢复平衡的能力。这些挑战通常以各种形式出现。父母的回应中常常出现"不匹配"或"不协调"的情况，比如，在某个瞬间父母表现出的激动情绪对孩子来说太过强烈，孩子不知如何应对，或者父母错误解读了孩子发出的信号。在父母和孩子逐渐领会彼此的信号和了解其意义的过程中，这些小插曲都是不可避免的，这也成为父母将他们为孩子行为

赋予的社会意义传达出来的重要方式（更多内容见第一章）。对婴幼儿正常状态的潜在挑战可能还包括如打喷嚏或打嗝，或者旁边一声巨响这样的突发事件，甚至包括孩子太开心时过于强烈的反应。

总的来说，对于婴儿来说，父母会代替孩子处理大部分这样的挑战。例如，如果父母错误解读了孩子的信号使孩子感到吃惊，或者孩子经历了一些事情让他暂时有些不舒服，他们就会积极地运用自己的面部表情，调整自己的语调和语气，先和孩子进行交流，与孩子产生共鸣，然后帮助孩子向更舒服的状态转变（见案例3.3）。

案例 3.3

从失调中恢复

斯坦利，9 周。孩子 2 个月大时面对面的互动变得丰富而复杂。在互动游戏中，每一方轮流扮演那个主动的角色，而另一方则为接受者，然后有一个阶段双方一起分享各自的感受。孩子出生几周后，互动变得更为有趣，父母通常将有趣的因素引入游戏来娱乐孩子。整个过程中双方都能积极做出回应，并不断根据对方的表现来调整自己的行为。互动中轻微的失调很常见，是自然互动的特征之一，也是孩子体验片刻失调的重要机会，然后失调很快得到修复，这样孩子也就能很快恢复平衡。

1. 妈妈先噘起嘴巴，然后松开，发出像亲吻一样的声音，斯坦利很开心……

2. ……或者对斯坦利发出咂嘴巴的声音。

3. 斯坦利看起来可以理解这个游戏，饶有兴致地看着妈妈。

4. 当妈妈准备发出下一个亲吻的声音时，斯坦利期待地看着妈妈。

5. 但这一次妈妈快速低下头，发出一个特别响亮的亲吻声，斯坦利吃了一惊，手臂往上一抬，闭上了眼睛。

6. 斯坦利还没回过神来，他的眼睛向妈妈身后看，表情看上去还是有一点儿吃惊。妈妈注意到了斯坦利的变化，停止了游戏。妈妈模仿斯坦利张嘴的表情，满脸关心，用手牢牢地扶住斯坦利。

（续）

7. 斯坦利重新和妈妈开始互动，现在他们又有了目光接触。妈妈还是牢牢地扶着他，逐渐减弱自己"镜映"反应的强度，斯坦利平静了下来……

8. ……随着斯坦利逐渐放松下来，妈妈对他微笑挑眉似乎在告诉斯坦利，刚才发生了一件值得注意的趣事，而且这是可以控制的。

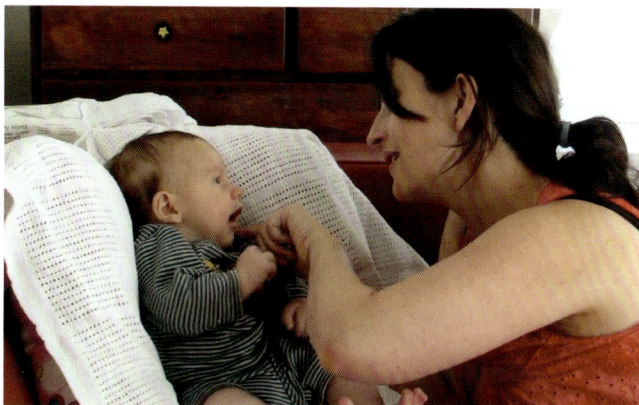

9. 斯坦利现在恢复了，率先开始了新一轮游戏，妈妈则看着他，抚摸他。

有些时候，父母会帮助孩子应对一些新的体验，比如有不熟悉的人加入互动，这时可能就需要父母以一种不一样的方式来积极帮助孩子。这种情况下，父母可以向孩子传达自己的正面感受并热情鼓励孩子和陌生人交流（见案例 3.4，而对于年龄较大的孩子见第二章案例 2.3）。相反，如果孩子看起来能自己应对困难的时候，父母就不必积极参与进来，而要给孩子留出时间，这样反而最有助于孩子调节能力的发展。例如，如果孩子开始显得不安烦躁，但他随后转过头，吮吸手指或者环视房间，或是因为游戏让他太过高兴和激动而中断目光接触，这时父母最好的帮助是停下来，给孩子重新调整的机会，等他平静下来后，再重新邀请他加入游戏。

在早期的社交活动中，父母的这种敏感回应似乎对帮助婴幼儿发展良好的自我调节能力很重要。如果父母在正常的面对面互动中给予孩子支持，并帮助孩子进行自我调节，那么孩子就能更好地应对父母的静止脸式中断，能作出争取重新开始交流的努力，保持更为积极的态度，并表现出更好的调控能力。敏感帮助的其他益处将从孩子漫长的人生中显现出来，所以婴幼儿在早期社交互动中较好的自我调节行为，预示着其后期更好的情感和行为调节能力，在上学初期出现问题行为的概率也会更小。

案例 3.4

有新体验时获得的帮助

凯蒂，10 周。即使在出生后的前 3 个月，婴儿对父母的面部信号和情绪表现就很敏感了，并且能从这些面部信号和情绪表现中获益来应对更广阔外部世界的交流。通常如果发生了一些很好玩的事情，父母会最先和孩子直接交流，然后会标记出这件事，也许是通过挑眉表示将要发生特别的事情，同时通过语言和声音传达自己的热情和鼓励。

本案例中，凯蒂的妈妈一直在和她说话，这时候一位友好但不熟悉的女士进入房间和她们打招呼，然后开始和凯蒂做游戏。妈妈用自己的面部表情和声音表示，和这位新来的女士交流应该很好玩，这种鼓励有助于凯蒂对这位女士的行为做出回应。

1. 妈妈听到开门声。她从镜子中看到研究人员进入房间，她以微笑回应。

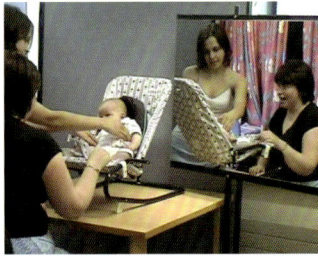

2. 研究人员俯身和凯蒂游戏，凯蒂看向妈妈，妈妈以微笑迎接凯蒂的注视，并挑眉问"这是谁"。

3. 当研究人员来抱凯蒂的时候，妈妈密切观察着凯蒂的表情，面带笑容重复地说"这是谁"，同时用各种信号传达她对凯蒂认识这个新朋友的积极感受，鼓励女儿参与交流。

4. 研究人员和凯蒂做游戏的时候，妈妈坐在后面，如果凯蒂看过来的话，妈妈能看到凯蒂的眼神。

5. 当研究人员递回凯蒂的时候，妈妈和凯蒂打招呼，热情地评价了凯蒂和新朋友游戏的经历。

身体游戏

在最初几个月的面对面交流后，随着孩子对更强烈感受的应对能力增强，父母和孩子玩的游戏发展出更多方式。除了对孩子认知发展和社会理解方面的帮助发生了变化之外，例如，探索新奇的事物或玩程式化的游戏（见第一章和第四章），互动常常也变为更加热闹的身体游戏。在这样的时刻，孩子往往非常兴奋，而学会享受游戏，避免不安难过，可以够训练孩子和父母的调节能力。从孩子的角度来看，和早期的面对面互动一样，为了减少极端的情绪、降低兴奋程度，在下一轮游戏开始前他可能需要转移自己的视线或者让自己从游戏中离开一会儿。对父母来说，他们应该根据孩子的状态来调整游戏时间和强度，避免让孩子玩得太过头，并且父母要密切关注孩子的表现（见案例 3.5）。

案例 3.5

调节身体游戏的兴奋程度

洛蒂，5 月龄。随着孩子身体、认知以及社交等方面的发展，早期单纯面对面交流的吸引力会随之降低，此时孩子需要更多样的交流方式才能对游戏保持兴趣。父母也会本能地改变游戏的风格来适应孩子的发展，一个关键的变化是父母会围绕更活跃的身体游戏来组织活动。这种游戏每一轮有几个步骤，以最后的高潮作为结束，然后重复这个过程。它通常需要父母关注孩子的状态，调整游戏的节奏和强度。这种游戏会以相当复杂的方式挑战孩子的调节能力。在最为兴奋的时刻，孩子常常会通过转移视线、离开游戏这样的方式来调节自己的状态，直到自己的情绪得到控制。

本案例中，洛蒂的妈妈先和洛蒂玩"藏猫猫"游戏，用洛蒂的手遮住洛蒂的脸，然后这个游戏会演变成"啊呜"游戏。

1. 妈妈用眼神邀请女儿参加游戏。

2. 妈妈站在洛蒂的对面，把洛蒂的手举起来遮住洛蒂的脸。

3. 妈妈把洛蒂的手臂放下，对着她发出"Boo"的一声，洛蒂笑起来了。

4. 洛蒂的兴奋升级，然后像通常见到的那样，当兴奋过于强烈时，她会暂时将视线移开——这有助于她调整自己的状态，让自己的情绪稳定下来。

5. 当洛蒂准备好了，妈妈开始新一轮的游戏……

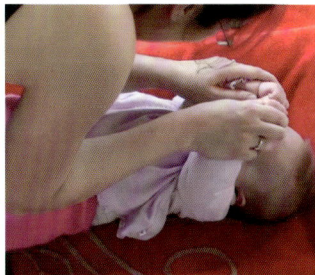

（续）

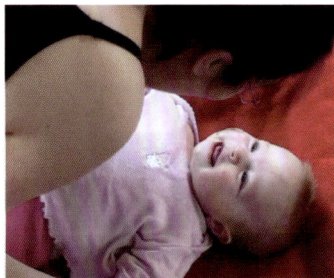

6. ……然后 "Boo！"，这一次，洛蒂虽然也很兴奋，但远不如上一次……

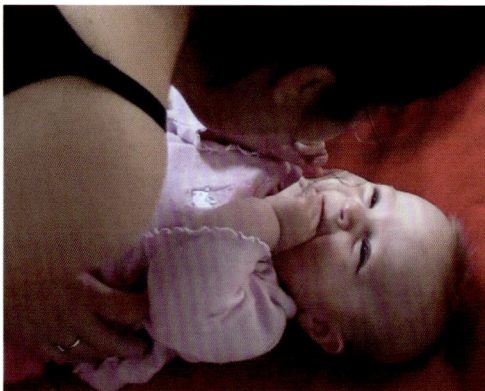

7. ……洛蒂开始吮吸自己的手指，所以妈妈对游戏做了一些调整，不过还是保留了游戏的基本结构。妈妈再一次用眼神邀请洛蒂加入游戏。

8. 但这次他们玩了另一个喜欢的 "啊呜" 游戏。

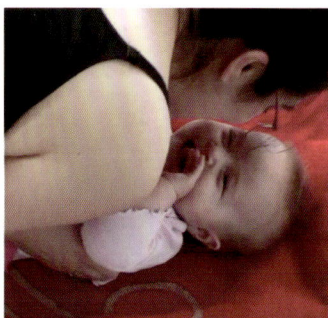

9. 在 "啊呜" 一声假装吃孩子脸蛋的时侯，妈妈看不到洛蒂的表情，所以她抬起头看洛蒂是不是喜欢这个游戏，并分享洛蒂的快乐。

10. 这个游戏很成功，妈妈又开始新一轮的 "啊呜" 游戏……

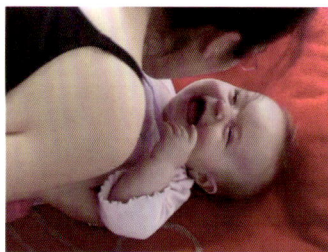

11. ……两人一起大笑。

在挠痒痒游戏或者假装攻击的游戏中，虽然常常是妈妈主动开始游戏，但随着孩子合作能力的发展，爸爸也越来越多地参与其中。虽然这些游戏都是身体上的接触，但也和早期的社会联系有关，父母和孩子会看对方脸上的表情来调整游戏的进程（见右侧图片中 9 月龄的伊莎贝尔和爸爸，以及案例 3.6）。

案例 3.6

追逐打闹游戏 1

　　斯坦利，12 月龄。"追逐打闹游戏"通常发生在父子之间，从快 1 岁开始，玩的频率会逐渐增加，这是锻炼孩子忍耐力和控制极端情绪（常常近乎恐惧或者激动）的重要方式。

　　下面的案例无须讲解就可以看出，爸爸将斯坦利的情绪带向斯坦利能轻松应对的极限。在游戏最激烈的阶段，爸爸不断查看斯坦利的状态，整个过程中父子俩一直看着对方，这样就可以一起调整游戏的强度和极限。

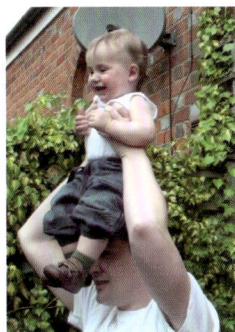

1

2

3

4

5

6

7

8

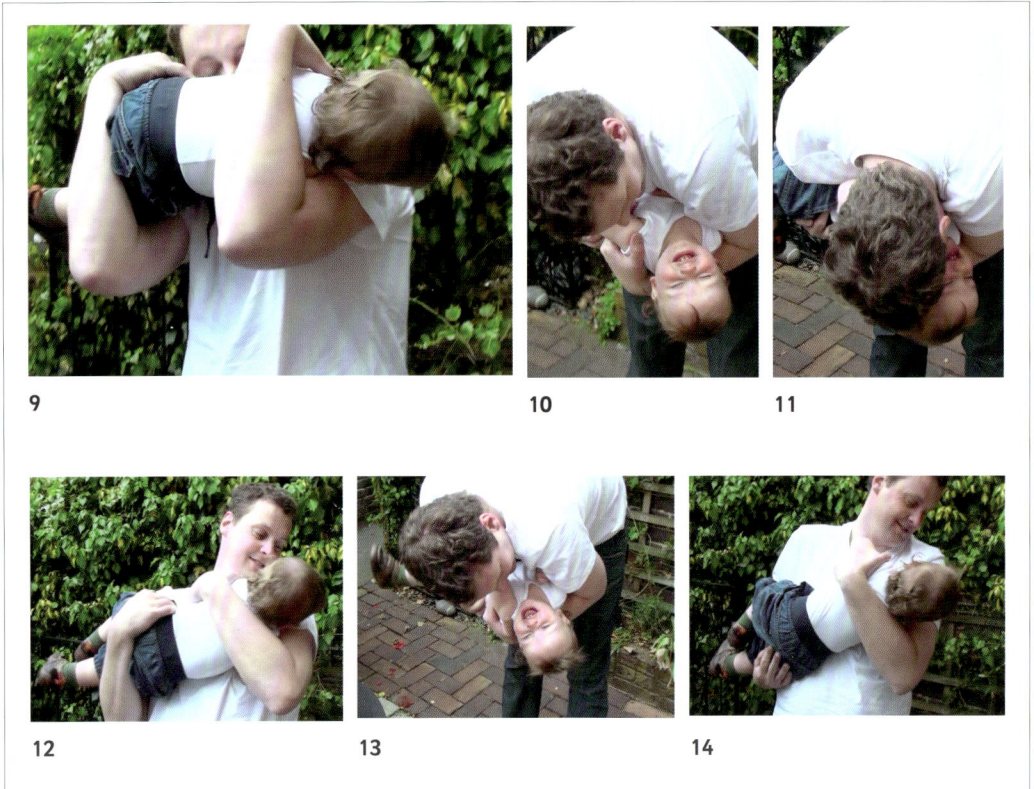

9

10

11

12

13

14

追逐打闹游戏

之后，随着孩子社会理解的发展及其在18～24月龄之间正常的攻击行为的增多，肢体或者"追逐打闹"的游戏会变得越来越复杂。这种游戏通常是爸爸和儿子一起玩，而不是女儿。这种游戏有戏剧性的打斗或者令人恐惧的情节，常常伴随着追赶、搏斗、翻滚以及扭打等动作。在游戏中，孩子可以在一个安全的环境中锻炼应对极端的、可能难受的情绪。研究表明，这种游戏的2个特点特别有助于孩子控制自己的攻击行为，2岁后可逐渐减少攻击性的表现。第一，这种

游戏发生在亲密的关系中，这就意味着游戏中不会出现真正的伤害行为及威胁游戏和感情的行为，因此孩子无须望而却步，能够知道什么样的行为是忍耐的极限。第二，研究表明，虽然父亲常常带自己的孩子去冒险，去发现他情绪的极限，允许他有短暂的主导，但如果父亲在游戏中不让孩子占过于主导的地位，这对孩子的自我调节能力最有帮助。理想的状态是父亲根据孩子的信号来调整自己的行为，让游戏处于掌控之内，避免孩子情绪失控（见案例3.7和3.8）。

案例 3.7

追逐打闹游戏 2

本，17 月龄。随着孩子的发展，在追逐打闹游戏中，他能更积极地协商游戏的细节，在有敏感帮助的情况下，也更愿意去体验冒险的感觉，去发现自己和游戏同伴所能忍耐的极限。

本案例中本和爸爸正在玩追逐游戏，这对本来说可能有一点儿吓人。在游戏中他需要爸爸从吓人的角色转换出来安慰他，直到他的情绪得到控制。因为情绪的特点和强度在不断地发生变化，所以需要爸爸仔细观察，避免游戏太过激烈而失控。在游戏中，天性较为拘谨的孩子可能更需要父母敏感而灵活的帮助，也更需要这种调节难受情绪的练习。

1. 爸爸假装成一只咆哮的野兽，爬着来抓本。

2. 本觉得这有点儿难以应对……

3. ……然后，本转向爸爸要求抱抱。

4. 爸爸给本一些时间来平静下来……

5. ……然后，爸爸和本交流游戏的感觉。后来，当本准备好了，爸爸问他是否还想玩这个游戏。

6. 本急切地从爸爸的怀抱中挣脱出来，摆出准备开始的姿势。

7. 当爸爸又假装成一只咆哮的野兽时，本虽然吮吸着自己的手指，但看起来已经能够应对这种害怕的感觉了。

8. 爸爸意识到本还没有完全适应这个游戏，所以停顿了一下……

9. ……然后，本控制了游戏的局面，轻易地逃脱了。

10. 本又回来要求抱抱……

11. ……爸爸再一次确认本的感受。

12. 现在本率先开始新一轮的游戏，他捏住爸爸的脸颊，高兴地尖叫……

13. ……爸爸接下来和本做另一种身体游戏。爸爸用鼻子拱儿子，假装在吃东西，而不是追逐。

14. 本这次不像玩上一个游戏时那么害怕了，他能够应对，两人愉快地扭打起来……

15. ……但爸爸还是在观察，确认本是不是能很好地应对。

16. 这个游戏在亲密、温馨的气氛中结束了……

17. ……然后，本又从爸爸怀抱中挣脱出来，示意爸爸他准备好了再来玩一轮追逐游戏。

案例 3.8

打架游戏

本，24 月龄。打架游戏通常也是爸爸和儿了一起完成的游戏，它有助于孩子学会处理有潜在危险的情况，比如感到害怕或者敌意时。特别是在追逐打闹游戏中，只要爸爸敏感地调整内容，孩子就能够在安全范围内获得酣畅淋漓的体验，感到自己充满力量。另外，当游戏发生在亲近、友好的关系中，爸爸能很好地控制游戏的发展方向，孩子自然也会避免那些可能会导致自己和他人严重受伤的行为，这样，他就能学会如何更好地控制自己的冲动。

1. 从游戏一开始，爸爸就很好地控制了游戏的局面……

2. ……在游戏中两人又搂又叫……

3. ……但爸爸也会中断游戏，让本来主导。

4. 本往爸爸身上一扑，爸爸假装被突然袭击，但脸上的表情却表现出他很乐于这样的事情发生……

5. ……爸爸夸张地表演，任凭本摆布。

6. 游戏继续朝这个方向发展……

7　　　8　　　9

（续）

10. 然后情况出现了变化……

11. ……现在爸爸占了上风。

13. …… 然后他们精疲力竭、心满意足地结束游戏。

12. 这时爸爸给本一些机会让他也有一些表现，但爸爸仍然通过自己夸张的表演示意那些疼痛其实都是假的，是"演"出来的……

婴幼儿有意识的自我控制的发展

在追逐打闹游戏中，婴幼儿能控制自己强烈的情绪和任何危险的攻击行为，这反映了孩子从半岁以后开始发展的调节能力的普遍特征，即所谓的有意的或"需要努力的"控制。与自我安抚或中断目光接触这类早期的自我调节信号不同，需要努力的控制是指孩子能够有意地克服自然本能的反应方式，而以一种当下不那么合意的方式行事。例如，在"不"的情况（如别碰那些玩具）和"做"的情况（如把玩具收拾好）下，婴幼儿都需要作出积极的努力（通常来说，婴幼儿服从"不"的要求早于"做"的要求，可能是因为做某事比不做某事涉及到的行为更复杂）。

在这种有意识控制行为和感受发生的同时，参与决策和计划（或者专家称为"执行功能"）的大脑区域（前额叶皮质）也在发展，当面对有竞争性的需求时，能做到有选择性地专注于一项任务非常关键，因而这是一种更有意识或"认知"型的控制。但在大脑区域开始显示出这种联系和发展之前，这些更为复杂的执行功能的基础就可以从婴幼儿注意力的自我调节上看出来。例如，6 月龄的孩子，当他面对大量玩具的时候，他的注意力能够保持高度集中，或者当看到重复出现的一系列图片时，他能够预测下一张会出现什么，在 1 岁之后，他仍然能继续表现出特别良好的"需要努力的"控制能力，尤其是在"做"的情况下。

除了观察孩子是否能够控制自己的行为，在"不"和"做"的要求下是否能依照指令做事之外，心理学家还发现，关注婴幼儿回应的质量也很重要，尤其是要区分 2 种类型的顺从。一种是自愿顺从，在这种情况下孩子乐意而热情地执行要求（见案例 3.9），与其对应的是情景顺从，在这种情况下孩子或许也会按要求去做，但显然只是在走过场，没有表现出积极的意愿。

区分这 2 种类型很关键，因为只有自愿顺从与孩子内化行为规范的进一步关键发展有关，也只有在这种情况下无须他人的监督孩子就会主动开始行动（案例 3.10）。当然，这种自愿顺从也与之后儿童时期良好的行为调整有关。

案例 3.9

合作且自愿的行为

本，15 月龄。调整自己来适应他人的安排，遵循或顺从他人的要求，这些是婴幼儿自我调节能力的关键方面。但问题不仅在于婴幼儿是否顺从，还在于他是如何做到顺从以及是否合作、心甘情愿，这些预示着他是否能掌握下一步，在没有人监督的情况下遵守行为规范。如果父母热情地接纳自己的孩子，他们就能够制定共同的计划，孩子则更乐于加入，以恰当的行为进行合作。

本案例中，本洒了一些牛奶，弄脏了桌子。此时，他已经有意识，知道牛奶洒了应该清理，在这种情况下妈妈热情地鼓励他参与清理。

1. 本和妈妈一起愉快地坐在餐桌前喝牛奶。

2. 本的牛奶杯几乎要空了，于是他把头往后仰，想把杯中牛奶全部喝完……

3. ……他摇着杯子向妈妈示意他喝了好多牛奶，两人相视而笑。

4. 本用力地摇晃把杯中剩下的牛奶洒到了桌子上，妈妈指给他看。

5. 妈妈把杯子拿开，让本来找到洒出的牛奶。在看到牛奶的时候，本试图把它擦掉。

（续）

6. 妈妈注意到本的兴趣，拿过来一块抹布，建议本可以用它来清理桌子。

7. 本对清理桌子很感兴趣，看到桌子上的牛奶被擦掉，本很开心，妈妈也分享了他的快乐。

8. 当牛奶全部清理干净后，妈妈祝贺本，然后两个人一起笑起来。

案例 3.10

抗拒诱惑

艾丽斯，12 月龄。我们控制、抵抗欲望的能力需要我们有意识地做出努力和控制。对婴幼儿来说，如果没有人积极地帮助以及监督他，这就尤其困难。因为在这种情况下，他需要将行为规范内化，才能控制自己的行为。如果以前根据要求或需要调整自己的体验是发生在温暖的、回应敏感的关系中，而且孩子也喜欢这种与他人愉快的合作，那么此时孩子就更能应对这种挑战。

本案例中，艾丽斯面临的挑战是不要碰猫粮——她以前很喜欢碰猫粮而父母试图阻止她这么做。在猫吃东西的时候，父母密切地关注着艾丽斯，并温柔地支持帮助她抵抗诱惑。这一次，妈妈把艾丽斯独自留在猫粮附近，没有人监督她。艾丽斯明显地经历了内心的斗争，但她能运用一些策略来抵制诱惑，包括关注妈妈、安抚自己以及参与游戏。

1. 妈妈在碗里放了一些新鲜的猫粮，艾丽斯在旁边看着。

2. 艾丽斯的视线一直跟随着妈妈。

3. 艾丽斯密切地关注着妈妈的举动。

（续）

4. 她饶有兴趣地看着禁止触碰的猫粮……

5. ……然后又转向妈妈，好像在确定妈妈是否会像往常那样给出禁止触碰的信号，或者是感到疑惑，妈妈怎么把猫粮放得离自己这么近。

6. 艾丽斯的视线又回到猫粮上，她咬着玩具，也许是想通过这个方式来帮助自己不靠近猫粮。

7. 艾丽斯又看向妈妈，也许是向妈妈寻求帮助，或者是看到妈妈在身边就更容易听话。

8. 艾丽斯转身背对着猫粮，投入到游戏中……

9. ……但是，后来艾丽斯又一次朝妈妈的方向看，同时咬着玩具。

10. 又一次，她满怀兴趣地看着猫粮……

11. ……又回过头看向正在忙于家务的妈妈。

12. 现在艾丽斯又一次长时间看着猫粮，这一次没有咬玩具，可能是觉得不再需要了。

13. 艾丽斯最后一次把视线从猫粮上转开，她做出把脸挤成一团的表情，这是她在有自我意识的时候常做的表情，好像是在和矛盾的心理作斗争，也许是在告诉自己不要做被禁止的事情。

14. 终于，艾丽斯好像释然了，她快乐地玩玩具，不再想碰触猫粮的事。

孩子本身性情的差异会影响孩子运用这种新的、更有意识的自我行为控制能力。除此之外，孩子得到帮助的质量以及其社会理解的发展，也发挥着举足轻重的作用。

父母如何支持婴幼儿有意识的自我控制

帮助婴幼儿在早期集中注意力及其获得预判能力

在第四章认知发展中我们将会具体讲述，积极的、适合婴幼儿行为的社交互动有助于吸引和集中他的注意力。反过来，就像我们前面讲述的，集中注意力对自我控制能力的发展很重要。在最初几个月中，父母有效帮助孩子集中注意力的方法是跟随孩子的信号，调整自己与孩子说话时的语气：使用升调来表达自己的兴趣和热情，或者使用"随主题变化"的模式，也就是根据孩子关注的程度把同样的话以不同的语气重复。在后来的社交互动中，虽然跟随孩子的信号仍然很重要，但随着孩子拿取物品能力的增强，除了用面部表情和语言表达出对孩子体验的兴趣外，父母还可以对他的这些行动给予实际的支持来帮助他集中注意力（见第四章第 199 页协助）。婴幼儿能注意到事情发展的顺序并对下一步作出预判的能力是儿童时期自我控制能力的一个重要预测指征，这种能力也可以通过他的社会关系得到支持和提高。所以，如果孩子的生活环境是有规律且可预测的，比如，如果他习惯了准备吃饭的过程或者出门前的准备过程，那么他熟悉的每一步流程都能够帮助他获得一些掌控感。这样，即使父母还需要提供额外的支持，比如暂时分散他的注意力或添加别的活动，但这些流程本身仍然可以帮助父母控制孩子的情绪，应对可能出现的受挫感（见案例 3.11）。

案例 3.11

例行程序、转移注意力以及应对受挫感

本，10 月龄。本对吃饭的流程已经非常熟悉，从自己被放到椅子上，到戴上围嘴，再到父母的动作细节，所以他对吃饭的步骤有清晰的概念。这有助于他在食物准备期间的忍耐力，但有时候，吃一些小东西或喝几口水也有助于他把注意力从对食物的迫切需求上转移开。

1. 本饿了，当他被放到自己的椅子上时，他知道很快就能得到食物，但他密切关注着妈妈的每一步准备工作。

2. 等待对他来说太难了，他开始有点儿坐立不安。

3. 妈妈意识到一两分钟内还没办法准备好本的食物，为了帮助本耐心等待，妈妈拿了一块面包皮给他，他急忙抓住。

4. 他仍然关注着妈妈的举动，但有了这块面包皮他很快平静了下来。

5. 面包皮吃完了，本的急迫感又增强了。

6. 这次妈妈给他了一些水来帮助他等待……

7. ……这又给了本一些事情做，可以让本把注意力从饥饿感上转移开。

8. 现在本看到他的食物终于准备好了。

9. 他清楚地知道妈妈的每一步动作——首先搅动食物，然后用勺子舀出一点儿……

10. ……在妈妈确认好温度合适前，本能够等待每一步。

（续）

11. 最后一步，妈妈正用勺子把食物舀出来，本满怀期待地举起手臂……　**12.**……然后，本张开了嘴巴……　**13.**……开始享用他的第一口美食。

通过社会意识和"社会参照"调节回应

　　大约从 10 月龄开始，婴儿能更清楚地意识到他人的回应，包括他人的情绪回应（见第一章中关于连接型关系的内容），他开始主动利用这一更高级的意识来指导自己的行为。这种情况在不确定的环境中更有可能发生，这个年龄段的婴儿在采取行动前通常会看向父母，来观察他们的反应，专家们称这种行为为"社会参照"。早期有一个实验展示了婴儿的行为是如何受到父母反应的指导和调节的，叫"视崖"实验。实验中一个会爬的婴儿被放在牢固的有机玻璃板上，有机玻璃板下用图案形成视崖的效果，妈妈则待在有机玻璃板的另一边。实验中的一部分内容是，要求妈妈表现出着急、害怕的表情；而在另一部分内容中，则要求妈妈表现出自信、愉快的表情。孩子在决定是否爬过悬崖到妈妈那里之前都会习惯性地朝妈妈看，孩子最终会不会爬过去与妈妈脸上表现出来的情绪、表情直接相关——当妈妈表现出正面的表情时，孩子爬过视觉悬崖的可能性更大。婴儿还会积极地利用他人的情绪反应来指导自己用什么样的行为对待他人。这一次，研究人员通过在实验中控制妈妈的反应，证明孩子对不熟悉（却友好）的人的反应受妈妈行为的强烈影响（见案例 3.12）。

案例 3.12

社会参照

　　艾丽斯，14 月龄。大约从 10 月龄开始，在对新的体验做出反应之前，婴幼儿常常会主动停下来观察父母的反应，这种行为称为"社会参照"。在与陌生人见面这样的社交情境以及在可能存在危险的非社交性的情境中，孩子都会使用这种行为。

　　在此案例中，艾丽斯来到大学的研究机构参加一个标准的"陌生人方法"的研究，并且全程录像。在整个过程中，艾丽斯以妈妈作为参照点来帮助自己处理对不熟悉的人的反应。

（续）

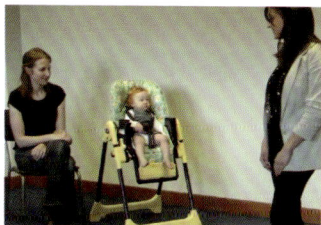

1. 当陌生人进入房间的时候，艾丽斯平静地看着她，而妈妈坐在艾丽斯的身后。

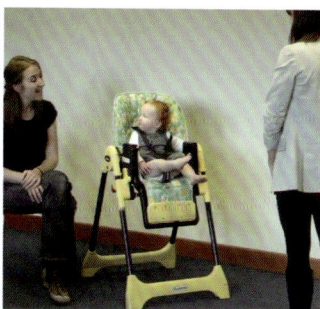

2. 艾丽斯转身看妈妈的反应，想根据妈妈的反应来帮自己做出回应。此时，妈妈微笑着用鼓励性的语言和她谈论这位陌生人。

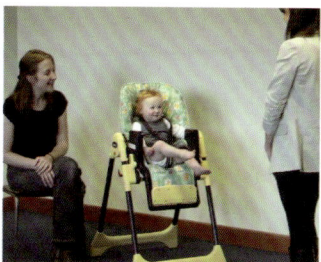

3. 感受到妈妈正面的回应，艾丽斯向陌生人展开了笑容。

4. 当陌生人走近艾丽斯时，艾丽斯又转向妈妈寻求帮助，而妈妈则继续鼓励她。

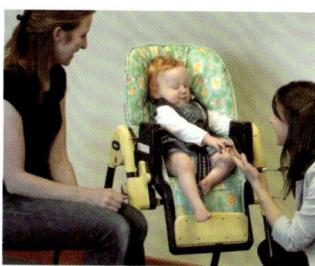

5. 现在陌生人离艾丽斯更近了，她向艾丽斯展示自己的项链。艾丽斯更自信了，伸出手去摸项链。

6. 现在，妈妈继续帮助艾丽斯和陌生人交流，艾丽斯开始享受这个游戏。

7. 她想和妈妈一起分享她的感受，于是朝妈妈看去……

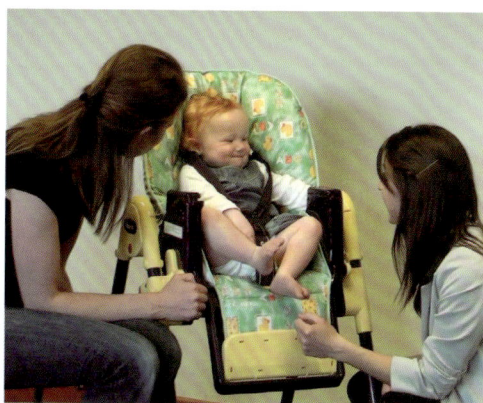

8. ……然后她转过头来和新认识的朋友继续游戏。

和在不确定的情境下一样，婴幼儿面对更明显的挑战或挫折时，也会主动参考父母的反应（见案例 3.13 和 3.14）。但在一些更极端的情况下，婴幼儿向父母求助的表情常常是希望父母发挥更积极的干预作用，而不仅仅是想获得信息。这些主动的表情显示出婴幼儿意识到自己的能力是有限的，自己可以使用有效的策略让父母来帮助自己处理为难的情境和感受。

案例 3.13

父母的支持以及从挫败中转移注意力

艾丽斯，14 月龄。当婴幼儿被禁止做一些事情的时候，如果得不到他人的帮助，他可能很难调节自己的情绪。

本案例中艾丽斯两次面对"阻碍任务"的挑战。实验中艾丽斯正在玩的一个有趣的玩具被拿走了，但放在可以看到的地方。在第一种情况下，研究人员要求妈妈不要做出回应，而第二种情况下妈妈可以随意帮助艾丽斯。

1. 艾丽斯开心地玩音乐玩具。

2. 大约 1 分钟后，研究人员从艾丽斯手里拿走玩具并把它放在一块有机玻璃后面，这时艾丽斯的妈妈没有任何反应。

3. 艾丽斯朝玩具伸出手，但却拿不到，艾丽斯变得烦躁起来。

4. 艾丽斯恳求地看着将玩具拿走的人……

5. ……但是没有得到回应，她越发感到沮丧。

6. 现在她朝妈妈看，但妈妈也一动不动。

7. 艾丽斯只能自己处理这个局面了，但她无法解决，继续处于烦躁不安的情绪中。

（续）

8. 玩具重新还给了艾丽斯，艾丽斯又开心地玩起来。

9. 现在玩具又被拿走了。

10. 但是这一次艾丽斯转向妈妈时，妈妈马上表达出自己对于艾丽斯困境的同情。

11. 艾丽斯仍然向玩具伸手，但她的情绪要比之前平静了，而妈妈在旁边和她说话，提议她们也许可以做一些其他的游戏。

12. 妈妈没有道具可以用，于是就发明了玩手的游戏。妈妈把手握起来，邀请艾丽斯朝里看。艾丽斯很快被这个游戏吸引，忘记了玩具被拿走的挫败感。

13. 妈妈将这个游戏玩出了各种花样，让艾丽斯很感兴趣，在没有玩具的时间里，艾丽斯一直开心地玩这个游戏。

14. 当玩具还给艾丽斯的时候，她非常平静……

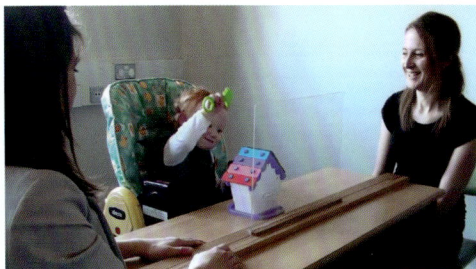

15. ……然后她又愉快地玩起玩具来。

案例 3.14

求助和自我调节

本，18月龄。当婴幼儿遇到困难时，他能够意识到他人也许可以帮助自己摆脱困境，吸引他人注意并获得帮助会是一个解决困难的积极策略，否则情况会发展到无法控制的程度。但有些时候，当孩子能够用自己的调节技能取得进展的时候，父母的干预也许只需要稍微引导，这样反而能促进孩子获得掌控感。

本案例中，本面对哥哥的捉弄，向妈妈求助。妈妈认为只需要稍微干预一下，本就能自己处理好和哥哥的问题。

1. 当哥哥乔向本的食物靠近的时候，本警惕地看着他。

2. 本的担心是对的，乔开始舔本碗里的食物。

3. 乔认为这是个有趣的玩笑，但本却不这样认为，他清楚地向妈妈表达自己的感受。妈妈很快对乔稍微警告了一下。

4. 乔又有了新的玩法，这次他把本的碗拿走了⋯⋯

5. ⋯⋯然后，拿着碗舔个够。

6. 本又一次向妈妈求助。

7. 看着自己的食物快被吃完了，本似乎没有特别不安，所以妈妈的干预只是再一次警告乔。

8. 可能是感受到妈妈的帮助和支持，本自己伸手直接向哥哥要，很好地控制了自己的情绪。

9. 有效果——乔把碗还给了本，于是一个困境迎刃而解了。

鼓励一起愉快地游戏和合作

在婴幼儿行为调节和与他人合作能力的研究中，令人印象最深的发现之一是，这些能力与平常的亲子互动的质量有着紧密的联系。从 9 ~ 10 月龄开始，除了寻求他人的回应来指导自己，婴幼儿还能明显地意识到他人的行动和意图，他通常会热衷于参与正在进行的事情，愿意和他人分享自己的体验。如果父母能热情地邀请孩子一起参与活动（以一种让孩子感觉一起做事很有趣的方式），孩子就更有可能变得合作，总体上表现出自愿顺从，接受父母的安排（见案例 3.15 和 3.16）。实现这一目的的关键在于，给孩子一些他能做到的小任务，并且表扬他、感谢他。

案例 3.15

合作与分享

伊莎贝尔，9 月龄。从 9 ~ 10 月龄开始，婴儿变得热衷于和他人一起做事情，并且开始以一种合作的方式进行分享。他们这方面的能力很大程度上和与父母互动的质量相关。

本案例中，妈妈在整理要洗的衣物，她找到一个可以让伊莎贝尔愉快地帮忙的方法。

1. 伊莎贝尔的妈妈拿起一只袜子问伊莎贝尔，她是不是该把这只袜子放到洗衣机里去洗。

2. 下一个是一条毯子，妈妈让伊莎贝尔参与正在发生的事情……

3. ……妈妈向伊莎贝尔演示怎么将衣物放进洗衣机，伊莎贝尔全神贯注地看着。

4. 伊莎贝尔很快就决定自己要参与到行动中……

5. ……她径直爬向洗衣机，看看衣物都放到哪儿了。

6. 伊莎贝尔转身接过妈妈递给她的另外一件要洗的衣物……

（续）

7.……伊莎贝尔自己站起来，以便能将衣物放进去。

8. 然后，伊莎贝尔又转身接别的衣物……

9.……又一次帮妈妈把衣物放进洗衣机，伊莎贝尔很开心自己能承担积极的角色。

案例 3.16

合作与乐于助人

马克斯，19 月龄。从至少 1 岁开始，婴幼儿不仅能和他人一起进行活动，他还能意识到他人可能的需求，积极地想帮助别人。马克斯和家人一起度假，这使他有机会和爸爸长时间相处。他热切地想参与能和爸爸一起完成的活动，很想帮爸爸的忙。

本案例中，马克斯的爸爸给儿子布置了简单的园艺任务，并且帮助儿子承担积极的角色，清楚地向他解释过程中的每一步，这样马克斯就能够理解自己的行为与每一步之间的关联，以及它们在植物成长的整个过程中的作用。

1. 马克斯的爸爸解释，植物有些缺水，所以他们需要把喷水壶装满，然后给植物浇水。

2. 现在马克斯想知道水壶里有多少水，于是伸出手。

3. 爸爸把他抱起来看——壶几乎是满的。

4. 接下来马克斯帮助爸爸一起把水拎到菜地去。

（续）

5. 爸爸帮马克斯把水壶倾斜到合适的角度……

6. ……马克斯热切地承担起给植物浇水的任务，小心而专注，爸爸在帮助他。

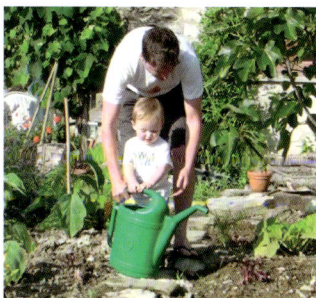

7. 两人轮流浇水，马克斯特别喜欢做一些有帮助的事情以及有明确目标的事情。

令人惊讶的是，即使是在孩子面临挑战，需要做他不愿意做的事情时，父母温和的态度、灵活的处理方式以及幽默感都能扭转困境，充分发挥出孩子合作的天性（见案例 3.17）。这一研究发现和对年龄大一些的儿童的研究是一致的。研究表明，如果父母温和而积极的回应，避免用强迫和施压的控制方法，那么儿童积极合作的可能性要大得多。

案例 3.17

将抗拒转变为合作

艾丽斯，14 月龄。在孩子出生第二年，他们常常会变得任性、有主见，所以对父母来说要让他们做违背自己意愿的事情会是一个真正的挑战。但为了防止行为问题的发展，父母还是要坚持原则，不能因为孩子生气或发脾气而屈服，如何恰当地做到这一点很重要。如果父母能够灵活地做出回应，也许就能使用游戏的方式引导其合作，孩子通常也会愿意配合父母的安排，接受他们的规则和价值观。

本案例中我们看到艾丽斯和妈妈之间发生的一个插曲。艾丽斯一开始很抗拒妈妈给她刷牙。妈妈通过巧妙的调整，运用游戏和幽默，成功地和女儿达成了合作。

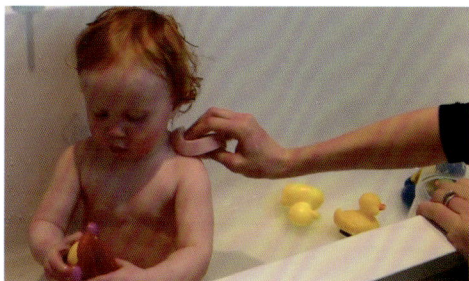

1. 艾丽斯惬意地在澡盆里玩玩具，很享受妈妈给她洗澡。

（续）

2. 但当她看到自己牙刷的时候，马上抗拒地转过身体……

3. ……而且迅速升级为哭闹。妈妈暂时停下来，没有强迫她刷牙……

4. ……妈妈拿沐浴玩具把水喷到艾丽斯拿着的纱巾上，用这个方法安抚哭闹的女儿。

5. 艾丽斯对这个游戏给予了回应，马上用纱巾把自己的脸遮起来，同时又能看到妈妈。

6. 当艾丽斯放下纱巾露出自己的脸时，妈妈和艾丽斯相视而笑——良好的关系已经恢复。

7. 妈妈利用这个好时机，在艾丽斯又把脸遮起来的时候，重新拿出牙刷——她知道女儿在看，妈妈没有再次对女儿提出刷牙的要求，而只是假装很享受地在刷牙。

8. 艾丽斯感到好奇，放下手中的纱巾看着妈妈。

9. 当妈妈继续假装刷牙的时候，艾丽斯觉得很有趣。

10. 现在她很高兴妈妈把牙刷递给她，在讲述刷牙方法的过程中，母女二人一直保持着目光接触。

11. 刷牙的时候艾丽斯很配合。

12. 很快她想自己刷牙，妈妈也乐于让她试一试。

13. 艾丽斯刷牙时很认真，并且向妈妈展示她怎样漱口的。

（续）

14. 开始时顽强抵抗的事情现在变成十分有趣的游戏……

15. ……然后当妈妈建议她再刷一次时，艾丽斯积极地合作，并把牙刷递过来。

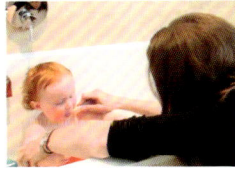

16. 妈妈给艾丽斯刷牙的时候，艾丽斯很有耐心地配合。

17. 现在刷牙的任务已经完成，两人又继续玩躲藏游戏。

讲道理

随着孩子语言理解能力的发展，父母逐渐能够通过交流帮助他调节行为和感受，尤其是谈论为什么有些行为好、有些行为不好（见案例 3.18）以及面对挑战时的感受。

案例 3.18

通过讲道理和设定界限来制止"淘气"

本，17 月龄。早餐的时候，本被哥哥滑稽的动作吸引，但他还不清楚什么样的行为是可以接受的，什么样的是不可以接受的。所以当他试图自己进行一个搞笑的表演时，他越过了界限，而爸爸明确的解释以及温和却坚定的处理方式让他明白了哪些是可以接受的行为。

1. 哥哥乔在吃早餐的时候和爸爸逗乐，本饶有兴趣地在一旁看着。

2. 本大概也想逗乐——不管出于什么原因，他举起杯子，喝了一大口果汁……

3. ……然后他向着爸爸展示他能把果汁喷多远。

4. 不能鼓励这种行为，爸爸想让儿子知道，他不觉得本的行为有趣，而且现在本的运动衫被弄湿了。

（续）

5. 本看着自己的湿衣服，似乎对刚才发生的事情很感兴趣……

6. ……于是他把杯子倾斜准备倒出更多果汁。爸爸伸手制止了这种做法，爸爸说，如果本继续这么做，那么就要拿走杯子。

7. 爸爸继续告诉本，把衣服弄得黏糊糊的是不对的，本面色平静地听着。

8. 本要拿回杯子，爸爸告诉本，拿到水杯后要好好地用杯子。

9. 本似乎懂了，于是爸爸把杯子递给他。

10. 本好好地喝果汁，抬头向爸爸确认。

11. 爸爸注意到他乖乖地喝果汁，表扬他……

12. ……然后本把杯子拿开，向爸爸展示他把嘴巴闭得很紧，一点儿都没有洒，爸爸继续热情地表扬他。

在第四章的最后一部分我们将会讲到（见案例4.35艾丽斯和面部表情的书），当父母和孩子一起思考画册中人物的感受和动机时，这样的谈话会显得特别轻松，而一般关于情感以及人们行为目的的讨论也能帮助孩子更好地理解他人的体验，可以让他在游戏中能更好地关注他人的感受。实际上，无论是自然发生的交谈，还是被称为"讲述"的特定类型的交谈（有开头、中间和结尾的故事，在事件和经历中贯穿清晰的联系），都是父母将孩子情感和行为社会化、传递家庭及更广阔人群价值观的主要方法。如果能先发制人——也就是在要求孩子做他可能不愿意做的事情（比如让他们收拾玩具或穿衣服）之前，和有语言理解能力的婴幼儿讲道理会更有效果，而且还会降低引发对抗和冲突的风险。

婴幼儿入睡时的自我调节

婴幼儿在管理自己状态和困难情绪方面经常受到挑战的领域常常与睡眠相关。睡眠"问题"是父母向专业人士最常咨询的问题之一，因为孩子通常很难安静下来入睡，无论是他刚刚被放到床上的时候，还是晚上他周期性地从睡眠中醒过来之后。最初几个月中孩子入睡困难是非常常见的，这本身似乎不会造成后续问题。但持续到婴幼儿后期的明显睡眠问题就要引起重视，因为这不仅会给父母造成压力，还可能与儿童时期的各种问题相关联，包括较差的认知功能以及行为问题。

虽然每个孩子避免刺激、从一个状态切换到另一个状态的能力不同，但父母哄孩子睡觉的方式也是影响孩子睡眠模式的重要因素。在最初几周中，孩子通常在吃完奶被放到床上的时候就已经睡着了。这意味着，这个时期在孩子睡眠方面，父母帮助孩子自我调节的空间有限。但随着孩子白天吃完奶后清醒的时间逐渐延长，也为父母提供了更多的机会。有不少相关措施可以有效帮助孩子发展良好的睡眠自我调节能力，这些措施都涉及帮助孩子在入睡的体验和所处的环境之间建立联系。

首先，如果父母在孩子表现出疲倦信号时才开始让孩子睡觉，那么这对帮助孩子形成入睡习惯是很有用的；其次，在开始入睡之前，形成一种孩子喜欢的、固定的、安静的例行程序会很有帮助；最后，尤其重要的一点是，孩子自己入睡的能力在父母不积极参与的情况下才能得到更好地提升——父母的积极参与是指通过喂奶或者抱着摇晃的方式帮助孩子入睡。后面提到的这种情况，孩子很快就会将睡觉和入睡时发生的事情相联系，所以，如果他习惯了父母抱着他睡，那么将来睡觉时他就需要这样才能入睡。因此，父母不要积极地参与，最好的帮助是观察孩子自我调节的信号，然后给予帮助。如果孩子在观看一些视觉图形的时候会变得平静，那么可以给他一些让他在小床上看，或者如果孩子含着自己的手可以得到安抚，那就让孩子睡觉的时候可以轻松把手伸到嘴边（《社会化的婴儿》中对此有进一步讲述）。虽然每天围绕入睡的日常互动会根据孩子的状态有所变化（比如孩子感到不舒服的时候可能需要更多帮助），但是如果父母能够在最初6个月中形成孩子睡眠的一般模式，睡眠问题就不大可能出现（见案例3.19～3.22，其中展示了同一个孩子2～14月龄的睡眠模式形成过程）。

案例 3.19

入睡 1

艾丽斯，8 周。当孩子开始疲倦的时候，父母应营造一个安静的入睡环境，提供让孩子运用自我调节能力的机会，避免过多的积极参与（比如抱着或者摇晃孩子），这些都有助于培养孩子自我安抚的能力，既包括晚上刚被放到床上的时候，也包括半夜孩子从睡眠中醒过来的时候。这一次，艾丽斯仅仅用了几分钟，就平静下来了。

1. 艾丽斯已经吃过奶，换过尿片，她有些累了，所以妈妈开始进行把艾丽斯放到她的摇篮前的例行程序：先用一个毯子松松地把她包裹起来，并把她的小手放在她的下巴附近。

2. 妈妈为艾丽斯唱歌，轻轻地拍着来安抚她，让她能够平静下来……

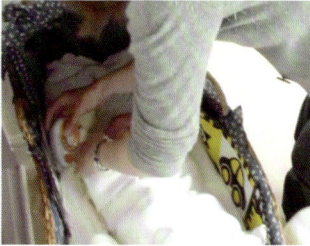

3. ……然后轻轻地把她仰放在摇篮里。

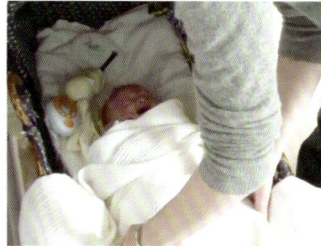

4. 艾丽斯开始哼哼唧唧，妈妈将一个棉质的毯子紧紧地塞在她身体的两侧，然后用简短的话来安抚她。妈妈觉得艾丽斯也许能够自己平静下来，所以没有继续安抚她。

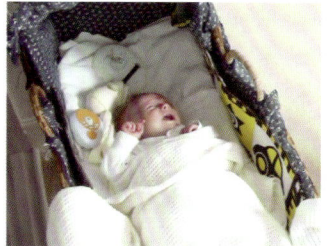

5. 妈妈离开后，艾丽斯又哭闹了几声，但是她不是特别烦躁，哭闹也没有持续很久。

6. 她的哭声逐渐减弱，动作也更加轻微，然后她开始四处看。

7. 现在艾丽斯发现了自己的拇指，她含着拇指安抚自己。

8. 她很快就睡着了。

案例 3.20

入睡 2

艾丽斯，14 周。帮助孩子在睡觉时形成良好的自我调节能力并不像钟表那样机械，父母需要根据孩子的状态和情绪的变化灵活应对。虽然在过去的几周中，艾丽斯已经能够含着自己的拇指自行入睡，但不是每个晚上都能这么轻松。这一次，艾丽斯开始时很烦躁，所以妈妈需要来安抚她，给予她的帮助比过去一周给予的还多。

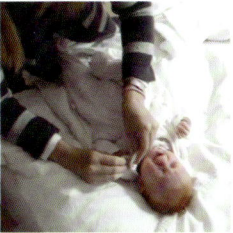

1. 这个晚上艾丽斯过得不是很轻松，当妈妈准备让她睡觉的时候，她变得烦躁不安。

2. 妈妈花了一些时间来安抚艾丽斯，抱着她摇晃，直到她平静下来。

3. 一旦妈妈把她放到摇篮里，她就又开始不安了。

4. 妈妈把她的毯子牢牢掖好……

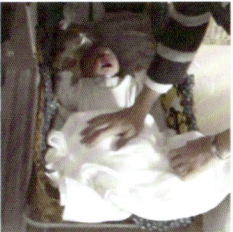

5. ……并给她揉了一会儿肚子。

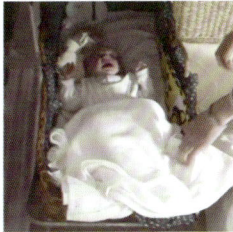

6. 这时艾丽斯还在哭闹，根据经验，妈妈知道有时候她能自己恢复，所以就暂时离开看看会怎么样。

7. 但艾丽斯仍然烦躁不安，不是短时间就能平静下来的样子……

8. ……所以妈妈回来了。妈妈没有把艾丽斯从摇篮抱出来，而是轻轻地抚摸着女儿来安抚她。

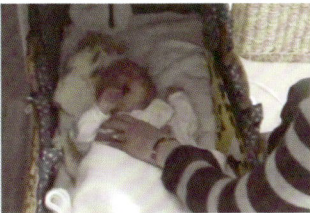

9. 在妈妈不断温柔安抚下，艾丽斯把手伸到嘴边。

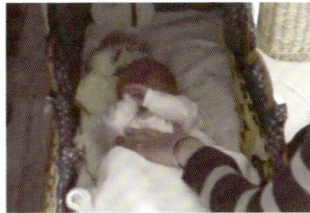

10. 很快，艾丽斯成功地含到了她的大拇指。

11. 艾丽斯表现出开始平静下来的信号，妈妈再次离开，但接下来艾丽斯拿开了小拳头，她又哭了起来。

（续）

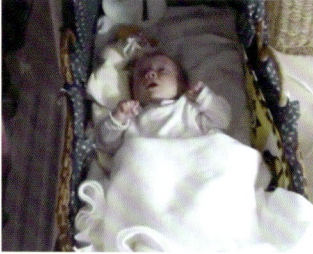

12. 这一次艾丽斯烦躁的时间不长，接着她又向四周看了一小会儿……

13. ……揉揉眼睛……

14. ……又向四周看看，现在又把手含在嘴里。

15. 艾丽斯最后哼唧了几下……

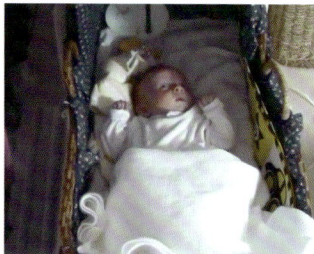

16. ……然后又平静下来……

17. ……最后她终于平静下来睡着了。

案例 3.21

入睡 3

艾丽斯，12 月龄。在父母和孩子分开睡觉的国家，孩子通常会对柔软的玩具或毯子产生依恋，将其作为安抚物（见第二章，第 123 页婴幼儿对物品依恋的内容）。本案例中，艾丽斯睡觉的摇篮以前是放在爸爸妈妈的房间，而现在被移到了她自己的卧室。现在，艾丽斯睡在自己的小床上，而且是在非常昏暗的光线下入睡（这一组以及下一组图片是用红外摄像机拍摄的）。几个月来，艾丽斯的妈妈一直把艾丽斯喜欢的一个毛绒玩具放在小床上，艾丽斯常常主动用它来帮助自己入睡。

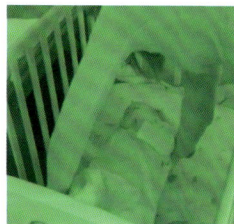

1. 根据例行程序，先是看绘本，然后是喝奶，现在妈妈让艾丽斯仰面躺着，准备睡觉。

2. 妈妈把艾丽斯的毛绒玩具拿给她……

（续）

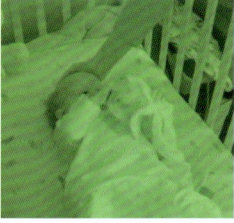 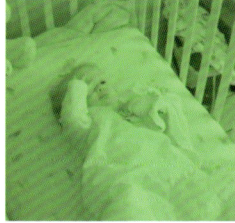 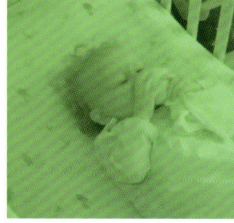 

3.……妈妈抚摸着艾丽斯的头，过了一会儿，妈妈说"晚安"。

4. 艾丽斯揉揉眼睛，妈妈离开的时候艾丽斯撅起了嘴巴。

5. 哼唧了一会儿，艾丽斯把玩具靠近自己的脸……

6.……然后又哼唧了一会儿，同时还是抱着她的玩具。

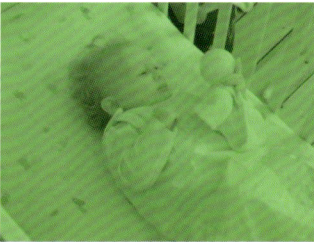 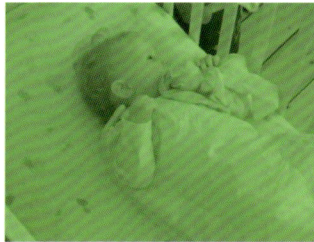 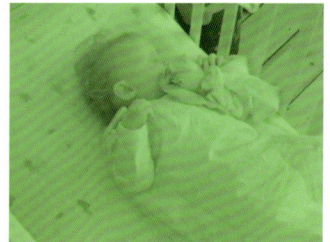

7. 她看着自己的玩具，很快就平静了下来……

8.……她抱着玩具，有些困了。

9. 她很快睡着了。

案例 3.22

入睡 4

　　艾丽斯，14 月龄。现在，艾丽斯已经完全熟悉了睡前的流程，在艾丽斯还很清醒的时候就把她放到自己的小床上——她会自娱自乐一会儿，然后在自己喜欢的毛绒玩具陪伴下，没有任何困难地入睡。

1. 艾丽斯和妈妈一起看了一些绘本，现在进行入睡流程的下一步——喝奶。

2. 妈妈把她放在小床上，抚摸着她说"晚安"。

3. 几秒钟之后，艾丽斯坐起来，看着妈妈离开。

（续）

4. 她还非常清醒，转身拿起玩具。

5. 然后她高兴地玩起了玩具……

6. ……特别喜欢这个毛绒玩具。

7. 她开心地玩着，拿着它上下摇晃……

8. ……用它盖住自己的脸。

9. 玩了一会儿，艾丽斯躺下来，玩具就放在她的身边，然后她很容易就睡着了。

值得注意的是，如果在入睡困难出现之初就采用这些方法，那么孩子偶尔出现的不安和难过不会持续很长时间。相反，如果问题已经出现，孩子已经形成需要父母积极干预才能入睡的习惯，那么孩子出现的不安和难过很可能会更严重一些。那些让孩子逐渐脱离父母干预的各种方法虽然有效（如通过"哭声免疫法"，也就是采取对孩子的哭泣不予理睬的方式来"消灭"这种行为，或者通过"法伯法"，也就是对孩子哭泣不予理睬的时间逐渐延长，或者采用其他代替的方法），但这些做法对父母和孩子来说都很难受，如果没有足够的支持，很难坚持下去。有些方法还存在伦理方面的质疑：能否接受放任孩子哭泣而不予理睬，以及这样的体验是否会增加孩子形成不安全依恋的风险（见第二章第 77 页，不安全型依恋。）

总而言之，既然孕期或者孩子例行的早期体检过程中提供给父母的教育课程既不贵又有效，那么我们对待这类问题应当以预防为主。

可能造成婴幼儿调节困难的因素

育儿过程的困难

有些情况下——常常是父母自己无能为力的情况下——父母无法帮助孩子，那么对婴幼儿来说，他就更难建立起良好的自我调节能力。在早期的亲子互动中，有 2 种问题模式得到了广泛的研究，一种是逃避型，另一种是侵扰型。这两种模式的互动常常出现在环境较为恶劣的境况下，如果父母问题缠身，或者有严重或长期抑郁，就很难注意到孩子的信号并对其作出回应。还有研究较少的第三种模式，这种模式是一种过度保护或不鼓励（也不是真正的反对和阻止）的方式，当父母极度焦虑的情况下会出现这种互动模式，而他们的恐惧和担忧也会妨碍正常的反应模式。

逃避型 这种模式中，父母与孩子日常互动的行为就是之前"静止脸"实验中描述的那种（见第 129 页），也就是对于孩子发出的信号，父母没有回应，甚至没有注意到，他们只顾自己的感受或者采取逃避的态度。面对这种长期缺少联系的情况，孩子难以继续努力去争取父母参与互动或调节自己的状态和行为，他可能也会变得压抑，并且逃避社会联系。这种模式持续几个月之后，孩子可能会变得更难参与互动，而且和父母一起进行那种能培养合作与自我调节能力的有趣活动的时间也很少（甚至没有）了。

侵扰型 当父母发现自己处于不利的环境中或者感到抑郁时，他们常常会变得烦躁、易怒，再加上对现状的失控感，就会形成侵扰型互动模式。所以，如果成人没有意识到，婴幼儿为了调节自己的状态需要暂停一会儿（见第 132 页），他们就会在孩子还没有准备好的情况下强迫孩子和自己交流；或者，如果成人没有意识到孩子的社交信号，他们可能就会用更强烈的刺激覆盖这些信号。在这些强迫性的交流中，成人强加于孩子身上的行为会让孩子不知所措，从而可能被推向一种更失调的状态。如果这种交流模式反复、频繁地出现，婴幼儿处理自己难受情绪和体验的能力就会削弱，反应也会变得难以调节，更加让父母无法处理，从而矛盾冲突也会更频繁地出现。

焦虑、过度保护型 如果父母处在高度焦虑中，再加上因为忧心忡忡，有时会忽略孩子的信号，那么他们可能就会将焦虑集中在孩子身上，对孩子应对一般挑战的能力

感到担忧，将孩子想象得过于弱小。这种情况下，父母很难给予孩子自我调节的机会，反而觉得孩子需要保护或者避免孩子经历困难。这样的话，如果有的孩子天生高度活跃但又受到抑制，这些心怀好意的父母实际上可能是在阻止孩子去学习应对挑战。而且，随着婴幼儿社会性理解的提高，他对他人的情绪反应会变得更有意识，父母焦虑的表现可能也会影响孩子对环境的反应，从而使孩子也变得担忧害怕（如第 148 页中"视崖"实验中描述的那样）。不幸的是，恶性循环并不会到此为止，因为孩子日渐胆小和逃避挑战，这又会进一步强化父母的焦虑，觉得孩子更脆弱，他们可能会对孩子提供更多的保护。

个体差异和潜在的脆弱孩子

尽管调节感受、状态和行为能力的发展是所有孩子成长的一项任务，但对有些孩子来说似乎比别的孩子更难。所以，虽然绝大部分婴幼儿可以不用太费力就能克服其中一些正常的困难，而有些孩子早期的反应模式使他在自我调节方面可能更易存在长期问题，这些孩子尤其需要父母的帮助。有 2 种反应模式在孩子最初几个月中表现得比较明显，对此进行了大量的研究。第一种，小部分婴幼儿（大约为 15%）被描述为"易怒""脾气暴躁"或者"情绪消极"。这些婴幼儿似乎对刺激甚至很小的变化都高度敏感，而且对周围的变化反应迅速而强烈。例如，在最初几周中，这样的婴幼儿可能每次换尿片或洗澡脱衣服的时候都要哭，或者突然出现的声音也会让他受到惊吓，变得紧张不安；他也很难转换状态，醒了会哭或者很难入睡。最初几周中他可能比别的孩子哭得更

多，而且他们很难安抚自己（比如通过舔手）或被保姆安抚。总而言之，这些孩子似乎特别敏感——容易紧张不安并且自我调节能力较差。

第二种婴幼儿的人数也不多，他们的行为通常被称为"行为抑制"。在早期，也就是 3 ~ 4 个月的时候，孩子对周围环境比往常更加敏感，如果面对的刺激水平提高，他就会表现出高度的反应性，迅速激动地挥动四肢，甚至表现出紧张不安的情绪，好像他非常不舒服，觉得难以忍受。例如当孩子喜欢的悬挂玩具上添加了几块不同形状的东西，或者当重复的声音逐渐增大，或者气味越来越浓烈时，这样的反应就会出现。在 12 ~ 14 月龄，有抑制性行为的婴幼儿会比较谨慎，对新的体验比较警惕，尤其是对社交体验——他通常会逃避或完全避免社交。例如，在一个不熟悉的游戏室中，这种类型的婴幼儿更倾向于和父母待在一起，不愿意去玩身边有趣的玩具，如果有不认识的人靠近并邀请他一起游戏时，他会表现出明显的恐惧和逃避的信号。

这些早期的行为模式可能一定程度上反映了孩子遗传因素的影响，但是有 2 项研究表明，除非有重大的身体缺陷（如孩子患有胎儿酒精综合征），否则这些并非是不可避免，也并非一定会持续下去，并发展成长期的儿童问题。首先，对于"易怒"或"情绪消极"的行为，如果出现在新生儿或 3 个月内的孩子身上，会随着时间的推移自然解决，所以，如果孩子在早期比一般的孩子哭得多，这并不表示到 1 岁的时候他还会这样。其次，即使有些孩子到 1 岁左右的时候情绪上还是保持高度敏感，这是否会导致行为问题（如好斗、违抗或注意力缺陷多动症行为），似

乎还和孩子的养育环境密切相关。近期的研究表明，"情绪消极"的婴幼儿，如果其养育方式不敏感，出现这类行为问题的风险更大，但如果养育方式敏感，这类儿童实际上很有可能纠正得很好——甚至好于那些在早期发展中，有敏感的父母但没有高度情绪反应的孩子。研究还发现，如果父母遇到困难，但得到良好的帮助变得较为敏感，对情绪消极的婴幼儿来说，他极有可能从中获益，并发展良好。基于以上原因，我们不要觉得这些孩子特别脆弱，只关注他可能出现的负面结果，更好的方式是要认识到他是"敏感的"，因为这意味着他有可能从积极的体验中获益。

有趣的是，前面关于人类婴幼儿研究的结果同样出现在对猴子（恒河猴）的研究中。在猴子群落中，年幼的猴子也会出现有类似高度敏感的行为反应情况，当这种性情的猴孩子在缺乏良好照看的环境中长大，只是与身边其他幼猴一起抚养或由粗心大意的母猴抚养时，他出现类似人类儿童那样的行为问题的可能性就会大大增加。但是，如果同样的猴孩子由敏感的母猴抚养，他通常会比其他猴子的表现更好（例如，就他在猴子社会群落中所处的位置而言）。

至于第二种，行为抑制的孩子，通常认为是出现焦虑的高风险人群，特别是社交焦虑，一系列研究结果显示出极为相似的模式。首先，行为抑制在第一年中并非一直保持不变，所以虽然有的孩子在 3 ~ 4 月龄时，他面对复杂刺激时反应活跃，表现出不安难过的情绪，到 12 ~ 14 月龄时比别的孩子更有可能出现逃避或回避新鲜事物的情况，但并不是所有孩子都出现这种持续性——明显的恐惧和逃避行为在 1 岁之后才真正固定下来。其次，这样的行为是否真的有问题（也

就是说，孩子的恐惧和逃避发展到影响正常生活的程度，可以被认定为是焦虑症），这也极大地取决于他接受的养育方式，在父母能够敏感地根据孩子的反应方式进行调整的情况下，孩子也许能够发展得更好。

解决婴幼儿的问题行为

很明显，某些育儿方式以及某些婴幼儿的性格特质，尤其是当两者结合在一起时，可能会增加婴幼儿在自我调节方面出现问题的风险。如果到 2 岁末，这些问题变得明显、持续并且普遍（也就是这些情况出现在各种场合、和不同的人的接触中），那么它就会发展成更为严重的长期问题，所以解决这些问题（请注意，这种明显而普遍的问题和婴幼儿通常表现出来的独断、界限试探或者偶尔出现的恐惧行为不同，后者在早期发展中几乎是不可避免的，但在婴幼儿获得更多积极的自我调节策略后通常就减少）就变得非常重要。解决问题的首要原则是，即使问题模式已经非常顽固，也还是值得尝试前面提到的这些育儿辅助方法，因为在婴幼儿之前的发展中可能缺少这些方法。对反应迟钝、缺乏自控力或恐惧害怕的婴幼儿来说，这并不容易做到；但是，耐心地观察孩子在注意什么、做什么，并根据他给出的信号帮助他，表扬他的努力，即使是很小的社交信号也给予热情地回应，这样就能够逐渐建立起有益的联系，并提高孩子的能力。除了这些积极的措施，还需要尝试打破无益的互动模式。这里，我们把婴幼儿自我调节问题分为两类——"外化"问题（如攻击、愤怒以及违抗行为）和"内化"问题（如一般的害怕和极度的害羞）。

"外化"问题，包括攻击、愤怒以及违抗行为

在这种情况下，父母应该最大限度地减少下列习惯：粗暴的育儿方式、体罚、疏于看管、前后要求不一致。当一个学步期儿童习惯性地表现出攻击性和违抗性行为时，通常的情况是父母已经陷入了与他的冲突循环中，这可能会使问题行为持续下去，甚至升级。打破这种恶性循环，建立积极的循环方式是关键目标。常见的一种恶性循环是，父母反复要求学步期儿童做什么事情，孩子反复拒绝，变得具有攻击性，而父母最终让步。这种模式助长了学步期儿童的攻击和违抗行为，因为从他的角度来看，这种方式成功地让父母停止了要求。一位出色的研究者帕特森是这样说的，如果父母一定要卷入冲突之中，那么"他们务必每次都要取胜"。这不是说父母需要通过强制手段将自己的意愿强加于孩子身上，因为严厉粗暴的管教或使用体罚本身就可能激起孩子更强烈的愤怒与痛苦。相反，父母应该找到其他的方式避开孩子的对抗，但同时又能得到期望的结果。这种育儿方式常常被称为"权威型"而不是粗暴的"专制型"，它需要父母既有温暖的关怀又有坚定的立场。一些有效的方法能够借鉴，可以先发制人讲道理，让孩子提前做好准备（见第 159 页），还可以找到一些转移注意力的方法避开对抗，比如通过游戏、娱乐或者安抚，或者仅仅是换个环境，直到孩子处于更好的状态来处理要求他做的事情（见案例 3.17、3.23 和 3.24）。总之，如果对孩子目前的行为问题无法有效解决，那么父母至少要保持对孩子本身的关心以及疼爱，这会有助于缓解孩子的怒气。

案例 3.23

应对违抗行为 1

　　本，17 月龄。解决亲子冲突的习惯性方式是预测孩子将来自我调节能力的重要因素。如果冲突升级后父母粗暴地强迫孩子或者体罚孩子，或者父母行为前后不一致，最终作出让步，孩子就更可能出现行为问题。相反，如果父母跟孩子讲道理，找到灵活的解决方法，或转移其注意力，同时仍然温暖而亲切的对孩子，这都能有效地缓解孩子的怒气和对抗性行为。

1. 本的屁股很疼，他急需换尿片，但他不愿意妈妈给他换尿片。

2. 妈妈把他带到换尿片的地方，告诉他必须换尿片才能舒服一些。

3. 和他讲道理似乎起到了一点儿作用……

4. ……所以妈妈轻轻地把他放到垫子上。

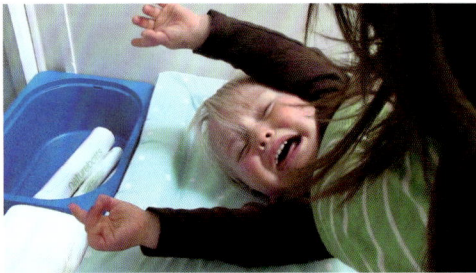

5. 但本又大声哭闹起来……

6. ……所以，妈妈只好换一种新的方法来换尿片。妈妈把他抱起来，同时把他的裤子往下脱。

（续）

7. 妈妈紧紧地抱着本，成功地把他的裤子脱掉。

8. 然后妈妈转向垫子，同时把本的注意力转移到垫子上方悬挂的玩具上。

9. 在本伸手去抓悬挂的玩具时，妈妈稳稳地抱着他。本已经停止了哭闹，现在正全神贯注地让玩具转起来。

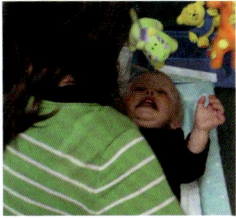

10. 等本完全平静下来，妈妈再一次把本放到垫子上。本躺在垫子上继续开心地看着旋转的玩具。

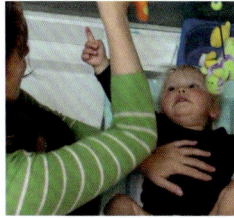

11. 本指向其中的一个玩具，妈妈明白了本的意思，伸手抓住了这个玩具……

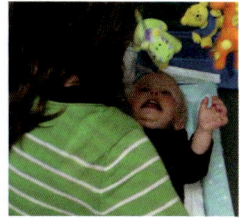

12. ……并把它拉到本能够到的地方。

13. 现在本开心地玩着自己喜欢的玩具，这时妈妈顺利地给本换了尿片，而本几乎没有注意到。

案例 3.24

应对违抗行为 2

　　艾丽斯，18 月龄。有些情况下，孩子的行为让父母为难，父母提出灵活、有创意或者转移注意力的解决方案的可能性很有限。但是，如果父母能够既亲切又坚定地给予孩子其他方式的安抚，也能帮助孩子克服挫折和缓解愤怒，让孩子更乐意合作。

1. 艾丽斯和妈妈完成了大学里的实验，她们要抓紧时间去赴一个约会。而艾丽斯则想继续推着她的玩具车在停车场转来转去，她不理会妈妈的解释，抗拒妈妈引导她离开。

2. 妈妈把她抱起来，坚定而亲切地和她说话，同时确保她拿着特别喜欢的毛绒玩具。

（续）

3. 艾丽斯很不情愿和自己的玩具车分开。

4. 妈妈轻轻地把艾丽斯放在汽车安全座椅上，并且告诉她，等到达目的地后，她还可以玩玩具车。

5. 艾丽斯很不舍地看着她的玩具车，但当妈妈帮她扣安全带时，她平静了下来。

6. 妈妈把艾丽斯固定好后，艾丽斯握着自己的毛绒玩具，若有所思地看着它。

7. 现在玩具车已经收起来了，妈妈弯腰过来拍拍女儿的头，表扬她坐得很好。

8. 妈妈把泰迪熊递给艾丽斯，艾丽斯看到它很高兴。

9. 她紧紧地抱着两个玩具，已经完全从不良的情绪中恢复过来。

第二种，也是较为不常见的一种恶性循环，是父母的表现前后不一致：孩子开始索要一些东西，遭到父母的拒绝，于是孩子重复自己的要求，然后父母做出让步。这样的模式又会进一步强化孩子消极的行为。就像第一种模式那样，父母和孩子针锋相对，将自己的意愿强加于孩子身上，这从长远来说对孩子的发展是不利的。对于这种由父母激发的矛盾，采用灵活却有权威的方法来达成解决方案（包括协商和折中）会更有帮助。

虽然在解决矛盾的过程中避免上面描述的这种前后不一致行为很重要，但值得注意的是，对于孩子的行为，父母的表现通常并不总是前后一致的。父母什么时候回应，怎么回应，依赖于当时的情境。实际上，孩子理解自己体验的特定背景的能力日渐增强，如果遵守规则会有好的结果（比如，生日派对上允许狂欢打闹，而睡觉前却不能这样），这将有助于孩子更好地理解行为背后的逻辑。

"内化"问题，包括一般的害怕和极度的害羞

对存在"内化"问题的婴幼儿，父母需要尽力克服的习惯是过度保护、缺乏鼓励以及过度焦虑。当孩子已经出现明显的害怕或担忧以及抑制或害羞的行为时，父母希望减轻孩子紧张不安的心情是可以理解的，因此他们可能会变得过度保护。当孩子面临这些挑战时，存在这类问题的孩子的父母可能会觉得很难对孩子保持积极的态度，进行亲切的鼓励。如果父母自身焦虑的话，这些问题则更有可能出现。焦虑的父母似乎对孩子哪怕是最轻微的紧张不安的迹象都特别敏感——他们可能把挑战的威胁性想象得过大，把孩子所经历的想象为一场与事实差距很大的斗争。综合各方面因素来说，这些不同的过程会固化成恶性循环，就和"外化"问题一样。在"内化"问题中，父母担心孩子无法应对，于是插手来代替孩子处理出现的任何问题，从而让孩子失去了自己解决问题的机会，并且强化了孩子觉得自己弱小的意识。缺乏热情或积极的鼓励以及流露出的任何焦虑都可能增加孩子的不自信，让孩子不愿意直面潜在的挑战。对于那些本身不焦虑的父母，一旦我们向他们说明之后，他们会觉得打破这个循环相对简单一些。他们会发现孩子有着比自己想象中更大的潜力来处理事情，他们不再参与，而只是观望和鼓励。（研究发现，父母借鉴自助手册，采用其中的方法，再加上医疗专业人员的指导，能有效降低7 ~ 12岁儿童的焦虑。）而焦虑的父母则可能需要更多的帮助才能打破这样的恶性循环，除了解决育儿问题外，还包括降低自己的焦虑。

小　结

在出生后的前2年，婴幼儿在控制情绪和行为方面都有巨大的进步，在每一方面，父母都可以起到关键性的作用。通常包括支持孩子的自我调节发展倾向，为孩子提供安全、亲切的环境，让孩子获得成功处理轻度挑战的体验。在早期发展中，对孩子调节能力的帮助常常是通过和他的身体接触来实现的，为孩子提供可以预料的固定的做事流程以及在做事的方法上保持一致性也是有帮助的；但随着孩子认知能力和社会理解能力的发展，父母可以通过讲道理和协商的方式进一步帮助孩子。婴幼儿天生愿意和他人分享自己的体验，所以，强化孩子长期合作和自我调节发展倾向的关键方法是以一种愉快的方式帮助他参与共同活动。

虽然婴幼儿应对和调节自身体验的难易程度因人而异，但早期的困难并非一定会持续存在并发展成问题行为，这是可以避免的。实际上支持型父母能够帮助敏感的孩子发展得很好。而且，即使问题行为模式已经出现，无论是外化的（例如攻击行为）还是内化的（例如焦虑行为），在早期都有很多措施来帮助孩子更好地应对自己的体验。

伊莎贝尔说出她人生中的第一个词
"doh"（dog，狗）。

第四章　认知发展

"认知"这个词涵盖了与一般智力相关的各种技能，包括注意力、感知力、推理能力、学习能力以及语言技能。对婴儿来说，行为和运动技能也是认知发展的重要组成部分。研究认知功能的心理学家通常对相关的大脑过程以及它们如何受到体验（包括社交互动）的影响感兴趣。虽然婴幼儿为自己提供的体验有助于其认知技能的发展，但那些发生在社交互动中的经验也以其独特的方式帮助和丰富了婴幼儿的认知发展。

发展中的大脑

当婴儿出生时，他的大脑已经发育良好，几乎拥有了所有的脑细胞或神经元——大约1 000亿个。所以，婴儿出生后的主要变化不在于神经细胞的数量，而是与"连接"相关，即神经细胞之间相互连接的网络。这种连接的形成速度非常快，超过80%都发生在孩子2岁之内。大脑的大部分发育结构以及细胞间的分支和连接点（称为突触）的生长方式都依赖于遗传。例如，眼睛后部的视网膜细胞，就是为将信号传输到脑后部的视觉区域所设置的。但细胞和它们之间的连接的激活对大脑发育具有重要影响：经常被激活的细胞和连接就会变得更强而存活下来，而那些没有被激活的细胞就会被清除。实际上，就像早期大脑发展的关键部分——神经

连接的快速形成一样，最初产生的脑细胞中有高达50% ~ 70%会在出生后凋亡。在这一发展过程中，脑细胞和它们之间的连接根据激活情况而发展或凋亡，这意味着婴幼儿的体验实质上对大脑的塑造和微调，以及由此产生的相关认知过程是极其重要的。

经历的影响

很多揭示经历如何影响大脑发展的研究都使用有相同的基因背景、但生长环境不同的动物来进行实验。有些研究着眼于这些动物在不同环境中普遍存在的影响，如刺激水平的影响。例如，在自然环境刺激中长大的大鼠，不仅认知水平更高、更擅于穿过迷宫找到食物，而且它们的大脑也比最少刺激的环境中长大的大鼠更发达。对大鼠的研究也表明养育方式是如何影响大脑和认知发展的。例如，经常被雌鼠舔毛和梳理的幼鼠在有关空间记忆的大脑区域（海马区）有更多突触，和其他小白鼠相比它们也更擅长穿越迷宫。令人印象深刻的是，这反映的不只是两组大鼠之间遗传的差异，因为，低刺激雌鼠生下的幼鼠从妈妈身边移走，由更频繁给幼鼠舔毛和梳理的雌鼠哺育和照看，幼鼠大脑的发育和自身行为都会明显更好。

经历的时机和环境刺激对大脑发展的某些方面也是有影响的。如果一只幼猫从小就阻止它使用其中一只眼睛，那么这只眼睛

细胞间以及幼猫大脑视觉区域的普通连接就不会发育，所以实际上这只眼睛是瞎的。重要的是，幼猫的大脑发育也随着这种情况进行调整，并进行补偿，眼睛和大脑之间的细胞连接都转移到能接收视觉刺激的那只眼睛上，所以幼猫仍然能够看到东西。这样的研究发现对于了解人类婴幼儿视力非常重要。例如，患有先天性白内障的婴幼儿，如果想要在手术后视力有所提升，那么在手术后不久就要视物。如果给予了这样的刺激，神经活动在几小时内就能被触发，那么对视觉的某些方面来说，其功能可接近正常水平。

总而言之，通过对动物以及某些临床问题的研究，我们发现正常婴幼儿的大脑和认知的发展不是简单的自然生长，而可能受到其经历的性质和时机的复杂影响。因此，关键问题是，什么样的经历是重要的，它们如何影响婴幼儿的发展和学习，以及照看者怎样能更好地帮助婴幼儿获得这些经历。

认知发展的构成要素

婴幼儿自身的活动和察觉能力

婴幼儿所处的环境，尤其是他的社会关系，对其认知发展起着关键作用，但婴幼儿自身也在其发展中发挥着积极推动的作用，实际上，他不断向前发展的动机常常使他放弃已经掌握的技能，而继续学习新的技能，即使在开始时，使用这些新的技能需要付出更多的努力，从效率上来看并不划算——婴幼儿放弃爬而选择走就是一个例子。尤其是在最初的几周，当父母开始了解自己的孩子时，他们如果能够更多地理解孩子的活动和感知，以及这些对孩子认知发展的积极贡献，那会很有帮助。

婴幼儿活动和感知的某些特征与其认知发展息息相关。首先，从一开始，孩子很多重要的动作源于他对周围环境有目的的、灵活的感知，而不是简单、机械的反射。最近有一项研究通过超声技术发现 14 ~ 18 周孕期双胞胎出现了有目的的行为。此外，在新生儿阶段，婴儿能迅速根据环境调整自己的行为，比如，当他学会预测乳汁的流量后会改变自己的吮吸方式，或者即使无法拿到也会将手伸向自己感兴趣的物体；其次，婴幼儿会发现自己的行为和周围发生的事情之间的联系并感到好奇，即使是年龄小一些的婴儿也能发现这样的联系，并调整自己的行为来控制事件。我们从实验中可以看到，巧妙放置的奶嘴会使孩子在吮吸时发出和吮吸妈妈乳房相似的声音，这促使新生儿会更频繁地吮吸奶嘴；2 月龄的婴儿就能学会用脚把头顶悬挂的玩具踢得动起来。这一本能会在孩子半岁以后变得尤为明显，到了这个时候，孩子经过不断地练习，已经完全沉迷于自己动作的成功和失败，会一遍又一遍积极地尝试，想发现自己的努力对周围环境有什么影响。婴幼儿早期行动的第三个主要方面是，他似乎想更多地了解自己的行为和不同感官之间的联系。例如，婴儿看起来热切地想知道动动手的感觉和看到手的移动之间的联系，所以，在黑暗的房间里，他会变换手的位置，让它一直处在一束移动的光线之中。尤其是 2 ~ 3 月龄的孩子会花很多时间专心致志地观察自己手的移动，这种行为被称为"身体的牙牙学语"。最后，婴幼儿具有惊人的计算能力，当他发现听到的语言的联系和规律时这一特点表现得更加明显，所以婴儿能在短短几个月内就对自己母语特定的模式、声音以及重音变得敏感（见文本框 E）。

E 婴幼儿的察觉和"计算"能力在语言中的运用

婴幼儿的某些学习能力被比喻成计算过程，在这个过程中，婴幼儿从周围的刺激中察觉到规律和模式，以及它们和自己活动的联系。对这些技能的研究很多是来自对婴幼儿语言发展的研究，其中一个主要的发现就是当婴幼儿在适应自己所处的特定语言环境时他的感知会迅速开始微调。在出生后最初几个月中，婴儿能够察觉到所有语言里不同的语音成分（也就是音素），能够识别出仅有几毫秒细微变化的不同的音。但到1岁末的时候，婴儿不再能识别出自己日常听不到的音素，而对日常听到的语言中的音素更加敏感。这一变化与神经网络的强化有关，神经网络对婴儿听到的语言规律进行编码，这个过程有时候被称为"神经系统的母语刻模"。有一个发现可以说是这方面的经典例子：在最初几个月中，全世界的婴儿都能听出"ra"和"la"之间的差别，但美国的婴儿能更多地接触到这两个音，于是对这两个音的差异变得更敏感；而日本的婴儿，他们的母语中只有其中一个音，没有另外一个音，这样他们就失去了分辨其差异的能力。

婴幼儿会对这种细微的差异越来越敏感，除此之外，这些像计算机一样的技能还能帮助婴幼儿发现他最常听到的语言的一般特征，如音素怎样组合起来构成大的单位，以及单词的哪些部分要重读。这种察觉能力对于婴幼儿将语流断成一个个的词很有帮助。例如，虽然在读"pret-ty-ba-by"的时候，每个音节间的停顿和速度都一样，但英语中"ty"接在"pret"后面的概率比放在"ba"前面的概率要大得多，觉察出这种可能性就使婴幼儿能正确地将其断为两个单词"pretty baby"。而且，在英语单词中，重音通常出现在两个音节中的第一个音节上——如单词"apple"或"orang"——学会这个规律又能帮助婴幼儿将听到的连贯语流断成单个的单词。（当然，也有例外。例如，如果处于英语环境的婴幼儿在一串单词中听到"guitar is"，一般的重音规则就会误导他把其分为"gui"和"taris"。实际上，通过研究婴幼儿的错误，心理学家能够了解婴幼儿处理听到的声音的方法。）令人惊讶的是，婴幼儿觉察到语音中的差异并使用它的概率特别大，只需将一些组合音不断重复地听上几分钟，8月龄的婴儿就能将其看成完整的单词。

活动如何帮助婴幼儿的认知发展

获得控制 婴幼儿天生的好奇心和对周围环境的积极参与从各方面都有助于他的认知发展。例如，随着孩子不断地练习自己的动作，并反复地调整以适应环境，他开始时笨拙而不连贯的动作会逐渐变得更流畅、更准确，从而他能做的事情越来越多，也获得了更多的控制权。"身体的牙牙学语"（如前文所述，这是婴儿在练习和观察自己的动作）现在尤其有用，可以加强视觉和触觉之间的大脑联系，因此孩子逐渐学会根据自己所看到的来精准地指导动作。实际上，如果动物（如恒河猴）在最初几周中没有将所看到的和所做的联系起来，那么它的手眼协调能力就会极大地受损。研究还表明，婴幼儿反复地将视觉和自己手移动的感觉对应起来能促进镜像神经元系统的发展，这对他理解他人动作并从中学习有着非常重要的辅助作用（更多关于镜像神经元的内容见第一章）。婴幼儿运动技能和控制能力的提高发生在全部的活动过程中，而给孩子喂食的方式，因为非常有规律且反复发生，所以非常清楚地展示了这一学习曲线（见案例 4.1 ~ 4.4，以及第 180 页文本框 F 更多关于喂食方面的具体描述）。

案例 4.1

喂食中运动技能的发展 1

即使在一小段喂饭的过程，孩子的运动技能也会变得更有组织性。

本案例中我们看到的是 5 月龄的洛蒂。妈妈第一次用勺子给她喂饭。刚开始妈妈把勺子伸过来的时候，洛蒂没有张开嘴的意识，但是在很短的时间内，在妈妈的鼓励下，洛蒂迅速地掌握了诀窍。

1. 当妈妈把第一勺饭伸向洛蒂的时候，洛蒂显然对此没有准备。她似乎对此很感兴趣，但没有马上张开嘴巴。

2. 妈妈把勺子放在洛蒂的嘴唇上，当洛蒂感到勺子触碰到自己的时候，她也把自己手里的勺子举到嘴边。

3. 洛蒂用舌头把食物从嘴里顶了出来，她还没办法把食物含在嘴里。她看起来正品尝着这种新的滋味。她的妈妈给她充分的时间让她体会这种新的感觉。

4. 洛蒂的妈妈示意，再来一勺。

（续）

5. 洛蒂想自己吃饭，她拿起勺子往嘴里送。

6. 她全神贯注地嚼着，妈妈则帮她扶稳勺子，让她自己享受这种新的体验。

7. 现在又一勺来了，洛蒂开始张开嘴巴迎接。

8. 又一次，洛蒂渴望自己控制，妈妈看到洛蒂试图把勺子放进嘴里，不过把勺子放到合适的位置挺难，勺子伸向了洛蒂的嘴角。

9. 这似乎让她有些不舒服，所以洛蒂的妈妈帮助她将勺子轻轻地放进嘴里。

10. 几勺之后，洛蒂能协调动作配合妈妈，她密切注视着勺子，期待地张开嘴巴。

11. 洛蒂还是想参与，她和妈妈一起握着勺子，现在她嘴巴张开的程度更合适了。

案例 4.2

喂食中运动技能的发展 2

10月龄的本现在对喂饭的流程已经很熟悉了，但他仍对尝试各种不同食物的质地很感兴趣。通过这样做，他能够越来越好地控制自己的动作，使动作变得更为精确。

1. 本现在正在享用手拿食物（便于用手拿取的食物），妈妈给了他一块香蕉。

（续）

2. 在吃之前，本把香蕉检查了一遍。妈妈坐在旁边，乐于让他去了解他的食物。

3. 本拿起这块香蕉，用手指捏住这块滑溜溜的东西。

4. 然后他吃了一点儿。

5. 本捏着剩下的香蕉，这种感觉让他觉得很神奇；妈妈鼓励他这种体验，也让他攥住这块香蕉。

6. 一小块香蕉掉在桌面上，本小心地试图捡起来，使用的是捏这个精细运动技能。

7. 然后，他开心地享用这一小块香蕉。

案例 4.3

喂食中运动技能的发展 3

在喂饭的过程中，婴幼儿会经历很多有助于他的认知发展的事。他不仅能更精确地控制自己的手部动作，还能享受探索各种不同质地物品的乐趣，不管是硬的还是软的、流质还是固体、光滑还是粗糙、坚实还是柔软。

本案例中，11 月龄的本开心地玩起了剩在碗中的酸奶。

1. 本专注地把手放在碗底玩。

2. 本看着手指留下的痕迹……

3. ……本最后又舔了一次。

案例 4.4

喂食中运动技能的发展 4

吃饭这样的日常经历有助于孩子提高自己的技能。本，14 月龄，已经习惯自己用勺子吃饭，他动作的顺序显示出他有很好的预见性，而且还能根据不同食物灵活地进行调整。不过，吃饭是一件很累的事情，有时候用手抓取食物可以让孩子放松一下！

1. 本试图用勺子舀豆子吃，可是把勺子拿稳就让他觉得有点儿困难。

2. 本改变了拿勺子的角度，用勺子顶住碗边，并把勺子底部抬起来，这样就轻松地把食物舀起。

3. 当他举起勺子开始吃时，他适时地张开嘴巴……

4. ……同时他用嘴唇把豆子送进嘴里。

5. 本在舀下一勺的时候，使用同样的技巧：倾斜勺子的角度，对准碗边。

6. 要吃通心粉了，本开始专注地用勺子舀通心粉。

7. 现在他意识到这比吃豆子时嘴巴要张得更大，他的预料很准确。

8. 用勺子还是太费力，尤其是当本迫切地想把食物吃进去的时候，所以他开心地转成用手……

9. ……这样他就能确保自己可以大口吃了。

F 以动作促控制：喂食

随着时间的流逝，孩子从最早期的"喂食"中，摸索着尝试衔乳，调整自己以适应乳汁的流量，到自信地抓着乳房和奶瓶（见第二章案例 2.9 和 2.11），再到后来用勺子吃饭，孩子已经发展出一套特别复杂的技能。在第一次用勺子的时候，孩子还无法预料，什么时候勺子会靠近自己嘴巴的什么位置，也不知道嘴巴需要做出怎样的动作才能把勺子上的食物吃进去、才能防止食物流到下巴上——如果这样，那么前期的努力都白费了，而且，也不卫生！但在接下来的几周和几个月中，孩子很有可能会着迷于食物的特点和它能用来干什么，一旦有机会，他就会无休止地探索它，感受它的质地，拓展它的用途。如果照看者允许的话，他还会努力掌握自己吃饭的本领。经过不断的练习，孩子用勺子吃饭的本领最终会表现出有组织、有计划、有预期、有精细的运动控制等令人惊讶的特点（见案例 4.1 ~ 4.4）。在父母看来，这只是随机的行为，或者是孩子自己吃饭时的"捣乱"，但这很可能是孩子获得技能和控制的重要过程中的一部分（同时也给孩子带来无比的满足和乐趣）。

理解物质世界　就像活动能提高孩子的运动技能，让他获得更好的控制能力一样，游戏和探索也能帮助他理解环境的本质和规则（见案例 4.5 ~ 4.7）。从婴儿期开始，

案例 4.5

物体的概念 1

孩子寻找之前被藏起来的东西，这表明孩子对物体本质有了理解。"物体的概念"是一个经典的实验，实验中会给孩子看一个物体，而这个物体会以越来越复杂的方式被藏起来。下面的案例就展示了 14 月龄的艾丽斯参与的实验。

在第一阶段，研究人员把一个小物体藏在一个不透明的杯子下面。当孩子 5 月龄的时候，他通常能成功地在杯子下面找到它，就好像他明白物体被藏在那里。

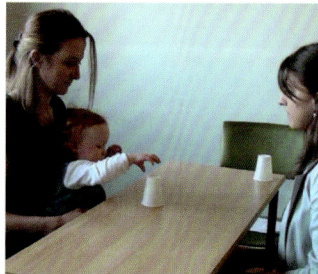

1. 艾丽斯看着研究人员用杯子把物体盖起来。　**2.** 艾丽斯伸出手，移开杯子……　**3.** ……发现了物体。

孩子就不断更新和修正自己对物质世界的理解，似乎在试验和检测更为复杂的规则。例如，他可能会乐此不疲地把东西从自己的高椅子上丢下，然后看着它掉到地上。他这么做的过程中，无形中就学习了重力的影响。他可能还喜欢搭积木的游戏，游戏的过程中他又懂得了怎样才能让一个物体支撑另一个物体。同样，当物体在不同的情况下消失（如在屏幕的后面、布的下面或者容器里），孩子就更新了自己对物体持续存在的理解，于是他和物体有关的游戏发生了变化，他可能开始尝试自己把东西藏起来，也许会反复地把玩具放到盒子里，关上又打开，"发现"玩具在里面（见案例 4.8 和 4.9）。

案例 4.6

物体的概念 2

　　在这个更高级的实验中，研究人员使用了两个杯子：她将物体藏在其中一个杯子里两次，每次孩子都找到了。第三次，研究人员把物体藏在另一个杯子里。10 月龄孩子的搜索策略通常会和研究人员藏东西的策略一致，第三次的时候他会改看第二个杯子下面。但在这之前，孩子常常会保持之前的方法，继续掀开第一个杯子（之前在这里成功地找到了物品），即使孩子之前看到物品被藏到了别的地方。这反映了孩子在使用以前奏效的方法，也就是"去以前找到它的地方找"。这可能也表明，对曾经一段时间里充分开展过的行为模式，婴幼儿自己难以让自己停下来。

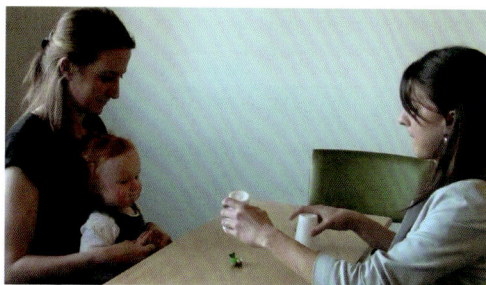

1. 研究人员使用两个杯子，将物品藏在艾丽斯右手边的那个杯子里面。

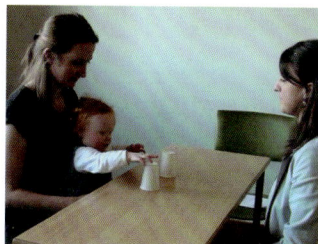

2. 艾丽斯伸出手……

3. ……毫不犹豫地拿起杯子。

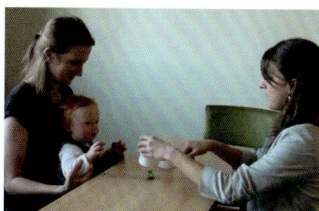

4. 研究人员再次把物品藏在那个杯子下面……

5. ……艾丽斯又一次直接拿起那个杯子。

（续）

7. 艾丽斯也改变了寻找方向，轻易地找到了物品。

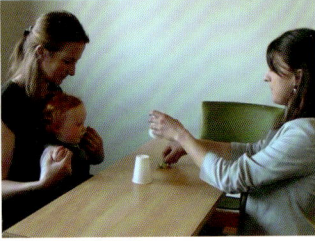

6. 这一次，研究人员把物品藏在另一个杯子下面。

案例 4.7

物体的概念 3

在检验婴幼儿对物体理解的进一步实验中，孩子需要作出推断："如果物品不在我最后看到的地方（此处是指研究人员的手里），那么它应该在她的手消失的地方。"通常孩子在 14 ~ 15 个月的时候能够成功地找到物品。

1. 研究人员让艾丽斯看到物品在自己的掌心里。

2. 艾丽斯看着研究人员把自己的手放进一个杯子里，让物品悄无声息地掉进杯子里。整个过程中，艾丽斯都仔细地看着。

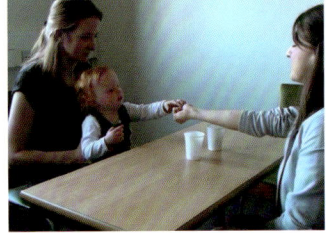

3. 然后，研究人员伸出紧握的手，艾丽斯伸出手去找——这是她最后看到东西的地方。

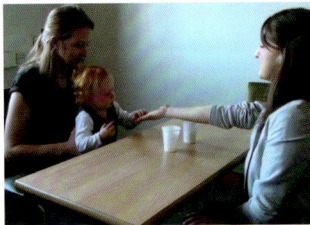

4. 但艾丽斯看到研究人员的手里什么都没有……

5. ……所以艾丽斯到研究人员的手和物品一起消失的地方去找。

6. 于是，找到了。

案例 4.8

对物体进行试验 1

本，14 月龄，喜欢反复把物品从自己坐的高椅子上丢下，然后兴致勃勃地看发生了什么。本案例中，本幸运的有一位耐心的哥哥，他不停地帮本把物品捡起来。

1. 本把杯子高高举起，然后丢到地板上。

2. 他低头看着杯子。

3. 哥哥乔好心地帮本把杯子捡起来。

4. 本重复他的行为……

5. ……似乎再次觉得这种效果很神奇。

6. 耐心的乔又把杯子递给本。

案例 4.9

对物体进行试验 2

15 月龄的伊莎贝尔和她的双胞胎哥哥本杰明，都喜欢上了这个盒子，他们把它打开、关上，并把一些小物品放进去。他们乐此不疲地一遍又一遍地玩。在这个年龄，婴幼儿开始产生和成人一样的"客体永久性"的概念。

1. 伊莎贝尔小心地捡起一个很小的玩具……

2. ……饶有兴致地把它丢进自己的小盒子里……

3. ……然后她非常小心地把盒子盖上。

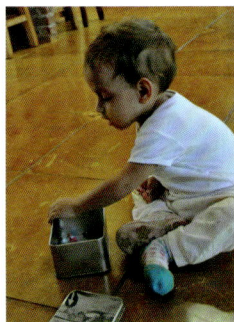

4. 本把手伸到盒子后面，捡起一个小玩具。

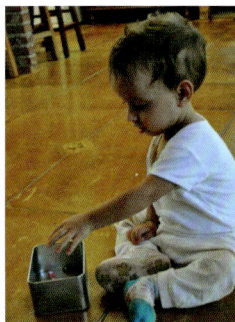

5. 他也把小玩具丢进盒子里……

6. ……然后拿起盖子把盒子盖住。

7. 现在他又打开盖子……

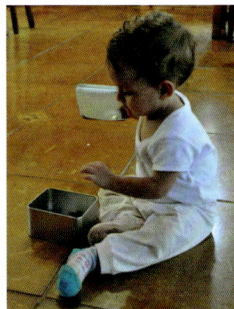

8. ……丢进另外一个玩具，又准备把盖子盖上。

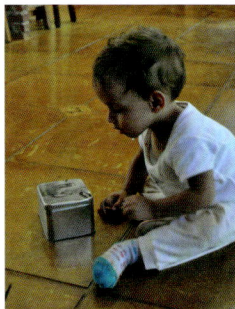

9. 藏好了玩具，然后本探头看着盒子，似乎在想藏在里面的玩具。

理解他人的行为　除了理解物质世界以外，婴幼儿自身活动的发展还有助于他理解他人的行为和目标，从而更有效地向他人学习。例如，在孩子开始喜欢把东西放到容器里的时候（10～12 月龄）——但不是之前——他开始能够理解他人类似的行为。在旁观的时候，他能够预料他人会把东西放在哪里，目光会先于他人的动作到达那里。同样，在 6 月龄左右，孩子通常都被用勺子喂过饭，当他看到一个人举起一勺食物的时候，他会望向那个人的嘴巴。但相反，如果他看到他人以同样的方式将别的物品举向自己头，而这件事情孩子根本没有做过，比如梳头发，那他就不会显示出同样的理解。婴幼儿自己的行动影响他对他人行为的理解，这一结论在以下实验中得到完美诠释。给 3 月龄的婴儿（这个年龄的婴儿还不能伸手成功抓握东西）戴上粘有尼龙魔术贴的手套，这让他们在碰到同样粘有魔术贴的玩具时能将其抓住，和没有这种体验的孩子相比，他们更善于预测他人是如何伸手拿到这些玩具的。类似的还有对 14～18 月龄儿童的蒙眼实验。14～18 月龄的孩子有眼睛被眼罩蒙上的体验之后，他们的行为看起来似乎是能够理解他人戴上眼罩后的感受，也就是当戴上眼罩的人转头看身边的物体时，他们不会随之转移自己的视线。而相反，没有这种体验的孩子，他的行为就好像认为蒙上眼罩的人还是能够看到东西，他自己也会随之转头。自己做过同样的动作还能帮助孩子记住他人的行为：比如孩子看着他人以一种特别的方式玩玩具，然后自己也玩了一会儿同样的玩具时，和仅仅看着他人玩而自己没有机会玩这个玩具的孩子相比，一天之后前者对玩具玩法的记忆更加深刻。

所有这些研究显示了婴幼儿自由进行尝试和探索环境的益处和对照看者的直接启示作用，因为只有通过社会关系，婴幼儿自己理解世界的潜能才能得到充分发挥。

社会关系的作用 1：婴幼儿的贡献

与他人的第一次联系

虽然婴幼儿自身的活动和察觉能力有助于他的认知发展，但是，这些获益也能够从与他人的互动中得到极大的丰富，甚至依赖于此。从一开始婴幼儿的主要行为就涉及到寻求与他人接触，如新生儿会被面部表情或目光接触所吸引，与具有相同特征的非人类声音相比，他更倾向于转向人类的声音。婴儿很快就能识别出照看者的特点，表现出对自己妈妈（和别的女性相比）的脸、声音以及气味的偏好。所有这些偏好，有些甚至出生前就形成了，都有助于构建亲密的关系，确保婴幼儿和自己的照看者之间能积极接触。这也意味着，父母完全有能力提供支持来帮助孩子的认知发展，给孩子提供社交和情感上的关怀。

交流兴趣与意图

婴幼儿甚至在新生儿阶段很多重要的行为都是有意图的，而不是混沌、随意的，它们能帮助父母理解孩子想要什么、需要什么，从而让父母能给予更恰当的帮助。父母读懂孩子意图和信号的能力对于帮助他们在婴儿期培养孩子的认知能力非常重要，当然，在新生儿阶段或者在出生后前几周中，孩子控制环境的能力还没有得到充分发展，父母对孩子保持敏感可能尤其有帮助。但可惜的是，有些老话（或者一些"老人言"）仍然否认婴儿的早期意识，认识不到婴儿的反应是有意义的（例如说孩子前几周听不到也看不见，或者说孩子笑只不过是对"气味"的反应）。令人遗憾的是，这些话现在仍然有相当大的影响力，从而导致父母对孩子行为的直觉被削弱了不少。要知道，认识到孩子确实是对他看到的东西感兴趣、确实是在朝它伸手，这能引导父母帮助孩子按照他需要的方式去体验世界。然后，当孩子能更为独立地行动时，如果父母明白，孩子"玩"他的食物或者从自己的高椅子上往下丢东西，不仅是因为好玩，而是在帮助他自己发现更多感觉以及世界的运转规律，那么父母就会鼓励支持孩子的努力，帮助孩子把与世界交流的本能转变成有目的的行为。

模仿他人

虽然婴幼儿通过自己的活动学到了很多，但这样的学习常常涉及到反复的尝试，可能会是一个缓慢的过程，而通过观察他人的动作并模仿，可以加速他的学习，提高效率。模仿他人还能扩大婴幼儿的学习范围，从学习如何使用工具到理解复杂的因果关系，或者是学习家庭和背景文化中的社会习惯和风俗。当然，在婴幼儿能够较好理解语言或自己使用语言之前，对周围的模仿是他学习的主要方式，12 ~ 14 月龄的孩子通过模仿，每天都能学到 1 ~ 2 项新的行为。

早期模仿　通常来说，婴幼儿喜欢模仿那些自己每天都做的动作。在最初几周，这些动作可能是像伸舌头这样的嘴部活动（见第一章）、情绪的表达甚至是眨眼睛和动手指的活动。因为胎儿在子宫里的时候就常常练习这样的动作，所以在出生后，他通常对此有一定的控制能力。实际上，新生儿模仿

的时候，他的行为通常显得非常刻意，常常有几秒钟的延迟，但随着反复次数增加，孩子的表现会越来越准确。不过，婴儿不会总是模仿他人，是否模仿一部分取决于周围的环境（如背景噪声和活动如何，或者光线如何），以及他的状态是否清醒，是否有兴趣进行社交。这其中也存在着个体差异，像运动控制能力就会影响婴儿模仿的意愿，这在猴子身上早有体现。所以，虽然早期模仿很有意义，但如果自己的孩子在与人互动时不喜欢这么做，父母也无须紧张，如果孩子不愿意，父母也不必努力哄他模仿。

模仿上的进步　最初几周之后，随着婴儿逐渐掌握更多像伸手抓握或发出声音这样的技能，他通常会更多地模仿这些新的行为，而之前的那些行为就模仿得少了。这不是因为他模仿之前行为的能力或意愿已经"消失"，而是因为这些新技能以及他在社交互动中日渐主动的角色越来越占主导地位——实际上，如果互动的伙伴在游戏中，强调和突出那些"旧"动作，孩子可能还是会模仿这些"旧"行为（见案例 4.10）。当然，随着孩子技能的快速增长，他还能将已经做过的动作合并成自己之前没有做过的新动作。

婴儿会准确地模仿父母的动作，但随着他交流和社会理解能力的发展，他逐渐能意识到他人的意图，所以他开始模仿他人动作的目的，而不是一模一样地模仿行为本身。到 15 月龄，孩子甚至无须看到他人的成功——只需看到失败，有明确目标导向的努力就足够让孩子正确完成预定的动作（见案例 4.11）。

当婴幼儿在这个年龄模仿时，他日益关注的是人们行为的意义，并开始对他人的意图进行非常复杂的判断，然后用这样的推理

案例 4.10

模仿 1

婴儿从很早的时候就开始出现模仿行为，这是他的社交本性以及与他人建立连接意识的最明显的信号之一，这也是婴儿向他人学习的有效方式。婴儿模仿的内容会随着他的发展而变化，从他能控制的简单动作，到他看到的他人的一系列复杂动作，以及理解他人的意图。

本案例中，9 周的威廉和妈妈正面对面玩一个社交游戏。他们的游戏是一种"对话"的形式，两个人轮流做那个突出、主动的角色，另一方做接收的角色。虽然威廉已经过了新生儿那种认真、刻意模仿吐舌头动作的阶段，但作为游戏的一部分，他和妈妈都朝对方吐了舌头。

1. 当妈妈看着威廉，鼓励他进行社交活动的时候，他积极地回应。

2. 妈妈作为主动的角色，清楚地伸出舌头，威廉冷静了一下，专心地看着妈妈。

3. 现在威廉也做出一样的动作，而妈妈看着他，为他的努力感到高兴。

4. 两人完成了一轮交流游戏，相视而笑。

来指导自己的模仿。例如，一个 14 ~ 18 月龄的孩子，如果看到他人做出什么有意的行为，并且完成后还强调地说"好了，完成啦"，那么他有可能会模仿。但同样的行为，如果像是一个意外，还伴随"啊！"这样的惊呼，那么他就不会模仿（见第一章关于婴幼儿的模仿如何反应他的社会性理解方面的内容）。新生儿模仿的是他人的目的而不是他人的行为，对此只有 2 种例外情况，一种是他人行为的目的不够清晰的时候，另一种是社会交往中他人特意向孩子展示事情的准确步骤的时候（见案例 4.12 和 4.13）。这样的模仿

案例 4.11

模仿 2

随着婴幼儿逐渐能更好地理解他人动作的意图，当他看到一个行为似乎不是像预料的那样发展时，他会模仿预期的动作，而不会模仿实际发生的动作。

本案例中 18 月龄的艾丽斯正在参与一个实验（最先由安德鲁·迈尔佐夫和同事完成）。实验中研究人员在演示一个动作时出现失误——这里是把珠子掉在了杯子外面而不是里面。艾丽斯认真地看着，然后她模仿的是研究人员意图要做的动作，而不是她看到的动作。

1. 艾丽斯认真地看着研究人员将一串珠子举在杯子的正上方。

2. 当她松手的时候，珠子稍稍偏向一侧……

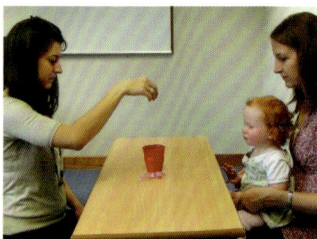

3. ……于是珠子掉在了桌子上。

4. 同样的动作又重复了一次……

5. ……结果还是一样。

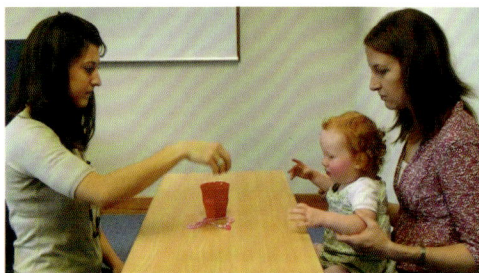

6. 现在研究人员让艾丽斯来做。

7. 艾丽斯接过珠子。

8. 艾丽斯直接把珠子举到杯子的上方……

9. ……确保它掉到杯子里。

常常出现在婴幼儿和他们的兄弟姐妹之间，以及2个18月龄的孩子之间，他们渴望"像"哥哥或姐姐那样能干，能够主导游戏（见案例4.14）。

案例 4.12

模仿 3

本，19月龄。他发现了爸爸的鼓，被鼓吸引住了，但不确定该怎么使用。他把鼓摆成这个样子，好像在试图弄明白怎么使用它。

1   2   3   4

案例 4.13

模仿 4

爸爸拿着鼓槌过来了，他向本演示该怎么做。本热切地看着爸爸，很快就学会了。

1. 爸爸给本一对鼓槌，还把鼓摆好，向本演示怎么做。

2. 本全神贯注地看着爸爸。

（续）

3. 当爸爸把鼓推在他的面前时，本迫切地想试一试。

4. 他很快就掌握了正确的动作。

5. 本抬头看爸爸，爸爸表扬了他。

6. 现在爸爸又一次清楚地向本演示。

7. 本专心致志地想把鼓槌敲在同样的地方。

8. 他很快就能自由地击鼓了。

9. 他似乎很自豪，对自己的成就激动万分，并渴望和爸爸分享自己的成功。

案例 4.14

模仿 5

　　最令人印象深刻的模仿发生在学步期儿童和他的哥哥姐姐之间。这时候，他一心一意就是要和哥哥姐姐一样。本案例中我们看到的是刚刚 2 岁的本和他 6 岁的哥哥乔。他们在玩士兵游戏。乔是个热心的老师，而本在游戏中以及吃"士兵点心"的时候，完全模仿哥哥的姿势和动作。

1. 乔帮助本穿上他的士兵服。

2. 本抬头看到哥哥自己在戴帽子，乔也自己戴上了帽子。

（续）

3. 当哥哥准备演示一个重要的动作时，本认真地看着。

4. 乔倒在地上，两手张开。

5. 本也这么做，并且朝乔看，让乔检查自己是否做对了。

6. 现在乔开始演示另一个动作，本仔细调整自己脚的姿势，确保和哥哥的一模一样。

7. 两人都张开手臂站着，乔稍稍下蹲，准备跳起来然后再摔倒在地上……

8. ……结果乔做出了夸张的两脚朝天的姿势。

9. 乔让本模仿他，并向本说明该怎样开始。

10. 然后本也开始做这个动作……

11. ……也成功地让自己两脚朝天。

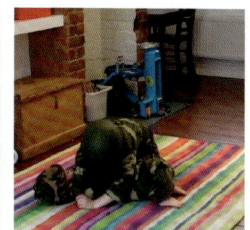

12. 不可避免地，游戏最终似乎变成了两人扭成一团。

（续）

13. 现在是士兵吃点心时间，本看着哥哥挑选点心。

14. 乔从自己碗里分了一些点心给本……

15.……于是两人都有了同样的点心。

17. 两人同时开始吃点心。

16. 本像乔一样，也用一只手扶着碗。

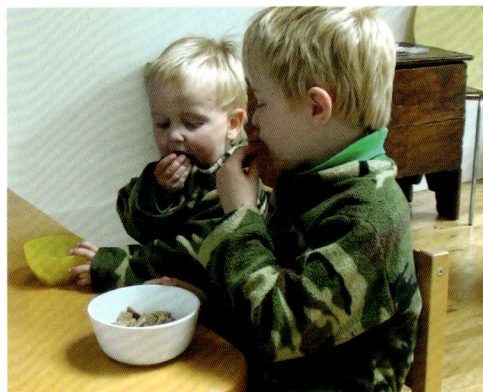

其他发展关注的是一个人的行为有多少会被模仿，并且随着孩子年龄的增长，在一系列动作中，孩子能模仿的动作会逐渐增多，他对看到的动作的记忆时间也延长了（例如6~9月龄的婴儿在24小时后能模仿，而即使是一个新动作，14月龄的婴幼儿一周后还能模仿）。同样，婴幼儿忽略特定环境（比如之前动作发生的房间）和特定物品的能力也在增强，尤其是当他对被模仿的动作很熟悉而且能有条不紊地做到的时候。

利用婴幼儿的模仿 成人其实常常下意识地利用婴幼儿喜欢模仿的天性来鼓励他做事情，这通常发生在吃饭的时候。喂孩子吃饭的人常常在孩子需要张嘴接食物的时候自己也张开嘴巴。有趣的是，这种通过模仿张嘴动作来鼓励吃饭的行为，不仅是大人，婴幼儿自己也会做，这反映出模仿确实是一种传递技能和知识的基本方法（见案例4.15）。

案例 4.15

模仿 6

人们常常无意识地利用婴幼儿喜欢模仿的天性，比如在鼓励孩子吃东西的时候自己也会张开嘴巴。

我们看到这种情况会出现在不同年龄段，从90 岁的曾祖母，到妈妈，到年轻的叔叔，甚至到孩子自己（孩子自己和另一位孩子在一起吃饭的时候，甚至在孩子假装喂玩具娃娃吃饭的时候）。

1. 10 月龄的伊莎贝尔和她的曾祖母。

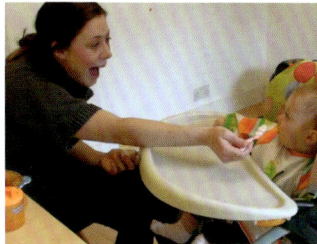

2. 9 月龄的萨默和她的妈妈。

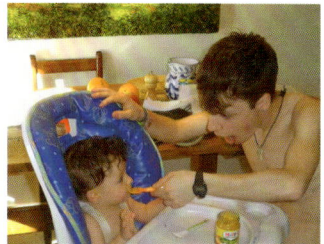

3. 9 月龄的伊莎贝尔和她的叔叔。

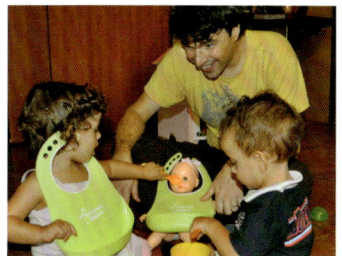

4. 11 月龄的本杰明和 19 月龄的马克斯。

5. 15 月龄的伊莎贝尔，和她的爸爸、哥哥和玩具娃娃。

社会关系的作用 2：父母的贡献

许多研究证明在婴幼儿认知发展中父母和孩子之间的社交互动发挥了极其重要的作用。不过，哪种形式的社交回应最有帮助也会根据发展阶段变化而不同。虽然婴幼儿行为的变化常常会有清晰的信号，但父母怎么做才能最好地帮助他却不总是显而易见的。所以，了解更多婴幼儿的信号、婴幼儿发展的本质特点以及行为的进步如何与认知的进步相关联，这些都会帮助父母提供正确的支持。而且，虽然父母提供的很多有帮助的回应常常是凭直觉做到的，但如果他们明白自己本能的回应也能够帮助自己孩子的发展，这可以提升父母对自己的满意度，这些知识也能让他们在育儿过程中变得更自信。当有困难的时候，懂得婴幼儿发展的本质特征也能为照看者提供更好的指导框架，从而给予孩子有用的帮助。

随因反应

父母的反应对婴幼儿的认知发展很重要，它的一个普遍特征是随因性，即孩子的行为和他从父母那里得到反应，在时间上紧密相联。当父母及时表现出随因反应的时候，他们会密切观察孩子的行为以及他在关注什么，随时准备捕捉他发出的信号并迅速反应，速度要快得让孩子能明白两者之间的联系。虽然这是父母和孩子在互动时非常普遍的一个特征，尤其在满足孩子依恋需求的时候以及帮助孩子应对难受情绪的时候，它就会发生（见第二章和第三章），但它与孩子的认知发展之间的联系甚至更为紧密。首先，当孩子注意到自己的行为和他人的反应总是存在相关性时，他就获得了回报感和控制感，了解其中的因果关系，这两者都是学习能力的核心方面。而且，当孩子体验到这种随因的感觉时，他探索周围环境的积极兴趣就会增加，于是就很有可能更长时间地探索，而这又是与更出色的认知功能相关的关键行为。

虽然研究已经表明，婴幼儿可能更愿意接触可以做出随因反应的"物体"，比如增加踢腿的次数来让悬挂的玩具动起来，但"社交"随因性能更有效地吸引孩子积极地关注和参与，尤其是当这种"社交"随因性是由和孩子情感非常亲近的人提供的。这大概反映了人愿意和他人交流的自然倾向，但毫无疑问，这是因为和机器设备相比，人能够对孩子的行为做出更为精准的反应，这种情感反应能为孩子的交流提供帮助和支持，这是机器所无法替代的。最有帮助的随因反应不仅仅是时间的问题，还取决于反应是否恰当——也就是它和孩子的行为是否协调。婴幼儿很快就会习惯和交流伙伴互动的随因性特点，研究显示，到 2 ~ 3 个月的时候，如果这一特点被破坏，即使交流伙伴的反应行为还是一样，孩子的积极兴趣和参与也会大打折扣（见案例 4.16 以及下面展示的孩子对凝视和微笑精确反应的附图）。

最后，对婴幼儿的认知发展也很重要的一点是，实验还表明，在婴幼儿和他人的互

案例 4.16

双摄像实验

观察婴幼儿对交流伙伴行为的随因性是否敏感的一个方法是破坏随因性，看他是否能注意到。在这项"双摄像实验"中，孩子和妈妈通过闭路电视系统，在不同的房间里互动。当孩子看到的屏幕是"现场直播"时，妈妈的行为就是对孩子行为的"随因"反应，孩子能够显示出正常社交中所有的反应，包括兴趣、积极的情绪以及积极的交流。如果孩子再一次看到妈妈同样的行为，

但这一次是通过回放的方式，即使行为一模一样，但不再是回应性的，不再有随因性。在这种情况下，2 月龄的孩子减少了对妈妈的注视和微笑，并且显得困惑不解。这表明重要的不只是妈妈做了什么，还包括其反应的特点。最后，看到屏幕上的妈妈又开始"现场直播"，孩子恢复了积极的情绪和行为。

（续）

扬声器播放妈妈的声音

扬声器播放孩子的声音

孩子看着电视屏幕上的妈妈

显示妈妈的面部表情

显示孩子的面部表情

妈妈看着电视屏幕上的孩子

摄影机拍摄孩子

摄影机拍摄妈妈

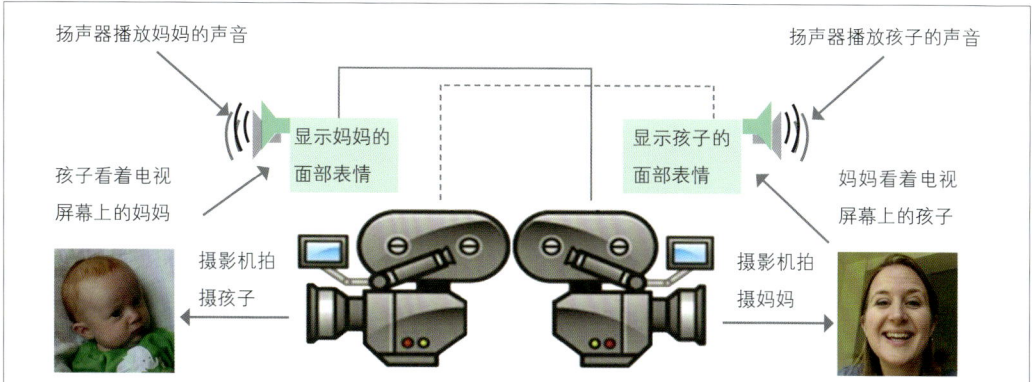

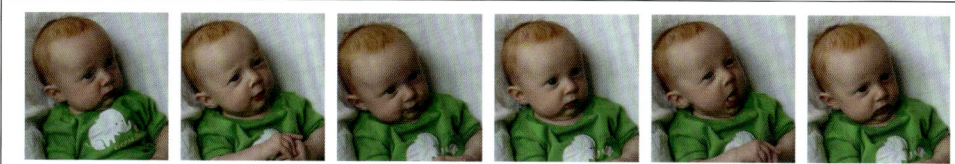

现场直播：艾丽斯看着妈妈，妈妈对她的行为做出随因反应

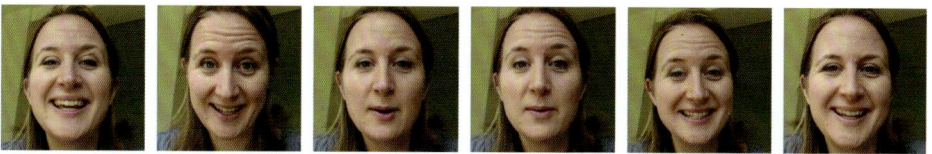

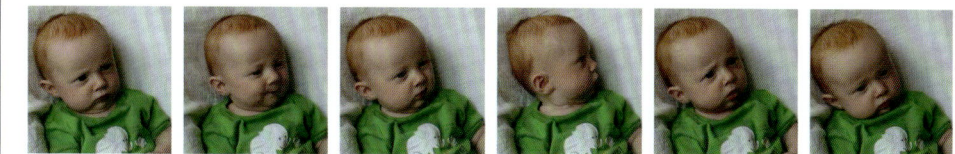

回放：艾丽斯看着妈妈，妈妈没有对她的行为做出随因反应

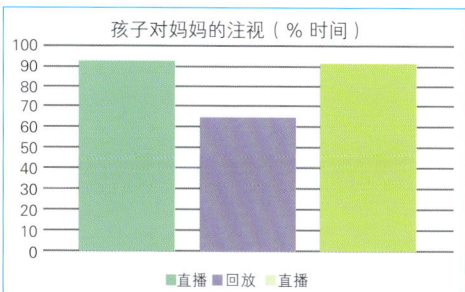

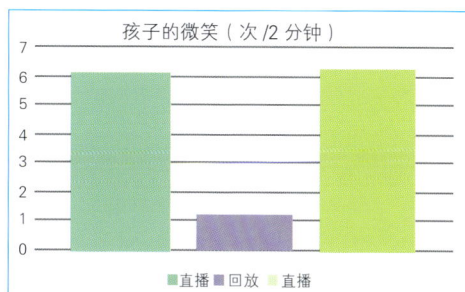

孩子对妈妈的注视（% 时间）

孩子的微笑（次 /2 分钟）

■直播 ■回放 ■直播

动中，如果对方不是采用随因反应的方式，那么，孩子对这种破坏的负面反应会扩展到其他的方面，之后对刺激的积极关注也会减少，完成学习任务的速度就会下降。这些发现被很多自然情境中的研究印证：父母能根据情况恰当及时地对孩子做出反应，孩子就能有更好的专注力和学习能力，能在与智力相关的其他方面也表现得很好。有些研究甚至表明，婴幼儿在早期发展中从这样的反应性互动中得到的认知益处可能会持续到整个儿童时期。

早期互动中的随因反应

虽然在整个婴儿期，孩子从父母那里得到的一般反应与自身的认知发展相关，但反应的特点会随着孩子的成长和发展而发生变化。最初几周里，父母和孩子的大多数随因反应都发生在面对面互动中。在这种情境下，孩子对社交的兴趣、各种面部表情以及积极交流的信号，都意味着父母可能会找到很多机会对他的信号做出随因反应。大多数这样的反应完全是自然发生的，没有任何意识。例如，如果孩子主动做出一些嘴部动作，或者他的情绪发生了变化，或者他打了哈欠或喷嚏，父母常常会发现这些行为，用重复、清晰并稍稍夸张的面部表情温柔地突出自己的反应，也许还会用点评孩子行为的方式来强调其重要性并赋予其社交意义。

在早期互动中，父母对婴儿做出的许多积极反应涉及父母对孩子多种方式的模仿，所以，父母可能会用自己的声音、碰触以及面部表情来示意其与孩子行为的联系（见第一章案例1.2）。除了及时给予孩子随因反应，父母多模式的模仿行为也有助于孩子将不同的感官体验联系起来，这反过来也有助于孩子更好地控制自己的行为。另外，这些模仿能有效地让孩子参与社交，鼓励孩子在互动中更为专注和积极。最后，父母对孩子面部表情的模仿可能有助于激活和强化镜像神经元系统中与理解他人意图相关的部分（更多内容见第一章）。

虽然在最初几周中，婴儿通常喜欢面对面交流，但他也不会总是这么有兴致，有时候可能也会表现出对社交游戏的厌倦。如果父母能稍稍调整游戏的方式，包括加入一些新的元素，有时候可能会重新取得孩子的关注。但也并非总是这样，孩子可能会将头转开或变得不耐烦，以此示意"够了"。这个时候他也许只是想安静一会儿或者被身边别的有趣的东西吸引了。这时，更适宜的随因反应不是进一步引导孩子继续交流，而是应该根据孩子的兴趣随时调整，比如可以把吸引孩子注意的东西拿过来，让他能近距离地观察。然后，当孩子的兴趣开始减弱时，可以把物品稍稍移动一下，这也许有助于孩子重拾兴趣（见案例4.17），在物品移来移去的时候，父母的声音和语调也可以随之变化。

案例 4.17

鼓励孩子产生兴趣与专注

在婴儿还不能自己伸手抓握物品的时候，他仍然可以享受与物质世界接触的乐趣，尤其是当成人注意到孩子的兴趣和关注点，将玩具或物品以一种有趣、吸引人的方式呈现出来的时候。

本案例中，9 周的艾丽斯很感兴趣地注视着一个彩色的玩具。妈妈把玩具拿到合适的距离，让艾丽斯看得更清楚。妈妈密切观察女儿的兴趣，并及时调整玩具的位置以及摆弄玩具来帮助艾丽斯从中得到乐趣，同时妈妈也表现出自己的热情，伴以微笑和各种传神的点评。

1. 艾丽斯的妈妈把一个布偶玩具拿过来，放在艾丽斯的视觉范围内，同时观察着艾丽斯的反应。

2. 艾丽斯扬起眉头，撅起嘴巴，感兴趣地认真看着；妈妈也撅起自己的嘴巴，并发出"oooh"的声音来肯定艾丽斯的兴趣。

3. 艾丽斯看着布偶笑起来，妈妈鼓励女儿的快乐，自己也露出笑容。

4. 妈妈把布偶向前倾斜了一点儿，同时试探性地看着艾丽斯，揣度她的反应——艾丽斯看得专心致志。

5. 现在，妈妈把注意力转回到玩具上，动了动布偶的四肢，同时向艾丽斯解释发生了什么。

6. 妈妈的视线投向女儿，看她的兴趣如何，而艾丽斯对布偶的兴趣持续了更长时间。

7. 当艾丽斯的兴趣开始减弱时，妈妈重新给布偶换了姿势，让布偶后面的横条纹对着艾丽斯。

8. 妈妈看着艾丽斯判断她的反应，而艾丽斯看起来很投入，专注地皱着眉头。

9. 妈妈看出女儿对这种新的方式很感兴趣。

10. 妈妈稍稍转了一下玩具来帮助艾丽斯保持兴趣，然后静静地看着艾丽斯享受自己的视觉探索之旅。

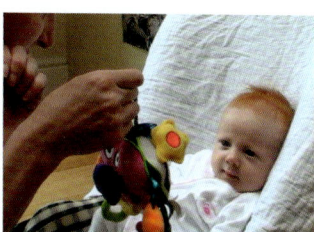

3 个月后的随因反应

在最初几周的面对面互动中，孩子似乎最容易被同伴的随因反应所吸引，但随着他各项能力的发展，这种偏好会发生变化。这可能反映了孩子拓展自己视野的本能，他熟悉的那种互动已经不能满足他的好奇心、引起他的兴趣。随着这一发展，父母为获得孩子的关注使用的反应方式会随之发生变化，从孩子 3 ~ 4 月龄开始，社交游戏的风格通常也会发生改变。现在孩子喜欢的反应方式，不需要那么及时，他更倾向于那种加入意外和幽默元素的游戏，或者那种与时机控制有关的游戏，就是将停顿和结束的步骤安排得很好的那种游戏。此外身体游戏也变得很常见，他将互动的焦点从那种纯粹的面对面交流转移到玩玩具的游戏上（见案例 4.18 和第一章的案例 1.8、1.14）。这些游戏包含很多锻炼孩子认知能力的元素，其中包括帮助他记住更为复杂的动作序列、预测事件、理解体验中单个元素如何组织在一起、对各种可能的结果和能达到同一目的的可选方法进行试验。

案例 4.18

身体游戏

3 月龄的时候，当孩子已经非常熟悉和父母之间面对面的"谈话式"互动时，他可能开始对能带来新鲜刺激的不同类型的游戏做出更多的回应。这些游戏常常包括身体游戏，在游戏中一遍又一遍重复固定的流程，如"做蛋糕""在花园里转啊转"，或像下文中 4 月龄的艾丽斯玩的"划小船"。这些游戏不仅好玩，还有助于孩子的认知发展，因为它可以让孩子记住每一个步骤，然后对下一步做出预测，还可以让孩子对一系列步骤中开始、中间和结束的结构形成清晰的概念，从而对每步之间的关联性有了进一步的认识。游戏中如果父母能够密切关注孩子的兴趣和热情，作为回应，他们就能对每一步的时机和自己的表现做出相应调整，那么游戏对于认知的益处和自身的娱乐性都可以得到极大地提升，比如通过延长停顿的时间或者在情绪上强调即将到来的游戏高潮等，这样就可以帮助孩子注意到游戏的顺序，并预测接下来会发生什么。

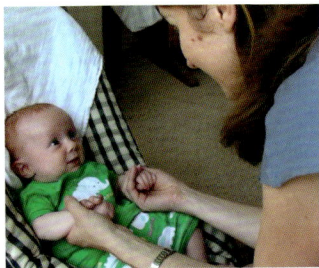

1. "划小船"是艾丽斯喜欢的游戏之一。当妈妈握住她的两只小手，示意要开始时，艾丽斯笑了起来，好像她知道游戏要开始了。

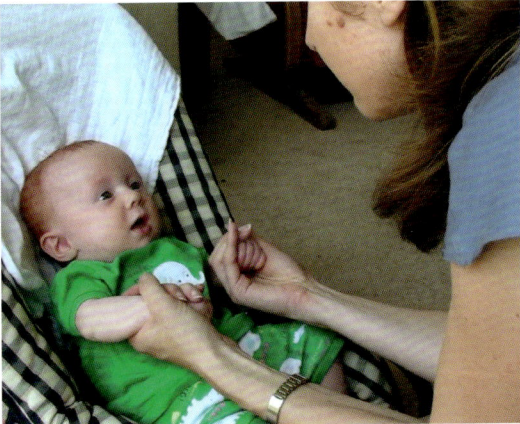

2. 当妈妈握住她的双臂开始拉她的时候，她颈部和肩部的肌肉已经调整到最佳状态，同时嘴巴也张得大大的……

（续）

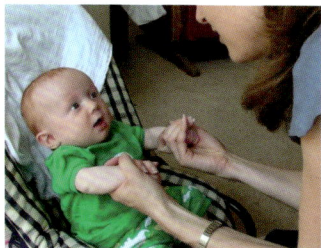

3. ……期待着游戏高潮的到来。

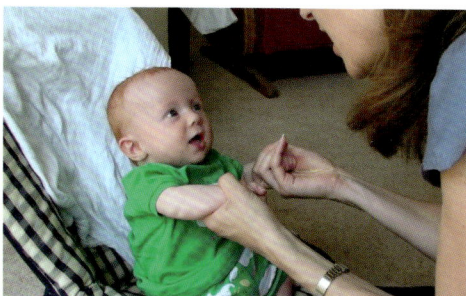

4. 艾丽斯看着妈妈，而妈妈用面部表情和声音伴随游戏的每一步。

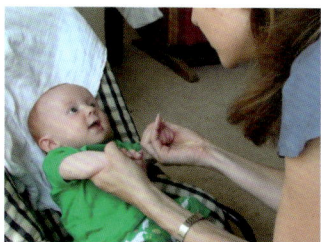

5. 现在，当艾丽斯身体往后倒回到椅子的时候，她可以控制好自己的头部。

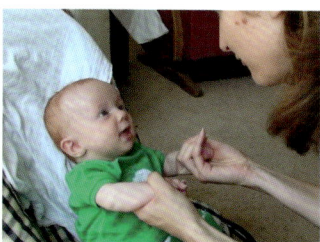

6. 艾丽斯很喜欢再次被拉起来这一步。

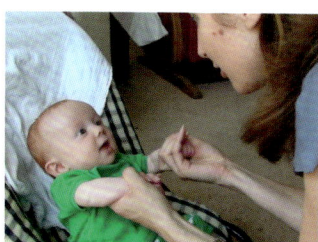

7. 妈妈的表情和声音配合着艾丽斯被放下又被拉起的动作……

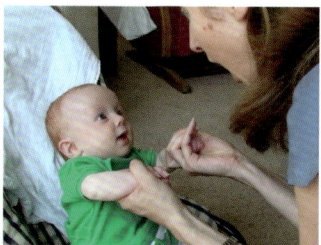

8. ……强度的改变标志着下一次游戏高潮的到来……

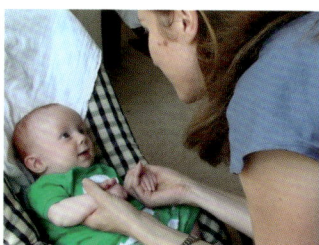

9. ……激动过后，艾丽斯高兴地被放回椅子。

协助

当孩子开始变得更加独立、主动时，一种对他的认知发展特别有用的反应方式是"协助"。这仍然包括随因反应，即父母密切注意孩子的关注点和行为并作出随因反应，但却是一种不同的反应方式。协助常常针对孩子无法独自应对的情况，引导和帮助孩子对环境中的事物采取行动。例如，大约

4个月的时候，婴儿开始想伸手碰触和抓握物品，但他对动作的控制力还很有限，无法有效地完成。这时父母就可以把物品稳稳地放在孩子能碰触到的范围内，让孩子可以用手去拍打它，在这样的帮助下孩子甚至可以抓住它。这就给孩子练习自己新获得的技能提供了机会，也帮助他获得进一步控制自己体验的机会（见案例4.19）。

案例 4.19

伸手拿物

4 月龄的娜奥米更能干了，能够伸手抓住物品，但她仍然需要妈妈帮她把物品摆好，以便她能够享受不同玩法带来的乐趣。娜奥米的妈妈仔细地调整自己的姿势，她把物品放在娜奥米伸手能接触到的地方，协助娜奥米获得掌控感，她还考虑到娜奥米的兴趣程度，调整自己的动作节奏，在介绍新的方法之前，让娜奥米有时间把每一步都玩得痛快。

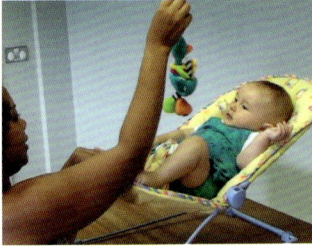

1. 娜奥米很想玩眼前这个玩具，她朝玩具挥动自己的手臂。

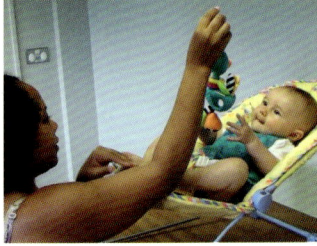

2. 妈妈把玩具拿得近了一点儿，想让娜奥米能更容易够到，但她仍然让娜奥米自己尽力尝试去拿，而不是直接把玩具放在女儿的手里。

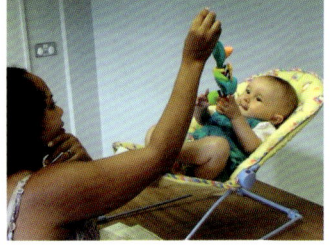

3. 娜奥米成功地抓到了玩具，并在妈妈的注视下拉扯它。

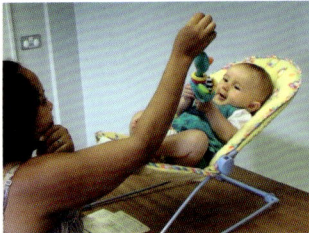

4. 娜奥米为自己做到的事情感到高兴，妈妈也让她享受她自己的成功。

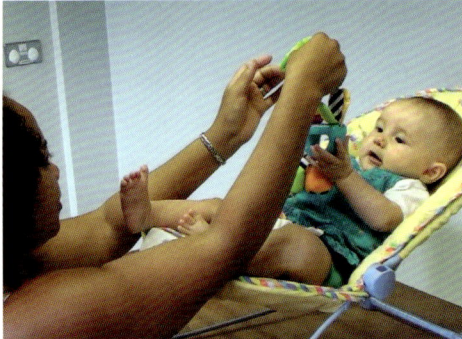

5. 当娜奥米反复地拉扯玩具后，妈妈把玩具上的铃铛放下来，娜奥米用一种稍稍不同的方法来玩。娜奥米一拉玩具，铃铛就会响，这更加丰富了女儿的体验。

当孩子开始掌握了伸手拿物和抓握的技能后，他所需要的直接协助就减少了。在某种程度上，婴幼儿只需要他的父母来设置情境，这样他就可以自己享受练习和试验的乐趣了。父母（看着他时）的热情能够鼓励他，而他也许只需要父母在自己碰到困难时，能够给予更为积极的协助。实际上，在这个阶段父母应该让孩子尝试自己的技能，而不是代他去做，即使孩子没有立即成功，但从长远来看，这对他掌握这些技能也是有帮助的（见案例 4.20）。

支持提升

当孩子确定要做什么事情时，父母对其给予协助非常有用。但常常有些时候，孩子已经具备解决更为复杂事情的能力，但只是

案例 4.20

协助孩子自己努力

本，20 月龄。让孩子自己尝试做一些事情，只有在他遇到困难时才伸手帮助，这有助于孩子的学习和发展。本案例中，妈妈在本的身边可以随时提供帮助，但当本想和妈妈一起看书却翻不开书的时候，妈妈并没有主动去帮忙。经过一段努力后，本自己做到了，然后妈妈才开始更积极地参与。

1. 本示意妈妈，他想和妈妈一起看书。

2. 妈妈来到本的身边，本正在努力尝试把书翻开。

3. 本尝试着各种策略，并逐渐取得进展。妈妈没有参与，而是让他自己去做。妈妈满怀兴趣关注着他，并对他的努力做出评论。

4. 当本成功地把书翻开时，妈妈帮助他把书摆到合适的位置。

5. 妈妈开始和本一起看画有恐龙的图册。

不确定该怎样来做。在这种情况下，父母可以通过各种方式来支持提升孩子的体验。这种协助的立足点是在回应孩子当前能力的同时，帮助他在当前能力之外取得微小但稳定的进步。这可能涉及，比如向孩子介绍一个稍稍复杂一点儿的新形状，让孩子把某种形状的玩具塞进正确的洞里，或者在孩子开始意识到颜色是物体的特性时，由父母在旁边说出某种形状的颜色，孩子负责把正确的形状放进洞里，从而帮助孩子建立颜色的概念。像这样的支持提升式帮助也是对孩子目前兴趣和行为的随因反应，但和简单的反应以及协助不同，因为这种方式涉及父母发起和鼓励新技能的发展，这有助于孩子以一种新的方式组织自己的心理体验。

在孩子9～10月龄的时候给予其支持提升式的帮助是非常必要的，因为这个时候，孩子取得了另一个重要的发展进步，进入了"连接型关系"阶段（见第一章）。这种关系中的一个关键因素是，孩子开始更加关注他人的兴趣并希望参与进去。现在，他更乐意跟随他人的视线或他人手指的方向，以及观察他人对物体所做的动作，常常试图参与进去。有趣的是，孩子对事物关注的方式似乎得益于这样的共同行为——这种时候，孩子的大脑活动明显不同于只是自己在一旁观看时的大脑活动。既然孩子已经发展到能注意到他人关注的焦点，并且很想和他人一起做事，那么父母可以利用这种发展，用搭建支架的方式来帮助提升和丰富孩子相应的体验。所以，一旦确定孩子已经准备好了，父母就可以更容易地把孩子的注意力吸引到有趣的事物上来，甚至还可以用简单的方式和最基本形式的"教学"来指导孩子的行为，这样一来孩子的模仿能力就得到了充分的发挥（见案例4.21～4.24）。重要的是，如果父母在最初几个月中对孩子的社交互动比较敏感，那么孩子对这一引导形式就会做出更好的反应。

案例 4.21

支持提升 1

10月龄的伊莎贝尔现在很乐意关注他人的兴趣，当照看者能够密切关注她，并给予帮助和鼓励时，她就能够和他人一起做事，接受一些简单的建议。她掌握的新能力让照看者也更容易教会她。

本案例中，伊莎贝尔的叔叔发现了一只漂亮的虫子。他把伊莎贝尔的注意力吸引过来，然后向她演示可以做什么。叔叔敏感地注意到伊莎贝尔的兴趣以及她的自信程度，并且和她一起触摸这只小虫子。

1. 叔叔在整理他们的毯子时发现了一只颜色鲜艳的虫子，他惊呼起来。

2. 伊莎贝尔立即对叔叔的发现表现出兴趣。

3. 当叔叔轻轻触摸虫子的时候，她凑上去感兴趣地看着。

（续）

4. 伊莎贝尔的叔叔向她讲解这个虫子，她聚精会神地看着。

5. 当叔叔问她是否愿意也摸摸虫子的时候，伊莎贝尔似乎有一点儿害怕。

6. 叔叔又向伊莎贝尔演示怎样触碰这只小虫子，伊莎贝尔小心地向前探身，手指也做好了触碰的准备……

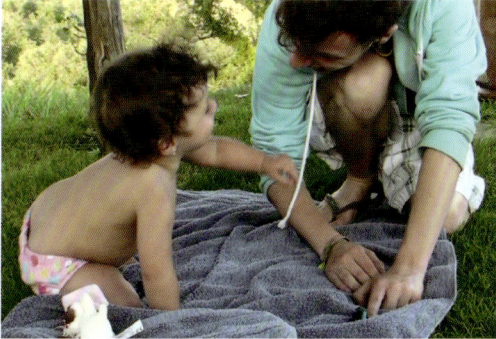

7. ……在碰到虫子之前，伊莎贝尔抬头看向叔叔的脸，叔叔亲切地鼓励她和自己一起触碰虫子。

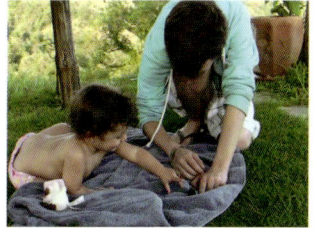

8. 得到确认后，伊莎贝尔伸出手也碰了碰虫子，这丰富了她对世界的体验。

案例 4.22

支持提升 2

12 月龄的艾丽斯现在对形状分类玩具还不太熟悉，所以妈妈为她搭建框架来提升她的游戏体验，给予她适当的帮助和指导。这需要妈妈关注艾丽斯的兴趣，然后为她设置每一步任务，还需要考虑艾丽斯现在已经能做什么，让她尽可能自己完成任务。妈妈需要把握任务的节奏，让艾丽斯不要过于匆忙，并确保艾丽斯对每一步骤都是清楚的。而艾丽斯也能够跟随妈妈的指点和建议，并对游戏的成功感到满意。

1. 艾丽斯在游戏时选择了黄色方块。

2. 当艾丽斯观察方块的时候，妈妈把方块的洞为艾丽斯转过来……

（续）

3. ……然后扶好玩具，让艾丽斯把方块放进去。

4. 妈妈明确地指给艾丽斯，应该把方块放进哪里……

5. ……艾丽斯的反应是把方块往前推了一点儿。

6. 妈妈引导艾丽斯将方块放到合适的位置……

7. ……把方块放好后，艾丽斯开始把它往下压。

8. 艾丽斯成功地把方块放进洞里。

9. 现在妈妈为艾丽斯放第二块形状块摆好了姿势，这次妈妈把形状块放到对应的洞上方，艾丽斯认真地看着。

10. 当妈妈把形状块放在对应的洞旁边时，艾丽斯伸手抓住了形状块……

11. ……尝试自己把它放进去。

12. 角度不对，所以妈妈把形状块对准，方便艾丽斯把它塞进去。

13. 当艾丽斯成功地把它塞进去时，妈妈为她鼓掌，艾丽斯也为自己感到开心。

案例 4.23

支持提升 3

几周之后，艾丽斯 14 个月了，她还是喜欢玩形状分类玩具，现在已经是熟练玩家了，妈妈对她的帮助也少了很多。

1. 艾丽斯选择了红色形状块，她把玩具转过来，方便自己把形状块放进去。妈妈只是扶稳玩具避免玩具晃动。

2. 艾丽斯自信地把形状块对准，妈妈还是轻轻地扶稳玩具……

3. ……艾丽斯熟练地把形状块放进洞里。

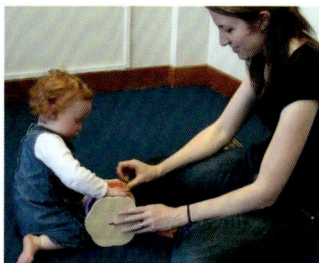

4. 她满意地拍拍玩具，好像在标示自己的成功。

5. 然后，艾丽斯马上和妈妈一起分享游戏的乐趣。

案例 4.24

支持提升 4

本在 14 个月的时候对形状分类游戏已经很精通了。现在他在游戏中可以做很多事情，妈妈不需要像以前那样给予他很多密切而直接的帮助了。但本也不是每次都能轻松地把形状块放进去，所以妈妈坐在旁边，可以给他提供帮助。妈妈观察本游戏的情况，在本遇到困难的时候，先让本自己尝试解决，然后才给予指导。妈妈的策略意味着本可以尽可能地自己完成，即使游戏有些挑战，本也还是满意的。这激励着本不断重复，直到自己完全掌握了。

1. 本试图把一个形状块放进错误的洞里。妈妈在旁边看本是否能自己意识到这个形状块要放到别的洞里。

2. 但本仍坚持放在这个地方，妈妈给他指出正确的洞，建议他尝试一下。

3. 本听从了妈妈的建议，把形状块拿过去，但又发现还是不能放进去，所以妈妈轻轻地帮他转动形状块，将形状块摆放到合适的位置。

4. 然后妈妈把手拿开，让本自己放进去……

5. ……本看到它掉进去感到很满意。

6. 妈妈帮他找到了一块完全相同的形状块，让本再练习一次。

7. 但本又放错了洞。妈妈在旁边看着……

8. ……在本试了好久之后，妈妈又指给他正确的位置。

9. 本把形状块移到妈妈指的地方，成功地放进去。

10. 所有的形状块现在都放进了小卡车，所以本指着卡车的后面，示意妈妈应该把卡车打开。

11. 妈妈答应了他的要求，本在旁边耐心地等着。

12. 本拿到了一块他曾多次出错的形状块。

（续）

13. 这次，卡车的方向变了，需要放入形状块的洞正好在本的面前，所以本很容易就找对了地方，本现在对形状块以及对应的洞可能有了新的认识。

14. 不管怎么样，本马上就要成功了，在没有任何帮助的情况下他自己完成了所有的任务。妈妈开始鼓掌……

15. ……本自豪地看着妈妈，和妈妈分享成功的喜悦。

声音和语言的帮助

上面描述的这种实际的支持提升式的帮助，常常通过鼓励孩子模仿父母或哥哥姐姐的动作（见案例 4.12 ~ 4.14），来帮助孩子学习新的技能，而语言的"支持提升"也是促进孩子语言和概念发展的基本途径。如本章后面所阐释的，父母促进孩子语言和思维能力的特别有效的"支持提升"是共同阅读，但实际上在各种社交互动的过程中，有助于孩子这些发展的"支持提升"随处可见。（见案例 4.25 ~ 4.28）。

案例 4.25

谈论狗狗 1

邻居的狗巴利纳待在旁边，10 月龄的伊莎贝尔很高兴巴利纳可以长时间静静地蹲在那里让她抚摸。当巴利纳走开后，奶奶和伊莎贝尔说话，帮她继续回忆关于巴利纳的事情。话题包括：摸着它多好玩，它日常的活动，以及它现在在干什么。奶奶用手势、对视以及语言来"标记"伊莎贝尔的感受。

1. 伊莎贝尔很高兴有机会和奶奶一起抚摸巴利纳。

2. 伊莎贝尔换了一只手抚摸，这时巴利纳听到主人喊它，警觉起来。

（续）

3. 巴利纳走了，伊莎贝尔显得有些失望。奶奶安慰她，解释说巴利纳需要回家吃饭。

4. 奶奶用挥手说再见来"标记"巴利纳的离开。

5. 伊莎贝尔开心地指着巴利纳离开的方向……

6. ……奶奶回应伊莎贝尔的动作，转头去看。

7. 当伊莎贝尔再次指向那里时，奶奶回应说——是的，狗狗去吃饭了。

8. 他们继续谈论伊莎贝尔摸巴利纳的感觉，猜想巴利纳现在在干什么。

案例 4.26

谈论狗狗 2

第二天，伊莎贝尔和奶奶坐在一起看一本有关狗狗的书。现在伊莎贝尔对狗的基本情况已经很熟悉了，所以她能集中关注它的样子和它的动作。伊莎贝尔的奶奶用手指着书中伊莎贝尔感兴趣的地方，并且说出相关名称，奶奶还把它们与自己和伊莎贝尔联系起来。当伊莎贝尔在地板上发现了一根薰衣草时，她转移了自己的注意力，而奶奶也跟随着她，然后将这和正在谈论的狗狗也联系起来。她们使用画册回忆和强化她们前一天对狗的观察——它柔软的皮毛、湿润的舌头和鼻子、喘吸的习惯——这样，伊莎贝尔就很容易参与分享对她来说很重要的事情。

1. 伊莎贝尔热情地侧身去翻这本有关于狗狗的书。

（续）

2. 在她和奶奶一起看的这张图片中，狗狗的舌头垂得很长——伊莎贝尔似乎感到很神奇。

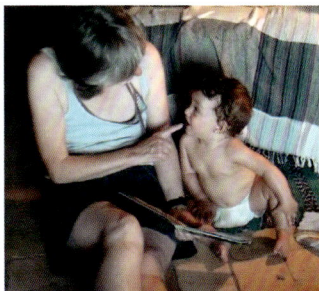

3. 奶奶用手指着伊莎贝尔的舌头，告诉她名称。

4. 然后奶奶又指着自己的舌头，伊莎贝尔认真地看着。

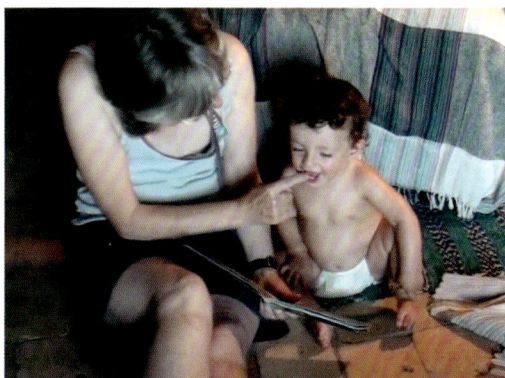

5. 现在伊莎贝尔很喜欢奶奶点着她的舌头，说出它的名称，同时看着图片中狗狗的舌头。

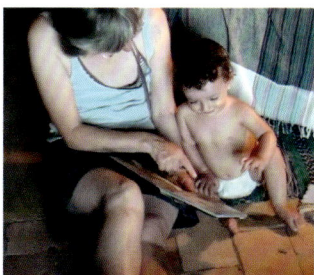

6. 她们接下来看另外一幅图片，里面的狗张着嘴巴——这只狗似乎在喘气。

7. 当伊莎贝尔模仿狗张开嘴巴时，奶奶发出喘气的声音，帮助伊莎贝尔理解图片的内容。

8. 然后伊莎贝尔自己试图发出喘气的声音——她模仿得很像，她和奶奶一起开心地喘气。

9. 就在伊莎贝尔的奶奶正要翻到另一张图片的时候，伊莎贝尔发现地板上有一根薰衣草，就把它捡了起来。

（续）

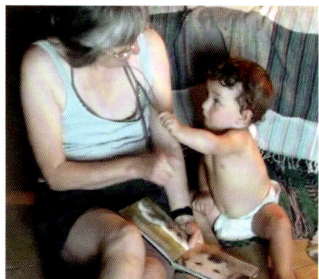

10. 她把薰衣草举起来，热情地让奶奶看。

11. 奶奶把薰衣草放到鼻子下，深深地吸气，示意伊莎贝尔，薰衣草有好闻的气味。

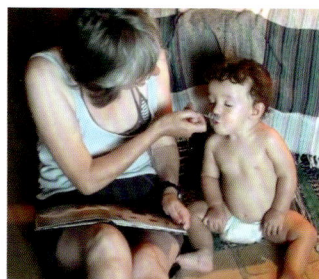

12. 伊莎贝尔也一本正经地做出这个动作，用力地吸气闻薰衣草的味道。

13. 奶奶提议，书里面的狗狗或许也想闻薰衣草的味道，然后奶奶把薰衣草举到了图片中狗狗的鼻子下面。

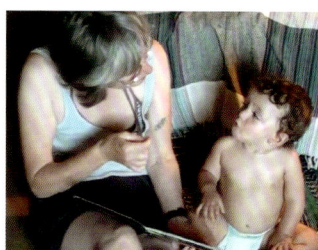

14. 伊莎贝尔又做出吸气的动作，然后奶奶告诉她狗狗也喜欢用鼻子去闻东西。

案例 4.27

谈论狗狗 3

伊莎贝尔的叔叔发现了自己小时候的玩具——一个上发条的摇尾巴狗。在他们玩这个玩具的时候，又谈论了更多关于狗的内容。

1. 伊莎贝尔目不转睛地看着叔叔给她演示玩具狗是如何摇尾巴的。

2. 当伊莎贝尔碰到玩具的时候，玩具狗的动作卡住了，她抬头看着叔叔，好像在确认是怎么回事。

3. 她的叔叔解释了原因，并鼓励她把手移开，然后玩具狗的尾巴又开始摇摆起来。

4. 伊莎贝尔又把手放到尾巴上，想看看这会有什么结果，她想和叔叔分享自己的体验，于是抬头看着叔叔，叔叔注意到她的发现，惊讶地说"哇！"。

案例 4.28

谈论狗狗 4

在房子周围可以听到狗的叫声，这给伊莎贝尔和奶奶一起思考的机会，虽然看不见狗，但狗应该就在附近。

1. 伊莎贝尔和奶奶找到一处树荫，在那里两人可以看到对面的田地。

2. 伊莎贝尔听到了狗的叫声，立即警觉起来，用手指着发出声音的方向。她第一次发出了"狗"这个音（当然是用她自己的方法），奶奶表示同意，她们能听到狗的叫声，说明附近一定有狗。

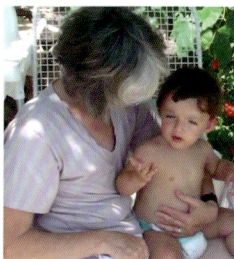

3. 狗的叫声停止了，伊莎贝尔改变了手势，更像是挥手的动作——奶奶注意到了。

4. 奶奶顺着伊莎贝尔的视线，和她一起猜测，狗狗到哪里去了。

5. 为帮助伊莎贝尔做出与狗狗挥手道别的姿势，奶奶做出挥手的手势。

6. 现在伊莎贝尔听到对面农场传来狗的叫声，她指向这个新方向。

7. 奶奶同意那里还有一只狗，顺着伊莎贝尔手指的方向，奶奶说，她觉得这只狗也许正在牧羊。

8. 狗的叫声继续传来，两人一起指向那里。

9. 后来狗的叫声停止了，所以伊莎贝尔和奶奶又做出挥手的动作，一起思考这只狗在做什么。

到孩子 1 岁末的时候，父母通过用某些特定的方式和孩子说话来促进孩子认知和语言的发展变得更加重要。这个时候，孩子与父母语言互动的质量可以更好地预测幼儿的一般智力水平。这些亲子间的语言交流其实有一段很长的发展历程，在孩子说出他人生中的第一个词之前，语言交流就已成为他们社会交往的一部分。从 3 个月开始，婴儿就常常会发出咿咿呀呀的声音以及其他旋律优美的声音（实际上研究还记录了早产儿和父母之间咿咿呀呀的声音），到 6 ~ 7 个月时，这些早期的声音通常变得非常系统化，婴儿这时发出的不同声音，在父母看来都传递了不同的意思。例如那些尖锐、语调上升的声音，父母认为是孩子在邀请他人一起游戏，而那些带着振动、语调没有变化的声音通常被认为是孩子在"唠叨"的请求。大约也是在这个时期，孩子的声音里开始出现父母语言的一些特征，所以在孩子的咿咿呀呀中能发现跨文化的差异。婴儿之前的语言非常简单，只有像"ooh"这样的元音，但从这个时期开始，出现了辅音和元音的组合——如"ba"或"ma"。与此同时，父母也开始以不同的方式对待孩子的发音。之前对于孩子发出的简单的元音，父母只是把它看成是有趣的声音，而现在出现的这种辅音和元音的组合才被看作真正有意义的"话语"，因而常常对其作出鼓励性的点评或者提问，如"哦，真的吗？"或者"是吗？"，就好像孩子是一位积极主动的交谈伙伴。

当成人甚至是儿童，与婴儿说话的时候，无论其母语是什么，都会本能地使用一种特殊的"儿语"，专家称之为"儿向语（IDS）"（与"成向语（ADS）"对应）。儿向语有一些特点——通常一句话都比较短、重复较多，和成向语相比音调较高、整体较为夸张、节奏感较强、语调中升调较多。研究显示，儿向语不仅是孩子的偏好，而且它实际上似乎有助于孩子处理听到的语言。例如，有一个研究记录了婴儿听到语言后的反应，结果显示，和成向语相比，6 ~ 8 月龄的婴儿对儿向语的识别情况更好（即使是一天之后），实际上对于成向语，孩子根本一个词都不能识别。同样，儿向语有助于这个年龄段的婴儿在语流中识别单个的词，学会将语音和其他类型的刺激联系起来（更多内容见下文）。儿向语的这些益处很有可能是因为其独特的旋律特征（或者说韵律特征）有助于将婴儿的注意力引导到重要的信号上来；因此，父母通常使用升调来引起孩子的注意，而升调降调的对比则有助于保持孩子的兴趣。

图 4.1

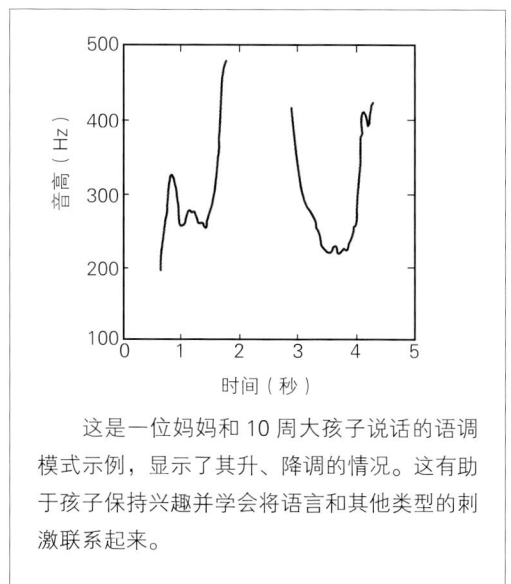

这是一位妈妈和 10 周大孩子说话的语调模式示例，显示了其升、降调的情况。这有助于孩子保持兴趣并学会将语言和其他类型的刺激联系起来。

从婴幼儿语言研究得出了一个重要却并不令人意外的结论，即来自他人积极的社交回应是至关重要的。那些极度缺乏社交的儿童可能永远也无法获得正常的语言技能。因此，尽管婴幼儿听到父母使用的词汇量和他的语言发展有很强的相关性（对男孩来说尤其是这样），但父母语言交流的互动性和回应性特点也是非常关键的。有一些关于婴儿学习外语的重要研究证明了这一点。在其中一项研究中，有几个 9 月龄的美国婴儿和一位说汉语的人一起待一段时间，期间这个人用汉语给这些婴儿读书，并用汉语和他们谈论一起玩的玩具。经过 12 次之后，这些婴儿能够辨别出一些汉语中有而英语中没有的音素，相反，没有参加学习的孩子则无法辨别。更为令人印象深刻的是，如果这些孩子不是参加这种与人互动的活动，只是在电视上或者通过扩音器学习汉语，这种结果则不会出现。

一般来说，父母除了积极回应自己的孩子，还有某些类型的语言回应似乎对孩子的语言以及全面认知的发展特别有帮助。在某个时间点哪种语言回应最有帮助，这取决于孩子的能力和语言发展所处的阶段。所以，正如前文所述，到 1 岁末，当语言（而不是行为）的敏感性变得更为重要的时候，帮助孩子语言发展最有效的交流方式是跟随孩子的兴趣，通过描述和点评他的动作来鼓励他，清楚地标示出他专注的内容。相反，当孩子被某些事物吸引，而父母却强行将其注意力转移到其他的事物上，这种育儿方式就可能具有破坏性，甚至可能对孩子的词汇学习造成负面的影响。

对于已经开始使用声音来表示词语，甚至已经开始使用真正词语的孩子，他的语言发展可以从稍有变化的交流中获益。例如，父母可能会在与孩子说话的基础上做一些提升或扩展，孩子说得对父母就会模仿，如果孩子能力尚有欠缺或孩子说的和父母说的不同，父母就会以正确的方式说出来——比如孩子可能会一边用手指着一边说"饼"，父母可能就会回应"哦，你想吃饼干。"这样，父母没有直接告诉孩子他说错了，只是自然地转换为正确的说法来帮助孩子学习，将孩子向正确的方向引导。最初 2 年，在婴幼儿语言学习的过程中，这种低调、纠正式的提升方式对孩子的语言学习很有帮助，比如，孩子说"我们去了（goed）公园"，父母则回应"是的，今天早上我们去了（went）那个大公园"（英语表示过去做过的事情，一般的规则是在动词后面加词尾"-ed"，但"去（go）"这个动词属于特殊变化，不是加"-ed"，而是将动词改成"went"。这里孩子套用一般规则，所以出现错误），这样就在回应孩子的过程中纠正孩子的语法错误。

在孩子更容易对他人的关注点感兴趣的阶段，父母可能会发现将孩子的兴趣引导到新的主题上也更容易。尤其是当父母使用手势加上语言来吸引孩子注意力的时候，如果父母采用顺势而为的方式，而不是强制性地打断孩子的注意力，孩子的词汇量将会得到提升。父母与孩子交谈中包含的这些回应特点，很大程度上解释了不同社会背景下儿童词汇发展的显著差异。

利用其他资源 1：看电视

照看者的积极回应对婴幼儿的认知和语言发展极其重要，因此现在人们对婴幼儿长时间看电视可能导致的负面影响非常担忧。

实际上，美国儿科学会在 2013 年发布了一项指南，呼吁 2 岁以下儿童不应该看电视或类似的媒体设备。指南中指出，有些父母被商业产品声称的对儿童智力和学习方面有益的言论所误导，其实这些言论尚未得到证实（值得注意的特例是那些基于坚实的发展证据开发的材料，如由伦敦大学伯贝克学院婴儿实验室安妮特·卡米洛夫·史密斯及其同事发明的）。虽然婴幼儿越来越能够从模仿电视节目的内容中有所收获，但实际上，在 3 岁之前，这种收获还无法等同于真人互动的收获。多篇综述显示，对于 2 岁以下儿童，看电视（或类似行为）常与不良的语言和认知发展相关，包括注意力和学校学习表现——即使已经将家庭背景中的一些重要因素和育儿质量纳入考虑范围。这些影响似乎涉及 2 个方面原因。首先，针对婴幼儿的电视节目，除了不具备回应性之外，声音往往比较大，还伴随画面频繁、快速的变换，这些刺激似乎造成了直接的负面影响。而且这类节目为了吸引婴幼儿的注意力，可能过于刺激，使婴幼儿难以承受，即使只作为游戏时的背景音乐，也会对游戏本身造成干扰。其次，间接的影响在于，婴幼儿看电视的时间越多，用于其他有益的回应性社交互动的时间就会越少。不过，考虑到婴幼儿通常从 6 ~ 9 个月开始看电视，而看电视所带来的 2 点益处也许能消除一些负面影响。益处之一是反复接触同一物品可能有助于孩子更好地关注它，为他处理其内容提供更多机会。益处之二是如果父母或其他社交同伴在场，他们就能在看电视的时候和孩子进行互动，提供支持提升式的帮助，并让孩子参与到其他类型的互动中，比如共同阅读。

利用其他资源 2：共同阅读

长期以来，心理学家和哲学家都对一个问题非常感兴趣，那就是儿童是怎样掌握词汇的意义的。例如，在一个婴儿知道"狗"这个字的所指之前，当他的妈妈指着公园里跑过来的一只狗说"看，狗"，他是怎样意识到妈妈指的是这只狗本身，而不是狗的鼻子或者狗嘴里叼着的球，或者是狗摇摆的尾巴，甚至是她说话时狗经过的那条长椅。毕竟，"狗"这个字不过是声音的随意组合，与狗本身这个实物之间没有任何本质的必然联系。实际上，我们现在对于早期大脑的语言处理有了更深入的了解，也知道了婴幼儿是如何发现他所听到的语言的规律和模式，以及这些语言与他自己周围世界的关系。很多研究表明，父母会观察孩子关注的事物，使用清晰、简单以及重复的语言，并通过变换语调来进行强调，从而使孩子的词汇学习变得更容易。不过，学习关于事物、动作以及感觉的新词汇仍然是一项相当艰巨的任务，尤其是很多这样的词汇在孩子的日常生活中可能只是短暂出现。令人欣慰的是，父母参与的一项活动对孩子语言技能（如词汇学习）的发展和识字前技能的发展尤其有益，这就是共同阅读。

婴幼儿书籍的特点

婴幼儿书籍通常有一些关键的特点，使其特别适合语言学习。最简单的书往往在一页纸上只出现一个或者几个事物，而且没有其他琐碎的细节来干扰婴幼儿对主题的理解，通常还会使用简单的线条和颜色来强调其主要特征，而忽略那些不重要的特征。婴幼儿书籍也可能会在好几页纸上表达同一个主题，在保持主要特征不变的情况下，每一页的新插图在细节上与上一页略有差异。这种对核心元素的重复加上细小的变化能帮助婴幼儿构建起对图片主体特征的概念。这对婴幼儿认知发展很重要，因为图片与真实世界的事物很像，展示出事物的基本特征，但又不是真实的事物，这就为婴幼儿提供了一个阶梯，从他对世界即时、直接的体验迈向学习到的任意的（也就是与其所指的事物之间没有逻辑必然联系）指代词汇的语音。

图片对于婴幼儿学习现实世界中变化的事物的词汇特别有用，尤其是像动作或情感表达这样转瞬即逝的事物，它发生得如此之快，以至于难以被婴幼儿注意并进行加工处理。相比而言，只要婴幼儿愿意，可以反复看图片来了解事物的主要特征。这些图片不仅可以帮助婴幼儿理解词汇在这些情境中所指的内容，而且还能让婴幼儿产生更为复杂的联想，例如是什么导致事情的发生，或者人物的意图是什么（比如老鼠试图从猫的身边逃走），或者为什么会产生不一样的感觉（孩子被抱着的时候感到特别开心），当然也可以通过图片展示出这些情境，让婴幼儿在看到这些图片时就能够理解。此外，图画书可以向孩子介绍一些日常生活中遇不到的事物——如野生动物。最后，阅读婴幼儿书籍还能为以后的学习能力打下基础。学习能力包括一些基本的行为，如拿书的方式，怎样翻书，或者我们文化中书从左往右翻的概念——所有这些行为都不是自动发生的，是需要时间来逐渐学习的。

共同阅读的益处

大量研究比较了不同情况下父母（通常是母亲）和孩子的交谈方式，结果证实共同阅读是促进儿童语言和认知发展的重要途径。这一研究主要针对于9～24月龄的婴幼儿，研究一致表明，共同阅读被父母很自然地看成是学习语言的机会。和其他情境相比，阅读图画书通常能让父母与孩子长时间共同关注同一事物。而且在这种情况下，父母能够告诉孩子事物的名称，关注孩子的兴趣点或发出的声音，并对其进行拓展和说明。与其他形式的谈话相比，一起阅读图画书能够给父母和孩子提供更多一起谈论他人想法、感受以及意图的机会。研究发现，这种交谈反过来能预测孩子对他人体验的理解程度。

许多研究都已证实共同阅读是有益的，经常和父母共同阅读的孩子以后更有可能拥有更好的语言能力和学习能力，即使将家庭的社会阶层考虑进去，这一结论也仍然成立。也许支持型共同阅读价值的最有力证据来自增进其应用（更常见的是改善提高其品质）的研究。这些研究非常重要，因为父母并不总能以有用的方式（即"对话式"）为孩子提供共同阅读。在一些研究中，研究人员自己为婴幼儿提供了共同阅读的帮助和支持，不过更多的时候是对其父母进行持续数周的培训，有一对一的形式，也有小组的形式，有时候还使用视频演示。研究表明，与其他类型的育儿培训相比，共同阅读项目与婴幼儿语言能力的提高以及注意力集中时间的延长相关。更重要的是，如果是父母和孩子进行共同阅读，而不是其他照看者，那么对孩子阅读带来的帮助和支持则会更多。所以从这些研究中可以得出一个重要结论，那就是共同阅读的质量很关键。

支持型共同阅读的核心特点

我们知道，共同阅读的核心特点（被专业人员称之为"对话式"）对婴幼儿的语言、认知和读写能力的发展很有帮助，这是指父母根据孩子给出的信号，支持和鼓励孩子积极参与。具体的做法根据不同阶段孩子能力的发展和兴趣存在一定程度的变化，但在早期，有对婴幼儿的阅读兴趣产生重要影响的因素，那就是要让孩子乐于享受共同阅读这一温暖又亲密的美好时光。在早期，父母如果和孩子进行有规律的共同阅读并关注孩子想做什么、对什么有兴趣，那么很快就能对孩子的回应方式变得敏感起来。随着孩子的发展，父母的帮助和支持就可以更适合孩子的行为，这反过来又能促进孩子更喜欢这种体验。实际上，研究显示，越早建立起有规律的共同阅读模式，父母就能越早对孩子的信号敏感，孩子就越愿意开始主动看书以及共同阅读。

随时间变化的模式

在最初几个月中，当孩子还没有能力很好地掌控事物的时候，他其实已经开始享受阅读的体验了，尤其是如果这些书的设计符合婴儿的视觉偏好，比如，清晰的图形对比和脸形的图像。在这个阶段，父母可以只提供简单的帮助，比如拿稳书让孩子看得清楚，用语调来吸引孩子的注意，在孩子兴趣减弱的时候换不同的图片来吸引孩子（见案例 4.29）。

案例 4.29

4 月龄的娜奥米

即使是婴儿也喜欢和父母一起看书：娜奥米被简单的黑白脸形图片所吸引。妈妈留出时间让娜奥米看清每一张图片，并用手指着图片解释图片内容来帮她保持注意力和兴趣，同时也帮她形成一种正面积极的阅读体验。

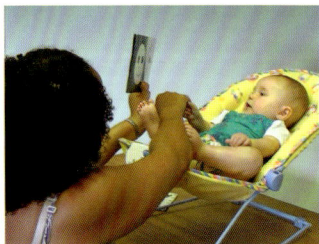

1. 当妈妈给娜奥米看图片的时候，娜奥米安静了下来，专心地看着。

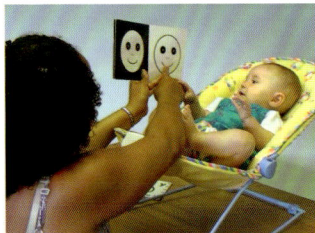

2. 娜奥米看到脸形的图片时活跃起来。当妈妈用手指着图片来引导她时，娜奥米朝图片伸手。

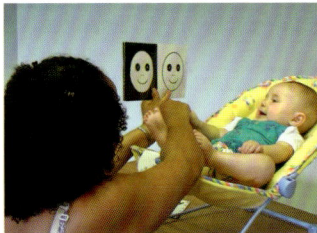

3. 妈妈注意到娜奥米很喜欢，所以给她留出充足的时间，并且和她谈论图片内容。

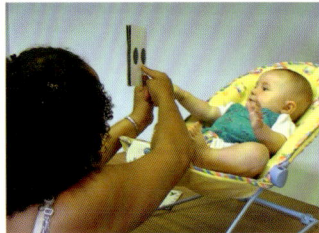

4. 后来，即使只是一对黑眼圈也能引起娜奥米的兴趣，妈妈再一次用手指着图片并加上简单的解释来帮助她保持兴趣。

当孩子 4 ~ 5 个月的时候，其操控能力有了进一步的发展，往往喜欢触摸和抓取书中的图片、咬书角、抓书页等。父母可以帮助孩子以他的方式"阅读"书籍，帮他把书拿稳或者帮他翻页，这能增加孩子的乐趣和掌控感，还能提高他反复进行共同阅读的热情。除了喜欢书的质感，这个年龄段的婴儿已经能发现图片的趣味性，通过跟随孩子的视线，父母可以表现出对孩子关注对象的兴趣，在用手指着它的同时，可以用声音表达出自己的热情（见案例 4.30）。

到大约 9 月龄的时候，孩子从早期抓取书中的图片发展到自己指着图片看书的阶段——有趣的是，孩子在共同阅读的时候指着图片的动作比任何其他时候都多。只要被指的物品在孩子的视线范围内，他就能够跟随他人的指引，所以这个阶段当父母指着图片说出物品的名称时，孩子也更容易跟随父母这样做。当孩子指点图片时，他表现出自己的兴趣，而父母通常的回应就像孩子在邀请他们一起来看，他们大多也会不约而同地说出孩子所指物品的名称（见案例 4.31）。如果可以的话，父母还会生动地表演出图片中的内容，比如将手上下移动来表示皮球的

案例 4.30

5 月龄的亚当

随着孩子操控能力的发展，他开始喜欢以各种方式摆弄和翻看书籍。即使只有 5 月龄，孩子也会努力摆弄书页，而这将逐渐发展成熟练的翻书。早期还会出现其他的摆弄书籍的方式，这些以后会逐渐消失，比如，1 岁以下的婴儿通常会把书中的图片当成可以抓住的实物，会尝试用手去抓，他也喜欢咬书角，所以这个时候那种比较硬的可以擦干净的纸板书就比较有用。

1. 亚当全神贯注地在书上抓，似乎想要把图片中的东西抓出来。

2. 妈妈留出充足的时间让亚当摆弄这本书，亚当虽然笨手笨脚，但还是成功地翻开一页，初步获得了对书的一些认识。

3. 现在他成功地把书角放到嘴里。

4. 除了摆弄书页，亚当也专注地看着里面的图片，妈妈在旁边帮助他，用手指着亚当正在看的内容，亲切地给他讲解。

案例 4.31

11 月龄的弗洛拉

经过规律的共同阅读和反复阅读，孩子会形成明显的偏好。即使在同一本书中，如果对内容很熟悉的话，孩子也常常会对某些图片显示出偏好。现在孩子能顺畅地翻书，可能会一遍又一遍地翻回到自己喜欢的图片。让孩子自己选择一起阅读的书，跟随他的兴趣，按照他自己的方式来阅读，这样能培养孩子的自主意识和对书籍的热爱。

1. 弗洛拉发现了一本自己喜欢的书，她指给妈妈看，表示她想看这本书。

2. 弗洛拉的妈妈向她确认这本书——对，就是这本！

3. 在弗洛拉看图片的时候，妈妈用手指着并且用形象的语言进行解释，表现出自己的热情，以此来吸引弗洛拉的兴趣。

4. 现在，弗洛拉很喜欢翻书，只需要妈妈给予一点点帮助她就能做到。

5. 弗洛拉发现了一个特别有吸引力的图片，于是她把书页翻回来再看一眼，现在她自己用手指着图片。

弹跳，或者用手指在书页上跳动来模仿图片中小虫的动作，以此来引起孩子的兴趣。正如上文所述，婴幼儿书籍中的插图适合帮助孩子形成对真实世界中的事物更抽象的表征，所以，在这种共同阅读的时刻，当孩子感兴趣的话题被清楚地发现并命名时，孩子的词汇学习会变得更容易。有研究发现，在婴幼儿学会的前 20 个词中，大约 2/3 是父母在这种指引和命名的情境下教会孩子的（见案例 4.32），这已不足为奇了。

当孩子的语言开始发展，并且开始清楚一些词的意思的时候，父母在帮助孩子阅读书籍的方式上会稍有不同，他们会让孩子更积极地参与、练习这一新技能。所以，在一起看着图片的时候，对于孩子已经理解的词，父母不会再指着图片说出名称，而会换成提

案例 4.32

12 月龄的艾丽斯

艾丽斯和妈妈经常一起看书，已经形成了固定的喜好，对于喜欢的内容无论看多少遍也不嫌多。艾丽斯特别喜欢这本彩色的书，书里有各种各样的动作以及一个做出各种有趣动作的孩子的清晰图片。艾丽斯把书里的折页一一翻开，认认真真地看，她和妈妈依据书里孩子的动作形成了一组固定的声音和动作，妈妈自始至终都关注着女儿的兴趣和注意力，对艾丽斯看的内容做出一些简单、生动的解说。两人舒服地坐在一起，这是一段亲密而温馨的时光，对艾丽斯注意力、专注力以及其他认知能力的发展非常有帮助。

2.……然后热情地引导艾丽斯说出折页翻开后图片中瓢虫的名字。

1. 这里，妈妈和艾丽斯一起翻开折页……

3. 艾丽斯翻开下一个折页，妈妈开始做她们每次看到这里都要做的动作——模仿图片中的孩子伸展手臂……

4. ……当艾丽斯也开始做这个动作时，妈妈指着图片，强化两者间的联系。

5. 艾丽斯非常投入，像图片中孩子那样抬起手臂……

6. ……妈妈也热情地举起手臂，和艾丽斯一起游戏。

问的方式让孩子自己指出某个物体或人物，通常这些问题的形式是"……在哪里？"或"你能找到……吗？"，之后，等到孩子自己能说出一些词的时候，父母帮他练习这一新技能的提问形式改为"这/那是什么？"同时指向图片的相关部分让孩子说出名称。孩子特别喜欢回答这类处于他能力范围内的问题，父母可以通过表扬他和在他说出正确的词之后再重复一遍的方式来强化他的成就感。当然，在学习这些新技能的时候孩子也不是每次都能成功，这时父母与其直接告诉孩子他说错了，不如自己说出正确的词，以积极的方式来帮助孩子学习，然后再寻找别的机会让孩子再说一次，来强化这一点。

到孩子快满 1 岁的时候，共同阅读的方式可以更丰富一些，将书中的内容和孩子自己的生活体验联系起来可以使孩子更加投入。此类共同阅读的最简单的方式其实就是父母鼓励孩子模仿图片中人物的动作，这是从孩子早期的动作游戏中自然发展而来的。在孩子学习词汇的时候，将书中的内容与他自己或身边的其他人联系起来对他也很有帮助。例如父母和孩子轮流指着图片中动物的鼻子，然后找到自己的鼻子或者对方的鼻子，在每个关键点父母重复"鼻子"这个词（见案例 4.33），这样就能在游戏中鼓励孩子学习。同样地，父母也可以通过模仿图片中的动作来帮助孩子理解图片代表的意思和对应词汇的意思。首先将图片和自己联系起来，然后再和孩子联系，最后鼓励孩子也这样做（见案例 4.34）。

随着孩子对词汇理解能力的发展，他逐渐能思考实际不存在的事物。这时父母可以让他更为深入地参与，帮助他将书中的内容

案例 4.33

10 月龄的本杰明

在孩子熟悉一本书之后，他就能更积极地利用书中的内容来促进自己认知和语言能力的发展。本案例中，本杰明非常喜欢一本配有猫狗图片的书，他正用这本书练习关于各种面部特征的知识，父母则在旁边帮助他。

1. 当和家人一起吃早餐的时候，本杰明正在看这本自己最喜欢的书——这本书上有猫和狗的图片。

2. 本杰明对这本书的内容特别熟悉，他的兴趣不再只是猫和狗本身，而是开始注意它们的脸部细节，妈妈注意到了本杰明的变化，于是指着图片中狗的鼻子。

（续）

3. 本杰明表示自己知道鼻子是什么，并且伸出手去摸了摸妈妈的鼻子……

4. ……然后妈妈把这变成一次互摸鼻子的游戏。

5. 现在本杰明和妈妈一起用手指着图片中狗狗的嘴巴……

6. ……本杰明向妈妈表示自己也知道那是什么。

7. 现在本杰明看向爸爸，并指着书中的图片，邀请爸爸参与。

8. 爸爸靠近想搞清楚本在看什么，发现是狗的鼻子。

9. 现在本杰明伸手摸了摸爸爸的鼻子……

10. ……一家三口一起享受共同阅读带来的快乐以及本杰明的最新成就。

和更广泛的体验联系起来——也许图片中的狗和邻居家的狗长得很像，或者可以将图片中的情景和最近自己在公园里喂鸭子的情景联系起来。这种将图片和生活相联系的交流可以涵盖很复杂的内容，包括动作的因果以及感觉等，这就意味着父母和孩子交谈时使用的语言要比往常稍稍高级一点儿，相应地，从幼儿开始能将词语串起来使用的时候，他"高级"的语言表达中常常会出现共同阅读时学会的短语（见案例 4.35，了解哭泣的孩子）。

案例 4.34

14 月龄的米库卢

将书中的内容和孩子自己的体验联系起来是父母帮助孩子参与和享受阅读乐趣的一个重要方式。对 1 岁左右的婴儿来说,父母可以采用直接和婴儿建立联系的方式,也可以采用和房间内某一物品建立联系的方式;对于年龄大一点儿的儿童,联系的内容可以更广泛,也许可以和最近与父母一起有过的体验建立联系。在这方面,海伦·奥克森伯瑞的婴幼儿读物是很理想的选择,书中用简单而有吸引力的画面展现出婴幼儿在各类生活场景中的表现。

本案例中,当妈妈把书翻开的时候,米库卢立即被吸引了,并且开始充满热情地看书,而妈妈则在旁边仔细观察他的反应,帮助他将书中的内容和自己的生活联系起来。

1. 妈妈注意到米库卢被图片中颜色鲜亮的 T 恤吸引住了,妈妈顺着米库卢的视线,指着它并热情地解释。

2. 妈妈碰了碰米库卢的 T 恤,将图片中的孩子的 T 恤和米库卢自己的联系起来,并且告诉他图片中孩子的 T 恤和他的很相似。

3. 妈妈等到米库卢完全准备好了才翻到下一页。

4. 现在图片中的场景是梳头发,妈妈强调了米库卢正在看的地方,画面中妈妈正在给孩子梳头发……

5.……妈妈亲切又生动地在米库卢身上模仿这个动作。

6. 现在轮到米库卢了,他伸手去触摸图片中孩子的头部,妈妈热情地帮助他参与。

7. 现在两人又一起模仿梳头发的动作……

（续）

8.……米库卢将图片中的内容和自己的生活体验联系起来。

9. 米库卢安静地看着妈妈帮他翻到下一页。

10. 这是一幅孩子在睡觉的图片，妈妈指着图片并告诉米库卢这是在干什么……

11.……然后妈妈模仿睡觉的动作，明确地示意这是在干什么……

12.…… 妈妈又指向图片中正在睡觉的孩子的脸……

13.…… 妈妈观察米库卢，看他是否听懂了自己的解释……

14.……现在米库卢轻轻地抚摸图片中睡觉的孩子，妈妈为他鼓掌，对他的行为给予赞赏和鼓励。

15. 米库卢也开始鼓掌……

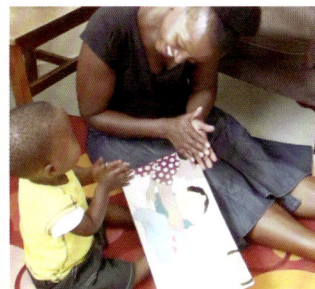

16.……两人一起为米库卢的行为感到高兴。

案例 4.35

14 月龄的艾丽斯

有些事件和体验，比如感受不同的情绪，在一般情况下很难对婴幼儿解释，尤其是如果这些事件和体验转瞬即逝或者比较复杂。但图画书是帮助婴幼儿思考这些内容的有效工具，因为父母可以观察孩子的反应，然后花时间让孩子了解图片中的内容。另外，快满 1 岁的时候，随着孩子对妈妈、他人或其他事物的情绪反应会变得更为敏感，父母可以在共同阅读时利用他的这一特点，帮助他应对和处理自己的反应。

1. 妈妈让艾丽斯选择一起阅读的书。

2. 艾丽斯明确表示自己喜欢这本展示孩子不同表情的书。

3. 书中每一个孩子出现时，艾丽斯都认认真真地观察。

4. 翻开下一页图片的时候，妈妈密切地观察着女儿……

5. ……这是一个哭泣的孩子。

6. 艾丽斯坐下来，若有所思地看着图片中的孩子；妈妈注意到她的兴趣以及她严肃的表情，于是就花了一些时间和她一起谈论这个孩子。

7. 艾丽斯看着妈妈的脸，妈妈在解释图片中孩子的表情，表现出关切和担心……

8. ……妈妈邀请艾丽斯一起来思考孩子为什么哭泣——也许他饿了，也许他手指疼——以及怎样才能帮助他。艾丽斯自始至终都全神贯注地听着妈妈说话。

研究显示，当孩子反复阅读同一本书，对书中内容越来越熟悉，父母和孩子对书中图片理所当然有了共同的理解。那么在谈论图片新的认识的时候，父母通常会对孩子使用更为复杂的语言，当然孩子也会自然地顺应这一过程，还会对某些书或者书中的某些图片表现出明显的偏好，然后一遍又一遍地看。这些时候，父母如果能用手指着图片说出图片的各部分如何相互联系的，那么孩子也会用手指出来，这样两人共同的行为就带动了亲子讨论（见案例 4.36）。对特定书籍和图片的熟悉程度与孩子积极参与阅读有关，因为他能使用刚刚学会的语言，练习在阅读过程中形成的固定动作（见案例 4.37）。随着孩子和父母这种共同阅读体验的增多，并且如果这种体验是正面而积极的，那么孩

案例 4.36

17 月龄的本

本对这本关于丛林的绘本特别熟悉，在和爸爸一起阅读这本书的时候他非常积极：他翻书很有把握，手指指向明确，手指动作更加熟练。本的手指划过书页，指着一个又一个动物，在这个过程中他还模仿着动物的叫声。爸爸密切关注着本对图片的反应来调整自己的回应，并在恰当的时机做出提示（和本一起或轮流用手指），所以他们的配合浑然一体。本喜欢一遍又一遍地进行同样的流程，每一次都练习了自己刚刚学到的词汇。

1. 对图片中的猴子，本知道它会发出什么样的声音，爸爸用手指着书，问本猴子会发出什么样的声音……

2. ……本很喜欢模仿猴子的叫声……

3. ……然后本来主导，他指着另一只猴子，重复刚才的声音。

4. 爸爸也和本一起指……

5. ……然后解释图片中的猴子在做什么，本认真地听着。

6. 本又指着第一只猴子，发出同样的声音。

（续）

7. ……爸爸也加入进来，在本之后也指着猴子。 **8.** 现在本翻过一页……

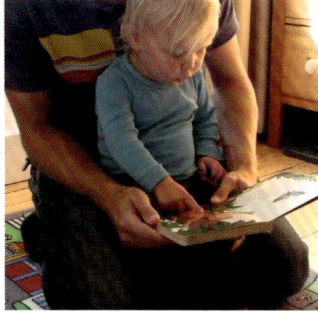

9. ……又出现一只猴子，同样的过程又重复一遍，本指着图片发出声音。

子就愿意把这种共同阅读扩展到和其他人一起进行，甚至自己还会独自练习在共同阅读中形成的固定动作和程序，为将来读写能力的发展打下牢固的基础（见案例 4.38）。

共同阅读的深远意义

虽然本章重点讨论共同阅读在婴幼儿认知、语言以及早期读写能力发展方面的益处，但事实上，共同阅读还可以出现在亲密、温馨的亲子时刻，以及情感和想象力发展的宝贵时刻。尤其是随着孩子对不在眼前的事物的思考能力的发展，共同阅读能为孩子提供机会，让孩子尝试那些在真实生活中不易遇到或不能尝试的想法和感觉，对儿童来说，这就是童话故事的魅力所在。即使是针对 2 岁以下儿童的简单书籍也可以提供丰富的素材，让婴幼儿体会到各种感受，如惊吓、孤独、调皮以及体验惊喜、悬念、开心、有趣

案例 4.37

24 月龄的本

对婴幼儿来说，与他人共同阅读是一件有趣的事情，不仅图片和讨论很有趣，阅读书籍也为一起做动作游戏和唱儿歌提供了机会。本案例中我们看到本和他的妈妈一起阅读一本有各种表情和手势的图书，从中可以看出本对图片中的人物具有强烈的认同感并会进行模仿。本的模仿非常准确，反应出他对图片细节的感知能力，在妈妈的帮助下，本热情地尝试每一个动作。

1. 妈妈和本开始做一个多次练习过的游戏，本很喜欢这个游戏。图片中的孩子做出各种不同的表情和动作，妈妈指着图片鼓励本也像图片中的孩子那样做……

（续）

2. ……图片中的孩子微笑着坐在那里……

3. ……本开始模仿，他调整自己的姿势，朝着图片中微笑的孩子展露出笑容，妈妈表扬他做得很好。

4. 接下来妈妈建议本模仿这个小男孩……

5. ……本马上就模仿了这个动作……

6. ……现在妈妈给本展示的图片是一个挥手的孩子……

7. ……本也开始挥手。

8. 接着展示的是一个拍手的孩子……

9. ……本马上也拍手。

10. 最后他们看到的是一个孩子正伸出手指着什么东西，本认真地看着……

11. ……然后本举起双臂伸出手指，妈妈注意到本和图片中的孩子做得一样，又表扬了本。

案例 4.38

23 月龄的本

即使是儿童，他也擅长帮助更小的孩子进行共同阅读。本案例中我们看到本和他 6 岁的哥哥乔在一起，乔表现出良好的支持者的一些主要特征，他和爸爸妈妈一样，根据本的视线和手指的方向关注着本的兴趣，并且让本有足够的时间用自己方式观察图片，同时他也亲切而贴心地照顾着本，让本感到舒服。

1. 本问乔是否愿意给他读《大挖掘机》这本书。

2. 两人拿着书在沙发上坐了下来……

3. ……乔强调了图片中的动作。

4. 两人一起看着同一页内容，一同用手指着……

5. ……然后乔引导本注意另一个细节，告诉本这是怎么回事。

6. 本抬头仰慕地看着哥哥……

7. ……然后用手指着下一页中的挖掘机。

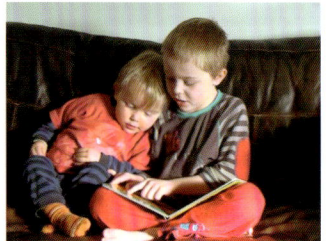

8. 他们继续往下读故事的时候，本向哥哥靠得更近了。

案例 4.39

17 月龄的本

经常进行共同阅读的婴幼儿会非常熟悉读书的流程，也会独自完成阅读书籍的实际操作，而且在没有他人帮助情况下，亲密而积极的共同阅读体验也会鼓励孩子，让他更喜欢"看"书。下面的图片没有说明文字，我们可以看出本完全沉浸在自己最喜欢的书中，自己一个人进行了所有的翻页、指点、说出名称等和家人共同阅读时形成的习惯动作。

1

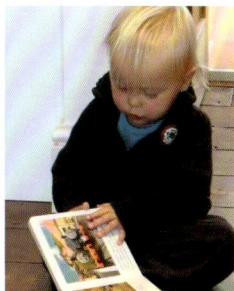

2

3

4

5

6

等。共同阅读不仅是学习和练习重要技能的活动，还是以想象的方式分享感受和思想的独特机会。

小 结

从出生开始，婴幼儿就积极探索客观世界，通过一次次尝试来了解自己能做什么、了解世界是怎样运转的。但孩子并不是在孤立的情况下发展他全部认知潜能的，社会关系对于他们先天能力的蓬勃发展起到了至关重要的作用。在和孩子的关系中，如果父母能对孩子的行为，尤其是对孩子的兴趣和关注点做出积极的回应，那么这种关系就能丰富孩子的体验，促进其能力的发展。在不同的年龄阶段采用不同的帮助方式，这是非常重要的。从早期互动时父母密切而恰到好处的随机应变，然后到协助和支持提升式地帮助孩子掌控和探索世界，再到后来以交谈和共同阅读的方式回应孩子的兴趣和他不断发展的语言能力。在每一个阶段，社交互动都可以帮助孩子发现事物之间的联系、组织他自己的心理体验——这样，他会变得越来越能干，并逐渐获得更多对自己世界的掌控。

参考文献

参考文献用页码和段落来标注，所以1/1是第1页，第1段，以此类推。每一段中第一次提到的每一个参考文献都有完整的说明；如果在同一页中有重复，则只给出姓名和简短的标题。

前言
页码 / 段落

4/4　Henrich, J., Heine, S.J. and Norenzayan, A. The weirdest people in the world? *Behavioural and Brain Sciences*, 2012; 33: 61–135.

第一章　社会理解与合作

7/3　Winnicott, D.W. *Primary Maternal Preoccupation. Through Paediatrics to Psychoanalysis*. London: Hogarth; 1956.
Papousek, H. and Papousek, M. Intuitive parenting. In: M.H. Bornstein, ed. *Handbook of Parenting: Vol 2. Biology and Ecology of Parenting*. Hillsdale, NJ: Erlbaum, 1995, pp. 117–36.

7/4　Kringelbach, M. L., Lehtonen, A., Squire, S., Harvey, A. G., Craske, M.G., Holliday, I.E. et al. A specific and rapid neural signature for parental instinct. PLoS ONE, 2008; 3: e1664.
Caria, A., Falco, S. de, Venuti, P., Lee, S., Esposito, G., Rigo, P. et al. Species-specific response to human infant faces in the premotor cortex. *Neuroimage*, 2012; 60: 884–93.

7/5　Swain, J. E. Baby stimuli and the parent brain: Functional neuroimaging of the neural substrates of parent-infant attachment. *Psychiatry*, 2008; 5: 28–36.
Bartels, A. and Zeki, S. The neural correlates of maternal and romantic love. *Neuroimage*, 2004; 21: 1155–66.

8/1　Strathearn, L., Fonagy, P., Amico, J. and Montague, P. R. Adult attachment predicts maternal brain and oxytocin response to infant cues. *Neuropsychopharmacology*, 2009; 34: 2655–66.
Feldman, R., Gordon, I. and Zagoory-Sharon, O. Maternal and paternal plasma, salivary, and urinary oxytocin and parent-infant synchrony: considering stress and affiliation components of human bonding. *Developmental Science*, 2011; 4: 752–61.

8/2　Goren, C. C., Sarty, M. and Wu, P.Y. K. Visual following and pattern discrimination of face-like stimuli by newborn infants. *Pediatrics*, 1975; 56: 544–9.
Johnson, M. H., Dziurawiec, S., Ellis, H. and Morton, J. Newborns' preferential tracking of face-like stimuli and its subsequent decline. *Cognition*, 1991; 40: 1–19. 11.
Batki, A., Baron-Cohen, S. and Wheelwright, S. Is there an innate gaze module ? Evidence from human neonates. *Infant Behavior and Development*, 2000; 23: 223–9.
Farroni, T., Csibra, G., Simion, F. and Johnson, M. H. Eye contact detection in humans from birth. *Proceedings of the National Academy of Sciences*, 2002; 99: 9602–5.

8/3　Senju, A. and Csibra, G. Gaze following in human infants depends on communicative signals. *Current Biology*, 2008; 18: 668–71.
Mandel, D. R., Jusczyk, P.W. and Pisoni, D.B. Infants' recognition of the sound patterns of their own names. *Psychological Science*, 1995; 6: 314–7.

8/4　Field, T. M., Cohen, D., Garcia, R. and Greenberg, R. Mother–stranger face discrimination by the newborn. *Infant Behavior and Development*, 1984; 7: 19–25.
Mehler, J., Bertoncini, J., Barrière, M. and Jassik-Gerschenfeld, D. Infant recognition of mother's voice. *Perception*, 1978; 7: 491–7.
DeCasper. A. J. and Fifer, W. P. Newborn preference for the maternal voice: An indication of early

attachment. *Southeastern Conference on Human Development*. Alexandria, 1980.

Macfarlane A. Olfaction in the development of social preferences in the human neonate. *Parent-Infant Interactions (Ciba Found. Symp. 33)*, Elsevier: New York, 1975; pp. 103–13.

Cernoch J. M. and Porter R. H. Recognition of maternal axillary odors by infants. *Child Development*, 1985; 56: 1593–8.

8/5   Meltzoff A.N., and Moore M.K. Imitation of facial and manual gestures by human neonates. *Science, New Series*. 1977; 189: 75–8.

Simpson, E., Murray, L., Paukner, A. and Ferrari, P. The mirror neuron system as revealed through neonatal imitation: Presence from birth, predictive power, and evidence of plasticity. *Philosophical Transactions of the Royal Society* (in press).

8/6   Ferrari, P.F., Vanderwert, R.E., Paukner, A., Bower. S., Suomi, S.J. and Fox, N.A. Distinct EEG amplitude suppression to facial gestures as evidence for a mirror mechanism in newborn monkeys. *Journal of Cognitive Neuroscience*, 2012; 24: 1–8.

Moore, A., Gorodnitsky, I. and Pineda, J. EEG mu component responses to viewing emotional faces. *Behavioural Brain Research*, 2012; 226: 309–16.

9   Fig. 1a From Meltzoff and Moore, *Science*, 1977; 189: 75. Reprinted with permission from AAAS. Fig. 1b From Ferrari et al., *PloS biology*, 2006; 4: e302. Reprinted with permission from the author.

9/1   Stern, D.N. *The Interpersonal World of the Infant: A View from Psychoanalysis and Development*. New York: Basic Books; 1985.

[twice] Feldman, R. Parent–infant synchrony and the construction of shared timing; physiological precursors, developmental outcomes, and risk conditions. *Journal of Child Psychology and Psychiatry*, 2007; 4: 329–54.

Condon, W.S. and Sander, L.W. Synchrony demonstrated between movements of the neonate and adult speech. *Child Development*, 1974; 45: 456–62.

Lavelli, M. and Fogel, A. Developmental changes in the relationship between the infant's attention and emotion during early face-toface communication: The 2-month transition. *Developmental Psychology*, 2005;

41: 265–80.

Murray, L., Stanley, C., Hooper, R., King, F. and Fiori-Cowley, A., Hooper, R. and Cooper, P.J. The impact of postnatal depression and associated diversity on early mother–infant interactions and later infant outcome. *Child Development*, 1996; 67: 2512–26.

Lavelli, M. and Fogel, A. Developmental changes in mother-infant face-to-face communication: birth to 3 months. *Developmental Psychology*, 2002; 38: 288–305.

Haith, M.M., Bergman, T. and Moore, M.J. Eye contact and face scanning in early infancy. *Science (80–)*, 1977; 198: 853–4.

Papousek, H. and Papousek, M. Intuitive parenting. In: M.H. Bornstein, ed. *Handbook of Parenting: Vol 2. Biology and Ecology of Parenting*. Hillsdale, NJ: Erlbaum, 1995; pp. 117–36.

Lavelli and Fogel. Developmental changes . . . birth to 3 months.

Papousek and Papousek. Intuitive parenting . . .

9/2   Lavelli, M. and Fogel, A. Developmental changes in mother-infant face-to-face communication: birth to 3 months. *Developmental Psychology*, 2002; 38: 288–305.

Wolff, P.H. *The development of behavioral states and the expression of emotions in early infancy: New proposals for investigation*. Chicago: University of Chicago Press; 1987.

Legerstee, M., Pomerleau, A., Malcuit, G. and Feider, H. The development of infants' responses to people and a doll: implications for research in communication. *Infant Behavior and Development*, 1987; 10: 81–95.

11   Fig. 1.2 From Murray et al. Mirroring in early mother-infant interactions. Paper given at the British Psychological Society Annual Conference 2013, at the University of Reading.

11/1   Stern, D.N. *The Interpersonal World of the Infant: A View from Psychoanalysis and Development*. New York: Basic Books; 1985.

Trevarthen, C. Communication and cooperation in early infancy: A description of primary intersubjectivity. In: M. Bullowa, ed. *Before speech: The beginning of interpersonal communication*. New

York: Cambridge University Press; 1979, pp. 321–47.

Blass, E.M. The ontogeny of human infant face recognition: Orogustatory, visual, and social influences. In: P. Rochat, ed. *Early Social Cognition: Understanding Others in the First Months of Life.* Mahwah, NJ, US: Lawrence Erlbaum Associates Publishers; 1999, pp. 35–65.

Haith, M.M., Bergman, T. and Moore, M.J. Eye contact and face scanning in early infancy. *Science* (80–). 1977; 198: 853–4.

Wolff, P.H. *The development of behavioral states and the expression of emotions in early infancy: New proposals for investigation.* Chicago: University of Chicago Press; 1987.

Moran, G., Krupka, A., Tutton, A.N.N. and Symons, D. Patterns of Maternal and Infant Imitation During Play. *Infant Behavior and Development,* 1987; 10: 477–91.

Lavelli, M and Fogel, A. Developmental changes in the relationship between the infant's attention and emotion during early face-toface communication: The 2-month transition. *Developmental Psychology,* 2005; 41: 265–80.

Trevarthen, Communication and cooperation in early infancy . . .

11/2   Legerstee, M., Pomerleau, A., Malcuit, G. and Feider, H. The development of infants' responses to people and a doll: implications for research in communication. *Infant Behavior and Development,* 1987; 10: 81–95.

Rochat, P., Querido, J.G. and Striano, T. Emerging sensitivity to the timing and structure of protoconversation in early infancy. *Developmental Psychology,* 1999; 35: 950–7.

11/4   Stern, D.N. *The Interpersonal World of the Infant: A View from Psychoanalysis and Development.* New York: Basic Books; 1985.

Moran, G., Krupka, A., Tutton, A.N.N. and Symons, D. Patterns of maternal and infant imitation during play. *Infant Behavior and Development,* 1987; 10: 477–91.

Pawlby, S.J. Imitative interaction. In: H.R. Schaffer, ed. *Studies in mother-infant interaction.* New York: Academic Press; 1977.

Henning, A., Striano, T and Lieven, E.V.M. Maternal speech to infants at 1 and 3 months of age. *Infant Behavior & Development,* 2005; 28: 519–36.

Gros-Louis. J., Goldstein, M.H., King, A.P. and

West, M.J. Mothers provide differential feedback to infants' prelinguistic sounds. *International Journal of Behavioral Development,* 2006; 30: 509–16.

11/5   Winnicott, D.W. *Primary Maternal Preoccupation. Through Paediatrics to Psychoanalysis.* London: Hogarth; 1956.

Stern, D.N. *The Interpersonal World of the Infant: A View from Psychoanalysis and Development.* New York: Basic Books; 1985.

13/2   Keller, H., Kärtner, J., Borke, J., Yovsi, R. and Kleis, A. Parenting styles and the development of the categorical self: A longitudinal study on mirror self-recognition in Cameroonian Nso and German families. *International Journal of Behavioral Development,* 2005; 29: 496–504.

Tronick, E. and Beeghly, M. Infants' meaningmaking and the development of mental health problems. *American Psychologist,* 2011; 66(2): 107–19.

16   Figs 1.3a and b Based on Table 1 in Kärtner, J., Keller, H. and Yovsi, R.D. Mother-infant interaction during the first 3 months: The emergence of culture-specific contingency patterns. *Child Development,* 2010; 81: 540–54. With permission from John Wiley & Sons Ltd.

16/1   Keller, et al. Parenting styles and the development of the categorical self...

Kärtner, J., Keller, H. and Yovsi, R.D. Motherinfant interaction during the first 3 months : the emergence of culture-specific contingency patterns. *Child Development,* 2010; 81: 540–54.

Fogel, A., Toda, S. and Kawai, M. Mother-infant face-to-face interaction in Japan and the United States: a laboratory comparison using 3-month-oldinfants. *Developmental Psychology,* 1988; 24: 398–406.

Wörmann, V., Holodynski, M., Kärtner, J. and Keller, H. Infant behavior and development: a cross-cultural comparison of the development ofthe social smile. A longitudinal study of maternal and infant imitation in 6- and 12-week-old infants. *Infant Behavior and Development,* 2012; 35: 335–47.

16/2   Stern, D.N. *The Interpersonal World of the Infant: A View from Psychoanalysis and Development.* New York: Basic Books; 1985.

Lavelli, M. and Fogel, A. Developmental changes in the relationship between the infant's attention and emotion during early face-toface communication: The 2-month transition. *Developmental Psychology*, 2005; 41: 265–80.

Tronick, E. and Beeghly, M. Infants' meaningmaking and the development of mental health problems. *American Psychologist*, 2011; 66(2): 107–19.

16/3   Bertin, E. and Striano, T. The still-face response in newborn, 1.5-, and 3-month-old infants. *Infant Behavior and Development*, 2006; 29: 294–7.

Tronick, E., Als, H., Adamson, L., Wise, S. and Brazelton, T.B. The infant's response to entrapment between contradictory messages in face-to-face interaction. *Journal of the American Academy of Child Psychiatry*, 1978; 17: 1–3.

Rochat, P., Querido, J.G. and Striano, T. Emerging sensitivity to the timing and structure of protoconversation in early infancy. *Developmental Psychology*, 1999; 35: 950–7.

Montague, D. P. F. Peekaboo: A new look at infants' perception of emotion expressions. *Developmental Psychology*, 2001; 37: 826–38.

Murray, L. and Trevarthen, C. Emotional regulation of interactions between two month olds and their mothers. In: T.M. Field and N. Fox, eds. *Social Perception in Infants*. New Jersey: Ablex; 1985.

Striano, T. and Stahl, D. Sensitivity to triadic attention in early infancy. *Developmental Science*, 2005; 8: 333–43.

17/2   Nadel, J., Soussignan, R., Canet, P., Libert, G. and Priscille, G. Two-month-old infants of depressed mothers show mild, delayed and persistent change in emotional state after non-contingent interaction. *Infant Behavior and Development*, 2005; 28: 418–25.

Field, T., Nadel, J., Hernandez-reif, M., Diego, M., Vera, Y., Gil, K. et al. Depressed mothers' infants show less negative affect during noncontingent interactions. *Infant Behavior and Development*, 2005; 28: 426–30.

Legerstee, M. and Varghese, J. The role of maternal affect mirroring on social expectancies in three-month-old infants. *Child Development*, 2001; 72: 1301–13.

Bigelow, A.E. and Rochat, P. Two-month-old infants' sensitivity to social contingency in mother-infant and stranger-infant interaction. *Infancy*, 2006; 9: 313–25.

Field, T., Healy, B., Goldstein, S., Perry, S., Bendell, D., Zimmerman, E.A. et al. Infants of depressed mothers show "depressed" behavior even with nondepressed adults. *Journal of Psychology and Psychiatry*, 1988; 59: 1569–79.

Morrell, J. and Murray, L. Parenting and the development of conduct disorder and hyperactive symptoms in childhood: a prospective longitudinal study from 2 months to 8 years. *Journal of Psychology and Psychiatry*, 2003; 44: 489–508.

Field, et al. Infants of depressed mothers…

19/1   Von Hofsten, C. Developmental changes in the organization of prereaching movements. *Developmental Psychology*, 1984; 20: 378–88.

Feldman, R. Parent–infant synchrony and the construction of shared timing; physiological precursors, developmental outcomes, and risk conditions. *Journal of Child Psychology and Psychiatry*, 2007; 4: 329–54.

Lavelli, M. and Fogel, A. Developmental changes in mother-infant face-to-face communication: birth to 3 months. *Developmental Psychology*, 2002; 38: 288–305.

Legerstee, M., Pomerleau, A., Malcuit, G. and Feider, H. The development of infants' responses to people and a doll: implications for research in communication. *Infant Behavior and Development*, 1987; 10: 81–95.

Striano, T. and Reid, VM. Social cognition in the first year. *Trends in Cognitive Science*, 2006; 10: 471–6.

20/2   Trevarthen, C. and Hubley, P. Secondary intersubjectivity: confidence, confiders, and acts of meaning in the first year of life. In: A. Lock, ed. *Action, Gesture, and Symbol*. New York: Academic Press; 1978.

Hubley, P. A. and Trevarthen, C. B. Sharing a task in infancy. *New Directions for Child and Adolescent Development*, 1979; 1979(4): 57–80.

24/1   Liszkowski, U., Carpenter, M., Henning, A., Striano, T. and Tomasello, M. Twelve-month-olds point to share attention and interest. *Developmental Science*, 2004; 3: 297–307.

25/1   Winnicott, D.W. *The Development of the Capacity*

for Concern. *The Maturational Processes and the Facilitating Environment*. Madison, CT: International Universities Press; 1965, pp. 73–82.

25/2   Baillargeon, R., Scott, R.M. and He, Z. Falsebelief understanding in infants. *Trends in Cognitive Neurosciences*, 2010; 14: 110–18.
Farroni, T., Csibra, G., Simion, F. and Johnson, M. H. Eye contact detection in humans from birth. *Proceedings of the National Academy of Sciences*, 2002; 99: 9602–5.
Scaife, M. and Bruner, J.S. The capacity for joint visual attention in the infant. *Nature*, 1975; 253: 265–6.
Moore, C. The development of gaze following. *Society for Research in Child Development*, 2008; 2: 66–70.
Carpenter, M., Nagell, K., Tomasello, M., Butterworth, G. and Moore, C. Social Cognition, Joint Attention, and Communicative Competence from 9 to 15 Months of Age. *Monographs of the Society for Research in Child Development*, 1998; 63: 1–174.

25/3   Henderson, A.M.E., Gerson, S. and Woodward, A.L. The birth of social intelligence. *Zero to Three*, 2008; 13–20.
Woodward, A.L. Learning about intentional action. In: A. Woodward and A. Needham, eds. *Learning and the Infant Mind*. Oxford, UK: Oxford University Press; 2009, pp. 227–48.
Cannon, E.N. and Woodward, A.L. Infants generate goal-based action predictions. *Developmental Science*, 2012; 15: 292–8.
Paulus, M. How infants relate looker and object: evidence for a perceptual learning account of gaze following in infancy. *Developmental Science*, 2011; 14: 1301–10.
Behne, T., Carpenter, M. and Tomasello, M. One-year-olds comprehend the communicative intentions behind gestures in a hiding game. *Developmental Science*, 2005; 8: 492–9.
Brunea, C.W. and Woodward, A.L. Social cognition and social responsiveness in 10-month-old infants. *Journal of Cognition and Development*, 2007; 8: 133–58.

26/4   Henderson, A.M.E., Gerson, S. and Woodward, A.L. The birth of social intelligence. *Zero to Three*, 2008;

13–20.
Brunea, C.W. and Woodward, A.L. Social cognition and social responsiveness in 10-month-old infants. *Journal of Cognition and Development*, 2007; 8: 133–58.

27/1   Reddy, V. *How Infants Know Minds*. Cambridge, Mass.: Harvard University Press; 2010.

27/2   Gergely, G. The social construction of the subjective self: The role of affect-mirroring, markedness, and ostensive communication in self development. In: L. Mayes, P. Fonagy, and M. Target (eds), *Developmental Science and Psychoanalysis*. London: Karnac; 2007.

27/3   Senju, A. and Csibra, G. Gaze following in human infants depends on communicative signals. *Current Biology*, 2008; 18: 668–71.
Rohlfing, K.J., Longo, M.R. and Bertenthal, B.I. Dynamic pointing triggers shifts of visual attention in young infants. *Developmental Science*, 2012; 15: 426–35.
Grossmann, T., Johnson, M.H., Lloyd-Fox, S., Blasi, A., Deligianni, F., Elwell, C. et al. Early cortical specialization for face-to-face communication in human infants. *Proceedings of the Royal Society*, 2008; 275: 2803–11.
Reid, V.M., Striano, T., Kaufman, J. and Johnson, M.H. Eye gaze cueing facilitates neural processing of objects in 4-month-old infants. *Cognitive Neuroscience and Neuropsychology*, 2004;15: 2553–5.
Senju, A., Johnson, M.H. and Csibra, G. The development and neural basis of referential gaze perception. *Social Neuroscience*, 2006; 1: 220–34.
Paulus, M. How infants relate looker and object: evidence for a perceptual learning account of gaze following in infancy. *Developmental Science*, 2011; 14: 1301–10.
Turati, C., Montirosso, R., Brenna, V., Ferrara, V. and Borgatti, R. A smile enhances 3-month-olds' recognition of an individual face. *Infancy*, 2011; 16: 306–17.

27/4   Gaffan, E.A., Martins, C., Healy, S. and Murray, L. Early social experience and individual differences in infants' joint attention. *Social Development*, 2010; 19: 369–93.

31/1   Dunn, J. Young children's understanding of other people: Evidence from observations within the family. In: D. Frye and C. Moore, eds. *Children's Theories of Mind*. Hillsdale, NJ: Erlbaum; 1991, pp. 97–114.

Fivaz-Depeursinge, E., Favez, N., Lavanchy, C., De Noni, S. and Frascarolo, F. Four-month-olds make triangular bids to father and mother during trilogue play with still-face. *Social Development*, 2005; 14: 361–78.

McHale, J., Fivaz-Depeursinge, E., Dickstein, S., Robertson, J. and Daley, M. New evidence for the social embeddedness of infants' early triangular capacities. *Family Process*, 2008; 47: 445–63.

32/1   Reddy, V. Coyness in early infancy. *Developmental Science*, 2000; 3:1, 86–92.

33/2   Reddy, V. *How Infants Know Minds*. Cambridge, Mass.: Harvard University Press; 2010.

34/2   Wellman, H.M., Cross, D. and Watson, J. Metaanalysis of theory-of-mind development: the truth about false belief. *Child Development*, 2001; 72: 655–84.

35/1   Thoermer, C., Sodian, B., Vuori, M., Perst, H. and Kristen, S. Continuity from an implicit to an explicit understanding of false belief from infancy to preschool age. *British Journal of Developmental Psychology*, 2012; 30: 172–87.

35/2   Reddy, V. *How Infants Know Minds*. Cambridge, Mass.: Harvard University Press; 2010.

39/1   Reddy, V. Getting back to the rough ground: deception and "social living". *Philosophical Transactions of the Royal Society*, 2007; 362: 621–37.

Repacholi, B.M. and Meltzoff, A.N. Emotional eavesdropping: Infants selectively respond to indirect emotional signals. *Child Development*, 2007; 78: 503–21.

Repacholi, B.M., Meltzoff, A.N. and Olsen, B. Infants' understanding of the link between visual perception and emotion: "If she can't see me doing it, she won't get angry." *Developmental Psychology*, 2008; 44: 561–74.

44/1   Amsterdam, B. Mirror Self-Image reactions before

Age Two. *Developmental Psychobiology*, 1972; 5: 297–305.

46/1   Lewis, M. and Ramsay, D. Development of selfrecognition, personal pronoun use, and pretend play during the 2nd year. *Child Development*, 2004; 75: 1821–31.

48/1   Meltzoff, A.N. Understanding the intentions of others: Re-enactment of intended acts by 18-month-old children. *Developmental Psychobiology*, 1995; 31: 838–50.

Meltzoff, A.N. What infant memory tells us about infantile amnesia: long-term recall and deferred imitation. *Journal of Experimental Child Psychology*, 1995; 59: 497–515.

Gergely, G., Bekkering, H. and Király, I. Rational imitation in preverbal infants. *Nature*, 2002; 415: 755–6.

48/2   Rapacholi, B.M. and Gopnik, A. Early reasoning about desires: evidence from 14- and 18-month-olds. *Developmental Psychobiology*, 1997; 33: 12–21.

52/1   Liszkowski, U., Carpenter, M., Striano, T. and Tomasello, M. 12- and 18-month-olds point to provide information for others. *Journal of Cognition and Development*, 2006; 7: 173–87.

Baillargeon, R., Scott, R.M. and He, Z. Falsebelief understanding in infants. *Trends in Cognitive Neurosciences*, 2010; 14: 110–18.

Buttelmann, D., Carpenter, M. and Tomasello, M. Eighteen-month-old infants show false belief understanding in an active paradigm. *Cognition*, 2009; 112: 337–42.

Baillargeon et al. False-belief understanding ...

52/2   Senju, A., Southgate, V., Snape, C., Leonard, M. and Csibra, G. Do 18-month-olds really attribute mental states to others? A critical test. *Psychological Science*. 2011; 22: 878–80.

Baillargeon et al. False-belief understanding ...

53/2   Lewis, M. and Ramsay, D. Development of self-recognition, personal pronoun use, and pretend play during the 2nd year. *Child Development*, 2004; 75: 1821–31.

55/1   Astington, J.W. and Jenkins, J.M. Theory of mind development and social understanding. *Cognition and Emotion*, 1995; 9: 151–65.

Hughes, C. and Dunn, J. "Pretend you didn't know": Preschoolers' talk about mental states in pretend play. *Cognitive Development*, 1997; 12: 477–97.

Youngblade, L.M. and Dunn, J. Individual differences in young children's pretend play with mother and sibling: links to relationships and understanding of other people's feelings and beliefs. *Child Development*, 1995; 66: 1472–92.

Lillard, A. and Witherington, D. Mothers' behaviour modifications during pretense and their possible signal value for toddlers. *Developmental Psychobiology*, 2004; 41: 95–113.

56/1   Brown, J.R., Donelan-McCall, N. and Dunn, J. Why talk about mental states? The significance of children's conversations with friends, siblings and mothers. *Child Development*, 1996; 67: 836–49.

56/2   Dunn, J., Brown, J., and Beardsall, L. Family talk about feeling states and children's later understanding of others' emotions. *Developmental Psychology*, 1991; 27, 448–55.

Denham, S. A., Zoller, D., and Couchoud, E. A. Socialization of preschoolers' emotion understanding. *Developmental Psychology*, 1994; 30; 928–36.

Hughes, C., S*ocial Understanding and Social Lives*. Hove, Sussex: Psychology Press; 2011.

56/4   Tomasello, M. Cooperation and communication in the 2nd year of life. *Child Development Perspectives*, 2007; 1: 8–12.

第二章　依恋

63/2   Bowlby, J. *Maternal care and mental health*. Geneva: WHO Report; 1952.

Bowlby, J. Forty-four juvenile thieves: their characters and home life. *International Journal of Psychoanalysis*, 1944; 25: 107–27.

Robertson, J. and Bowlby, J. Responses of young children to separation from their mothers. *Courier du Centre International de l'Enfance*, 1952; 2: 131–42.

Harlow, H. The nature of love. *American Psychologist*, 1958; 13: 673.

Bowlby, J. *Attachment*. New York: Basic Books; 1982.

64/1   Cassidy, J. The nature of the child's ties. In: J. Cassidy and P. Shaver, eds. *Handbook of Attachment*, 2nd edn. London, New York: Guilford Press; 2008, pp. 3–22.

Bowlby, J. *Attachment*. New York: Basic Books; 1982.

70/1   Ainsworth, M., Blehar, M., Waters, E. and Wall, S. *Patterns of Attachment: A Psychological Study of the Strange Situation*. Hillsdale, NJ: Erlbaum; 1978.

Bowlby, J. *Attachment*. New York: Basic Books; 1982.

Ainsworth, M. *Infancy in Uganda: Infant care and the growth of love*. Baltimore: Johns Hopkins University Press; 1982.

77/1   Ainsworth et al., *Patterns of Attachment . . .*

Main, M. and Solomon, J. Procedures for identifying infants as disorganized/disoriented during the Ainsworth Strange Situation. In: M. Greenberg, D. Cicchetti and E. Cummings, eds. *Attachment in the Preschool Years: Theory, Research and Intervention*. Chicago: University of Chicago Press; 1990, pp. 121–60.

77/2   Spangler, G. and Grossmann, K. E. Biobehavioral organization in securely and insecurely attached infants. *Child Development*, 1993; 64(5): 1439– 50.

Zelenko, M., Kraemer, H., Huffman, L., Gschwendt, M., Pageler, N. and Steiner, H. Heart rate correlates of attachment status in young mothers and their infants. *Journal of the American Academy of Child & Adolescent Psychiatry*, 2005; 44(5): 470–6.

77/4   Main and Solomon, Procedures for identifying infants as disorganized/disoriented . . .

78/1   Belsky, J. and Fearon, P. Precursors of attachment security. In: J. Cassidy and P. Shaver, eds. *Handbook of Attachment*, 2nd edn. London, New York: Guilford Press; 2008, pp. 295–316.

Ainsworth, M., Blehar, M., Waters, E. and Wall, S. *Patterns of Attachment: A Psychological Study of the Strange Situation*. Hillsdale, NJ: Erlbaum; 1978.

Cassidy, J. The nature of the child's ties. In: J. Cassidy and P. Shaver, eds. *Handbook of Attachment*, 2nd ed. London, New York: Guilford Press; 2008, pp. 3–22.

McElwain, N. and Booth-LaForce, C. Maternal sensitivity to infant distress and nondistress as predictors of infant-mother attachment security. *Journal of Family Psychology*, 2006; 20: 247–55.

87/1　Meins, E., Fernyhough, C., Fradley, E. and Tuckey, M. Rethinking maternal sensitivity: mothers' comments on infants' mental processes predict security of attachment at 12 months. *Journal of Child Psychology and Psychiatry*, 2001; 42: 637–48.
Slade, A., Greenberger, J., Bernach, E., Levy, D. and Locker, A. Maternal reflective functioning and the transmission gap: A preliminary study. *Attachment and Human Development*, 2005; 7: 283–98.
Koren-Karie, N., Oppenheim, D., Dolev, S., Sher, E. and Etzion-Carasso, A. Mothers' insightfulness regarding their infants' internal experience: Relations with maternal sensitivity and infant attachment. *Developmental Psychology*, 2002; 38(4): 534.

93/1　Belsky, J. and Fearon, P. Precursors of attachment security. In: J. Cassidy and P. Shaver, eds. *Handbook of Attachment,* 2nd edn. London, New York: Guilford Press; 2008, pp. 295–316.
Fearon, P., Campbell, C. and Murray, L. Social science, parenting and child development. In C. Cooper and J. Michie, eds. *Understanding All Our Futures: Why Social Sciences Matter.* Palgrave (in press).

94/2　Bokhorst, C. L., Bakermans-Kranenburg, M. J., Fearon, R. M. P., van, I. M. H., Fonagy, P. and Schuengel, C. The importance of shared environment in mother-infant attachment security: a behavioral genetic study. *Child Development*, 2003; 74(6): 1769–82.
Roisman, G. I. and Fraley, R. C. A behaviorgenetic study of parenting quality, infant attachment security, and their covariation in a nationally representative sample. *Developmental Psychology*, 2008; 44(3): 831–9.
Luijk, M. P. C. M., Roisman, G. I., Haltigan, J. D., Tiemeier, H., Booth-LaForce, C., van IJzendoorn, M. H., et al. Dopaminergic, serotonergic, and oxytonergic candidate genes associated with infant attachment security and disorganization? In search of main and interaction effects. *Journal of Child Psychology and Psychiatry*, 2011; 52(12): 1295–307.

94/3　Belsky, J. and Fearon, P. Precursors of attachment

security. In: J. Cassidy and P. Shaver, eds. *Handbook of Attachment*, 2nd edn. London, New York: Guilford Press; 2008, pp. 295–316.
Belsky, J. and Pluess, M. Beyond diathesis stress: differential susceptibility to environmental influences. *Psychological Bulletin*, 2009; 135: 885–908.
Cassidy, J., Woodhouse, S., Sherman, L., Stupica, B. and Lejuez, C. Enhancing infant attachment security: an examination of treatment efficacy and differential susceptibility. *Development and Psychopathology*, 2011; 23: 131–48.
Murray, L., Stanley, C., Hooper, R., King, F. and Fiori-Cowley, A. The role of infant factors in postnatal depression and mother-infant interactions. *Developmental Medicine and Child Neurology*, 1996; 38: 109–19.

94/4　Belsky and Fearon, Precursors of attachment security.

94/5　Van IJzendoorn, M. Adult attachment representations, parental responsiveness, and infant attachment. *Psychological Bulletin*, 1995; 117: 387–403.

95/2　Lyons Ruth, K., Bronfman, E. and Parsons, E. Maternal frightened, frightening, or atypical behavior and disorganized infant attachment patterns. *Monographs of the Society for Research in Child Development*, 1999; 64(3): 67–96.

95/4　Martins, C., and Gaffan, E. A. Effects of early maternal depression on patterns of infant-mother attachment: A meta-analytic investigation. *Journal of Child Psychology and Psychiatry*, 2000; 41(6): 737–46.

96/2　Johnson, S., Dweck, C., Chen, F., Stern, H., Ok, S-J. and Barth, M. At the intersection of social and cognitive development: internal working models of attachment in infancy. *Cognitive Science*, 2010; 34: 807–25.

96/3　Main, M., Kaplan, N. and Cassidy, J. Security in infancy, childhood and adulthood: a move to the level of representation. In: I. Bretherton and E. Waters, eds. *Monographs of the Society for Research in Child Development*, 1985; 50(1–2), 66–104.
Bretherton, I. and Munholland, K. Internal working models in attachment relationships: elaborating a

central construct in attachment theory and research. In: J. Cassidy and P. Shaver, eds. *Handbook of Attachment*, 2nd edn. London, New York: Guilford Press; 2008, pp. 102–30.

96/4   Groh, A.M., Fearon, R.P., Bakermans- Kranenburg, M.J., Van IJzendoorn, M.H., Steele, R.D. and Roisman, G.I. The significance of attachment security for children's social competence with peers: A meta-analytic study. (Ms submitted for publication.)
Berlin, L., Cassidy, J. and Appleyard, K. The influence of early attachment on other relationships. In: J. Cassidy and P. Shaver, eds. *Handbook of Attachment*, 2nd edn. London, New York: Guilford Press; 2008, pp. 333–47.
Thomson, R. Early attachment and later development. In: J. Cassidy and P. Shaver, eds. *Handbook of Attachment*, 2nd edn. London, New York: Guilford Press; 2008, pp. 348–65.

96/6   Fearon, R. M. P., Bakermans-Kranenburg, M. J., van IJzendoorn, M. H., Lapsley, A. M. and Roisman, G. I. The significance of insecure attachment and disorganization in the development of children's externalizing behavior: a meta-analytic study. *Child Development*, 2010; 81(2): 435–56.
Fearon, R. M. P. and Belsky, J. Infant-mother attachment and the growth of externalizing problems across the primary-school years. *Journal of Child Psychology and Psychiatry*, 2011; 52(7): 782–91.

97/1   Rutter, M., Kumsta, R., Scholtz, W. and Sonuga-Barke, E. Longitudinal studies using a "Natural experiment" design: the case of adoptees from Romanian institutions. *Journal of the American Academy of Child and Adolescent Psychiatry*, 2012; 51: 762–70.

97/2   Berlin, L., Zeanah, C. and Lieberman, A. Prevention and intervention Programs for supporting attachment security. In: J. Cassidy and P. Shaver, eds. *Handbook of Attachment*, 2nd edn. London, New York: Guilford Press; 2008, pp.745–61. [P SEP]   S l a d e , A., Sadler, L. and Mayes, L. Minding the baby: enhancing parental reflective functioning in a nursing/mental health home visiting program. In: L. Berlin, Y. Ziv, L. Amaya-Jackson and M. Greenberg, eds. *Enhancing Early Attachments*. London, New York: Guilford

Press; 2005, pp. 152–77.
Lieberman, A., Silverman, R. and Pawl, J. Infantparent psychotherapy: core concepts and current approaches. In: C. Zeanah, ed. *Handbook of Infant Mental Health*, 2nd edn. London, New York: Guilford Press; 2000, pp. 472–84.
Cicchetti, D., Rogosch, F. and Toth, S. Fostering secure attachment in infants in maltreating families through preventive interventions. *Develop ment and Psychopathology*, 2006; 18: 623–49.
Juffer, F., Bakermans-Kranenburg, M. and Van IJzendoorn, M. *Promoting Positive Parenting: An Attachment Based Intervention*. CRC Press; 2007.

97/3   Cassidy, J., Woodhouse, S., Sherman, L., Stupica, B. and Lejuez, C. Enhancing infant attachment security: an examination of treatment efficacy and differential susceptibility. *Development and Psychopathology*, 2011; 23: 131–48.
Van den Boom, D. The influence of temperament and mothering on attachment and exploration: An experimental manipulation of sensitive responsiveness among lower class mothers with irritable infants. *Child Development*, 1994; 65: 1457–77.
Fearon, P., Campbell, C. and Murray, L. Social science, parenting and child development. In: C. Cooper and J. Michie, eds. *Understanding All Our Futures: Why Social Sciences Matter*. Palgrave (in press).

98/2   (twice) Belsky, J. Early child care and early child development: Major findings of the NICHD study of early child care. *European Journal of Developmental Psychology*, 2006; 3: 95–110.
NICHD Early Child Care Research Network. Early child care and children's development prior to school entry: Results from the NICHD Study of Early Child Care. *American Educational Research Journal*, 2002; 39: 133–64.

98/3   NICHD Early Child Care Research Network. Early child care and children's development prior to school entry . . .
Lamb, M.E. and Ahnert, L. Nonparental child care: Context, concepts, correlates, and consequences. In: W. Damon, R.M. Lerner, K.A. Renninger and I. E. Sigel, eds. *Handbook of Child Psychology, Vol. 4, Child Psychology in Practice*, 6th edn., New York:

Wiley; 2006, pp. 950–1016.

98/5　(twice) Ahnert, L., Gunnar, M.R., Lamb, M.E. and Barthel, M. Transition to child care: Associations with infant–mother attachment, infant negative emotion, and cortisol elevations. *Child Development*, 2004; 75: 639–50.

Rauh, H., Ziegenhain, U., Müller, B. and Wijnroks, L. Stability and change in infantmother attachment in the second year of life: Relations to parenting quality and varying degrees of daycare experience. In: P. M. Crittenden and A. H. Claussen, eds. *The Organization of Attachment Relationships: Maturation, Culture, and Context*. New York: Cambridge University Press; 2000, pp. 251–76.

Ahnert et al., Transition to child care …

114/1　Ahnert, L., Rickert, H. and Lamb, M.E. Shared caregiving: Comparisons between home and child-care settings. *Developmental Psychology*, 2000; 36: 339.

Booth, C.L., Clarke-Stewart, K.A., Vandell, D.L., McCartney, K and Owen, M.T. Child care usage and mother-infant "quality time". *Journal of Marriage and Family*, 2002; 64: 16–26.

NICHD Early Child Care Research Network. Does amount of time spent in child care predict socioemotional adjustment during the transition to kindergarten? *Child Development*, 2003; 74, 976–1005.

Ahnert, L. and Lamb, M.E. Shared care: Establishing a balance between home and child care settings. *Child Development*, 2003; 74: 1044–9.

Sagi, A., Koren-Karie, N., Gini, M., Ziv, Y. and Joels, T. Shedding further light on the effects of various types and quality of early child care on infant-mother attachment relationship: The Haifa study of early child care. *Child Development*, 2002; 73: 1166–86.

National Institute of Child Health and Human Development Early Child Care Research Network. Child-care and family predictors of preschool attachment and stability from infancy. *Developmental Psychology*, 2001; 37: 847–62.

115/1　Lamb, M. E. Nonparental child care: Context, quality, correlates,and consequences. In: W. Damon, I. E. Sigel and K. A. Reminger, eds. *Handbook of Child Development: Vol. 4. Social, Emotional, and*

Personality Development (5th edn). New York: Wiley, 1998; pp. 73–133.

116/1　Owen, M.T, Ware, M.A. and Barfoot, B. Caregiver-mother partnership behavior and the quality of caregiver-child and mother-child interactions. *Early Childhood Research Quarterly*, 2000; 15: 413–28.

Van IJzendoorn, M.H., Tavecchio, L.W., Stams, G-J., Verhoeven, M. and Reiling, E. Attunement between parents and professional caregivers: A comparison of childrearing attitudes in different child-care settings. *Journal of Marriage and the Family*, 1998; 771–81.

116/2　Howes, C., Matheson, C.C. and Hamilton, C.E. Maternal, teacher, and child care history correlates of children's relationships with peers. *Child Development*, 1994; 65: 264–73.

Howes, C. and Hamilton, C.E. The changing experience of child care: Changes in teachers and in teacher-child relationships and children's social competence with peers. *Early Childhood Research Quarterly*, 1993; 8: 15–32.

121/1　Lamb, M.E. and Ahnert, L. Nonparental child care: Context, concepts, correlates, and consequences. In: W. Damon, R.M. Lerner, K.A. Renninger and I. E. Sigel, eds. *Handbook of Child Psychology, Vol. 4, Child Psychology in Practice* (Sixth Edn), New York: Wiley, 2006, pp. 950–1016.

121/2　Lamb and Ahnert, Nonparental child care…

122/1　National Institute of Child Health and Human Development Early Child Care Research Network. Child care and children's peer interaction at 24 and 36 months: The NICHD study of early child care. *Child Development*, 2001; 72: 1478–1500.

Klimes-Dougan, B. and Kistner, J. Physically abused preschoolers' responses to peers' distress. *Developmental Psychology*, 1990; 26: 599–602.

Watamura, S.E., Bonny, D., Jan, A.R. and Megan, G. Morning-to-afternoon increases in cortisol concentrations for infants and toddlers at child care: Age differences and behavioral correlates. *Child Development*, 2003; 74: 1006–20.

122/2　National Institute of Child Health and Human Development Early Child Care Research Network.

Child care and children's peer interaction at 24 and 36 months: The NICHD study of early child care. *Child Development*, 2001; 72: 1478–1500.

123/2 Belsky, J. Early child care and early child development: Major findings of the NICHD study of early child care. *European Journal of Developmental Psychology*, 2006; 3: 95–110.

Barnes, J., Leach, P., Malmberg, L., Stein, A., Sylva, K. and the FCCC Team. Experiences of childcare in England and socio-emotional development at 36 months. *Early Child Development and Care*, 2009; 1–15.

123/3 Borge, A.I., Rutter, M., Côté, S. and Tremblay, R.E. Early childcare and physical aggression: differentiating social selection and social causation. *Journal of Child Psychology and Psychiatry*, 2004; 45: 367–76.

Pluess, M. and Belsky, J. Differential susceptibility to rearing experience: The case of childcare. *Journal of Child Psychology and Psychiatry*, 2009; 50: 396–404.

123/5 Winnicott D. W. Transitional objects and transitional phenomena—a study of the first notme possession. *International Journal of Psycho- Analysis*, 1953; 34:89–97.

124/1 Passman, R.H. and Weisberg, P. Mothers and blankets as agents for promoting play and exploration by young children in a novel environment: The effects of social and nonsocial attachment objects. *Developmental Psychology*, 1975; 11: 170–7.

124/2 Van IJzendoorn, M.H., Goossens, F.A., Tavecchio, L.W.C., Vergeer, M.M. and Hubbard, F.O.A. Attachment to soft objects: Its relationship with attachment to the mother and with thumbsucking. *Child Psychiatry and Human Development*, 1983; 14: 97–105.

Donate-Bartfield, E. and Passman, R.H. Relations between children's attachments to their mothers and to security blankets. *Journal of Family Psychology*, 2004; 18: 453–8.

Hobara, M. Prevalence of transitional objects in young children in Tokyo and New York. *Infant Mental Health Journal*, 2003; 24: 174–91.

Gaddini, R. and Gaddini, E. Transitional objects and the process of individuation: a study in three different social groups. *Journal of the American Academy of Child Psychiatry*, 1970; 9: 347–65.

Green, K.E., Groves, M.M. and Tegano, D.W. Parenting practices that limit transitional object use: an illustration. *Early Child Development and Care*, 2004; 174: 427–36.

第三章　自我调节与控制

127/1 Kochanska, G. and Knaack, A. Effortful control as a personality characteristic of young children: antecedents, correlates, and consequences. *Journal of Personality*, 2004; 71: 1087–112.

Kim, J. and Cicchetti, D. Longitudinal pathways linking child maltreatment, emotion regulation, peer relations, and psychopathology. *Journal of Child Psychology and Psychiatry*, 2010; 51: 706–16.

127/2 Fox, N.A. The assessment of temperament and self-regulation in infants and young children. In: B. Zuckerman, A. Lieberman, N.A. Fox, eds. *Emotional Regulation and Developmental Health*. Pediatric Round Table. Johnson and Johnson Pediatric Institute, L.L.C., USA; 2002.

Brazelton, T.B. *Neonatal Behavioral Assessment Scale. Clinics in Developmental Medicine N.88*. 2nd edn. London: S.I.M.P.; 1984.

Rothbart, M.K. and Posner, M.I. Temperament and the development of self-regulation. In: L.C. Hartlage and C.F. Telzrow, eds. *The Neuropsychology of Individual Differences: A Developmental Perspective*. New York, NY: Plenum Press; 1985.

Montirosso, R., Provenzi, L., Tavian, D., Ciceri, F., Missaglia, S., Tronick, E. et al. 5-HTTLPR polymorphism is associated to differences in behavioural response and HPA reactivity to a social stressor in 4-month-old infants. *WAIMH 13th World Congress Babies in Mind – the Minds of Babies: A View from Africa*. 2012.

Talge, N., Neal, C. and Glover, V. and the Early Stress, Translational Research and Prevention Science Network. Antenatal maternal stress and long-term effects on child neurodevelopment: how and why? *Journal of Child Psychology and Psychiatry*, 2007; 48, 245–61.

127/3 Jahromi, L.B., Putnam, S.P. and Stifter, C.A. Maternal regulation of infant reactivity from 2 to 6 months. *Developmental Psychology*, 2004; 40: 477–87.

Albers, E.M., Riksen-Walraven, M., Sweep, F.C. and De Weerth, C. Maternal behaviour predicts infant cortisol recovery from a mild everyday stressor. *Journal of Child Psychology and Psychiatry*, 2008; 49: 97–103.

St. James-Roberts, I. and Plewis, I. Individual differences, daily fluctuations, and developmental changes in amounts of infant waking, fussing, crying, feeding, and sleeping. *Child Development*, 1996; 67: 2527–40.

Jahromi et al., Maternal regulation of infant reactivity…

129/1　Tronick, E., Als, H., Adamson, L., Wise, S. and Brazelton, T.B. The infant's response to entrapment between contradictory messages in face-to-face interaction. *Journal of the American Academy of Child Psychiatry*, 1978; 17: 1–3.

Mesman, J., Van IJzendoorn, M., Marinus, H. and Bakermans-Kranenburg M.J. The many faces of the Still-Face Paradigm: A review and meta-analysis. *Developmental Review*, 2009; 29: 120–62.

131/1　Emde, R.N., Kligman, D.H., Reich, J.H. and Wade, T.D. Emotional expression in infancy: I. Initial studies of social signaling and an emergent model. In: M. Lewis and L.A. Rosenblum, eds. *The Development of Affect*. New York: Plenum Press; 1978, pp. 125–48.

Gianino, A. and Tronick, E. The mutual regulation model: The infant's self and interactive regulation. Coping and defense capacities. In: E.Z. Tronick, T. Field, P. McCabe and N. Schneiderman, eds. *Stress and Coping*,194.

Hillsdale, NJ: Lawrence Erlbaum Associates, Inc; 1988, pp. 47–68.

Tronick, E. and Beeghly, M. Infants' meaningmaking and the development of mental health problems. *American Psychologist*, 2011; 66: 107–19.

133/1　Murray, L., Cooper, P.J., Creswell, C., Schofield, E. and Sack, C. The effects of maternal social phobia on mother-infant interactions and infant social responsiveness. *Journal of Child Psychology and Psychiatry*, 2007; 48: 45–52.

Brazelton, T.B., Kowlowski, B. and Main, M. The origins of reciprocity: The early mother-infant interaction. In: M. Lewis and L.A. Rosenblum, eds. *The Effect of the Infant on its Caregiver*. New York: Wiley; 1974.

Stifter, C.A. and Moyer, D. The regulation of positive affect: Gaze aversion activity during mother-infant interaction. *Infant Behavior and Development*,1991; 14: 111–23.

Tronick, E. Z. The stress of normal development and interaction leads to the development of resilience and variation in resilience. In: E. Z. Tronick, ed. *The Neurobehavioral and Socialemotional Development of Infants and Children*. New York: W. W. Norton and Company Ltd.; 2007, pp. 378–94.

Field, T. Infant arousal, attention, and affect during early interactions. In: L. Lipsitt, ed. *Advances in Infancy*, Vol. 1. New York: Ablex; 1981, pp. 57–100.

133/2　Haley, D.W. and Stansbury, K. Infant stress and parent responsiveness: Regulation of physiology and behaviour during still-face and reunion. *Child Development Today and Tomorrow*, 2003; 74: 1534–46.

Gianino, A., Plimpton, T. and Tronick, E.Z. Infant coping with interpersonal stress: Specificity, developmental changes and stability. *Infant Behavior and Development*, 1986; 9: 138.

Gunning, M., Halligan, S.L. and Murray, L. Contributions of maternal and infant factors to infant responding to the Still Face paradigm: A longitudinal study. *Infant Behavior and Development*, 2013; 36: 319–28.

Morrell, J. and Murray, L. Parenting and the development of conduct disorder and hyperactive symptoms in childhood: a prospective longitudinal study from 2 months to 8 years. *Journal of Child Psychology and Psychiatry*, 2003; 44: 489–508.

Halligan, S. L., Murray, L., Cooper, P. J., Fearon, P., Wheeler, S.W. and Crosby, M. The longitudinal development of emotion regulation capacities in children at risk for externalizing disorders. *Development and Psychopathology*, 2013; 25 (2): 391–406.

Moore, G. A., Cohn, J. F. and Campbell, S.B. Infant affective responses to mother's still face at 6 months differentially predict externalizing and internalizing behaviors at 18 months. *Developmental Psychology*, 2001; 37: 706–14.

135/1   Brazelton, T. B., Kowlowski, B. and Main, M.
The origins of reciprocity: The early mother-infant
interaction. In: M. Lewis and L.A. Rosenblum, eds.
The Effect of the Infant on its Caregiver. New York:
Wiley; 1974.

136/1   Pacquette, D. and Bigras, M. The risky situation: a
procedure for assessing the father-child activation
relationship. *Early Child Development and Care*,
2010; 180 (1&2): 33–50.

138/1   Tremblay, R. E. et al. Physical aggression during early
childhood: trajectories and predictors. *Pediatrics*,
2004; 114(1): 43–50.
Peterson, J. B. and Flanders, J. Play and the regulation
of aggression. In: R.E. Tremblay, W.H. Hartup and J.
Archer, eds. *Developmental Origins of Aggression*.
New York: Guilford Press; 2005, pp. 133–57.
Flanders, J. L., Leo, V., Paquette, D., Pihl, R.O.
and Séguin, J. R. Rough-and-tumble play and the
regulation of aggression: An observational study of
father-child play dyads. *Aggressive Behavior*, 2009;
35: 285–95.
Pellegrini, A. D. and Smith, P. K. Physical activity
play: The nature and function of a neglected aspect of
play. *Child Development*, 1998; 69: 577–98.

142/1   Kochanska, G., Murray, K.T. and Harlan, E.T.
Effortful control in early childhood: Continuity and
change, antecedents, and implications for social
development. *Developmental Psychology*, 2000; 36:
220–32.
Kochanska, G., Coy, K.C. and Murray, K.T. The
development of self-regulation in the first four years
of life. *Child Development*, 2001; 72: 1091–111.
Diamond, A. Neuropsychological insights into the
meaning of object concept development. In: S. Carey
and R. Gelman, eds. *The Epigenesis of the Mind*.
Hillsdale, NJ: Lawrence Erlbaum Associates, Inc;
1991, pp. 67–110.
Posner, M.I. and Rothbart, M.K. Developing
mechanisms of self-regulation. *Development and
Psychopathology*, 2000; 12: 427–41.
Sheese, B.E., Rothbart, M.K., Posner, M.I., White,
L.K. and Fraundorf, S.H. Executive attention and
self-regulation in infancy. *Infant Behavior and
Development*, 2008; 31: 501–10.

143/1   Kochanska, G., Murray, K.T. and Harlan, E.T.
Effortful control in early childhood: Continuity and
change, antecedents, and implications for social
development. *Developmental Psychology*, 2000; 36:
220–32.

143/2   Kochanska, et al. Effortful control in early childhood . . .

146/2   Conway, A. and Stifter, C. Longitudinal antecedents
of executive function in pre-schoolers. *Child
Development*, 2012; 83(3): 1022–36.
Stern, D.N. *The Interpersonal World of the Infant:
A View from Psychoanalysis and Development*. New
York: Basic Books; 1985.
Sheese, B.E., Rothbart, M.K., Posner, M.I., White,
L.K. and Fraundorf, S.H. Executive attention and
self-regulation in infancy. *Infant Behavior and
Development*, 2008; 31: 501–10.

148/1   Sorce, J.F., Emde, R.N., Campos, J.J. and Klinnert,
M.D. Maternal emotional signaling: Its effect on the
visual cliff behavior of 1-year-olds. *Developmental
Psychology*, 1985; 21: 195.
Murray, L., De Rosnay, M., Pearson, J., Bergeron,
C., Schofield, E., Royal-Lawson, M. et al.
Intergenerational transmission of social anxiety: The
role of social referencing processes in infancy. *Child
Development*, 2008; 79: 1049–64.

153/1   Hubley, P.A. and Trevarthen, C.B. Sharing a task in
infancy. *New Directions for Child and Adolescent
Development*, 1979; 1979 (4): 57–80.
Kochanska, et al. Effortful control in early childhood . . .

155/1   Kochanska, G., Tjebkes, T.L. and Forman, D.R.
Children's emerging regulation of conduct: Restraint,
compliance, and internalization from infancy to the
second year. *Child Development*, 1998; 69: 1378–89.
Maccoby, E.E. and Martin, J.A. Socialization in the
context of the family: Parent-child interaction. In: P.H.
Mussen and E.M. Hetherington, eds. *Handbook of
Child Psychology: Vol. 4. Socialization, Personality,
and Social Development*. New York: Wiley; 1983, pp.
1–101.
Gershoff, E. T. Corporal punishment by parents
and associated child behaviors and experiences.
Psychological Bulletin, 2002; 128, 539–79.
Rothbaum, F. and Weisz, J. R. Parental caregiving and

child externalizing behavior in nonclinical samples: A meta-analysis. *Psychological Bulletin*, 1994; 116(1): 55–74.

157/1 Brophy, M. and Dunn, J. What did mummy say? Dyadic interactions between young "Hard to Manage"children and their mothers. *Journal of Abnormal Child Psychology*, 2002; 30: 103–12.

159/1 De Rosnay, M. and Hughes, C. Conversation and theory of mind: Do children talk their way to socio-cognitive understanding? *British Journal of Developmental Psychology*, 2006; 24: 7–37.
Dunn, J. and Brown, J.R. Early conversations about causality: Content, pragmatics and developmental change. *Developmental Psychology*, 1993; 11: 107–23.
Dunn, J., Bretherton, I. and Munn, P. Conversations about feeling states between mothers and their young children. *Developmental Psychology*, 1987; 23: 132–9.
Hughes, C., *Social Understanding and Social Lives*. Hove, Sussex: Psychology Press; 2011.
Gardner, F.E., Sonuga-Barke, E.J. and Sayal, K. Parents anticipating misbehaviour: an observational study of strategies parents use to prevent conflict with behaviour problem children. *Journal of Child Psychology and Psychiatry*, 1999; 40(8): 1185–96.

159/4 Sadeh, A., Tikotzky, L. and Scher, A. Parenting and infant sleep. *Sleep Medicine Reviews*, 2010; 14: 89–96.
Cronin, A., Halligan, S.L. and Murray, L. Maternal psychosocial adversity and the longitudinal development of infant sleep. *Infancy*, 2008; 13: 469–95.
Tikotzky, L. and Sadeh, A. Maternal sleep-related cognitions and infant sleep: A longitudinal study from pregnancy through the 1st year. *Child Development*, 2009; 80: 860–74.
Murray, L. and Andrews, E. The Social Baby. London: CP Publishing; 2000.

164/1 Mindell, J.A., Kuhn, B., Lewin, D.S., Meltzer, L.J. and Sadeh, A. Behavioral treatment of bedtime problems and night wakings in infants and young children. *Pediatric Sleep*, 2006; 29: 1263–76.
Hiscock, H.K., Bayer, J., Hampton, A., Ukoumunne, O.C. and Wake, M. Longterm mother and child mental health effects of a population-based infant sleep intervention: cluster-randomized, controlled trial. *Pediatrics*, 2008; 122: e621–7.

164/2 Murray, L. and Ramchandani, P. Might prevention be better than cure? A perspective on improving infant sleep and maternal mental health: a cluster randomized trial. *Archives of Disease in Childhood*, 2007; 92: 943–4.

165/3 Murray, L., Halligan, S. L. and Cooper, P.J. Effects of postnatal depression on mother-infant interactions, and child development. In: G. Bremner and T. Wachs, eds. *The Wiley-Blackwell Handbook of Infant Development*. New York: Wiley, 2010; pp. 192–220.
Morrell, J. and Murray, L. Parenting and the development of conduct disorder and hyperactive symptoms in childhood: a prospective longitudinal study from 2 months to 8 years. *Journal of Child Psychology and Psychiatry*, 2003; 44: 489–508.
Halligan, S.L., Murray, L., Cooper, P.J., Fearon, P., Wheeler, S.W. and Crosby, M. The longitudinal development of emotion regulation capacities in children at risk for externalizing disorders. *Development and Psychopathology*, 2013; 25(2): 391–406.

165/4 Murray, L., Creswell, C. and Cooper, P.J. The development of anxiety disorders in childhood: an integrative review. *Psychological Medicine*, 2009; 39: 1413–23.
Murray, L., De Rosnay, M., Pearson, J., Bergeron, C., Schofield, E., Royal-Lawson, M. et al. Intergenerational transmission of social anxiety: The role of social referencing processes in infancy. *Child Development*, 2008; 79: 1049–64.

165/5 Brazelton, T.B. *Neonatal Behavioral Assessment Scale. Clinics in Developmental Medicine N.88*. 2nd edn. London: S.I.M.P.; 1984.

166/2 Kagan, J., Reznick, J. S., Clarke, C., Snidman, N. and Garcia-Coll, C. Behavioral inhibition to the unfamiliar. *Child Development*, 1984; 55: 2212–25.
Fox, N.A., Henderson, H.A., Rubin, K.H., Calkins, S.D. and Schmidt, L.A. Continuity and discontinuity of behavioral inhibition and exuberance: psychophysiological and behavioral influences across the first four years of life. *Child Development*, 2001; 72: 1–21.

Calkins, S.D., Fox, N.A. and Marshall, T.R Behavioral and physiological correlates of inhibition in infancy. *Child Development*, 1996; 67: 523–40.

166/3　Morrell, J. and Murray, L. Parenting and the development of conduct disorder and hyperactive symptoms in childhood: a prospective longitudinal study from 2 months to 8 years. *Journal of Child Psychology and Psychiatry*, 2003; 44: 489–508.

20. Halligan, S.L., Murray, L., Cooper, P.J., Fearon, P., Wheeler, S.W. and Crosby, M. The longitudinal development of emotion regulation capacities in children at risk for externalizing disorders. *Development and Psychopathology*, 2013; 25 (2): 391–406.

St James-Roberts, I. and Plewis, I. Individual differences, daily fluctuations and developmental changes in amounts of infant waking, fussing, crying, feeding and sleeping. *Child Development*, 1996; 67: 2527–40.

Belsky, L. and Pluess, M. Beyond diathesis stress: Differential susceptibility to environmental influences. *Psychological Bulletin*, 2009; 135: 885–908.

Blair, C. Early intervention for low birth weight, preterm infants: The role of negative emotionality in the specification of effects. *Development and Psychopathology*, 2002; 14: 311–32.

166/4　Suomi, S.J. Attachment in rhesus monkeys. In: J. Cassidy and P. Shaver, eds. *Handbook of Attachment*, 2nd edn. London, New York: Guilford Press; 2008, Ch. 8.

167/1　Murray, L., Pella, J., De Pascalis, L., Arteche, A., Pass, L., Percy, R., Creswell, C. and Cooper, P. J. Socially anxious mothers' narratives to their children and their relation to child representations and adjustment. *Development and Psychopathology*, in press.

167/2　Tremblay, R.E., Hartup, W.H. and Archer, J. *Developmental Origins of Aggression*. New York: Guilford Press; 2005.

Hay, D.F., Hurst, S.L., Waters, C.S. and Chadwick, A. Infants' use of force to defend toys: the origins of instrumental aggression. *Infancy*, 2011; 16: 471–89.

Webster-Stratton, C. Preventing conduct problems in Head Start children: Stengthening parenting

competencies. *Journal of Consulting and Clinical Psychology*, 1998; 66: 715–30.

Hutchings, J. and Gardner, F. Support from the start: effective programmes for three-eight-year-olds. *Journal of Children's Services*, 2012; 7: 29–40.

167/3　Rothbaum, F. and Weisz, J. R. Parental caregiving and child externalizing behavior in nonclinical samples: a meta-analysis. *Psychological Bulletin*, 1994; 116(1): 55–74.

Patterson, G.R. *Coercive Family Process*. Eugene, OR: Castalie; 1982.

170/1　Grusec, J.E. and Goodnow, J.J. Impact of parental discipline methods on the child's internalization of values: A reconceptualization of current points of view. *Developmental Psychology*, 1994; 30: 4–19.

Smetana, J.G. Toddlers' social interactions in the context of moral and conventional transgressions in the home. *Developmental Psychology*, 1989; 25: 499–508.

170/2　Gardner, F.E.M. Inconsistent parenting: Is there evidence for a link with children's conduct problems? *Journal of Abnormal Child Psychology*, 1989; 17: 223–33.

171/1　Murray, L., De Rosnay, M., Pearson, J., Bergeron, C., Schofield, E., Royal-Lawson, M., et al. Intergenerational transmission of social anxiety: The role of social referencing processes in infancy. *Child Development*, 2008; 79: 1049–64.

Creswell, C., Murray, L., Stacey, J. and Cooper, P. J. Parenting and child anxiety. In: W. Silverman and A. Field, eds. *Anxiety Disorders in Children and Adolescents: Research, Assessment and Intervention*. Cambridge University Press; 2011, pp. 299–345.

Cooper, P. J., Fearn, V., Willetts, L., Seabrook, H. and Parkinson, M. Affective disorder in the parents of a clinic sample of children with anxiety disorders. *Journal of Affective Disorders*, 2006; 93: 205–12.

Creswell, C., Apetroaia, A., Murray, L. and Cooper, P. Cognitive, affective, and behavioral characteristics of mothers with anxiety disorders in the context of child anxiety disorder. *Journal of Abnormal Psychology*, 2012; 122: 26–38.

Thirwell,K., Cooper. P. J. and Creswell, C. The treatment of child anxiety disorders via guided parent-delivered CBT: A randomised controlled trial. *British Journal of Psychiatry*, 2013; doi: 10.1192/bjp. bp.113.126698.

第四章　认知发展

173/2　Johnson, M. H. *Developmental Cognitive Neuroscience*. Chicago, Wiley; 2010.

173/3　Diamond, M. C., Krech, D. and Rosenzweig, M. R. The effects of an enriched environment on the histology of the rat cerebral cortex. *Journal of Comparative Neurology*, 1964; 123: 111–19.

Champagne, D., et al. Maternal care and hippocampal plasticity: evidence for experiencedependent structural plasticity, altered synaptic functioning, and differential responsiveness to glucocorticoids and stress. *Journal of Neuroscience*, 2008; 28(23): 6037–45.

Liu, Diorio, J., Francis, D. and Meaney, M. Maternal care, hippocampal synaptogenesis and cognitive development in rats. *Nature Neuroscience*, 2000; 3 (8): 799–806.

174/1　Hubel, D. H. and Wiesel, T. N. Receptive fields in cells in striate cortex of very young visually inexperienced kittens. *Journal of Neurophysiology*, 1963; 26: 994–1002.

Johnson, M. Functional brain development in humans. *Nature Reviews Neuroscience*, 2001; 2: 475–83.

174/4　Castiello, U., Becchio, C., Zoia, S., Nelini, C., Sartori, L., Blason, L. et al. Wired to be social. *Public Library of Science*, 2010; 5: e13199.

Craig, C. M. and Lee, D.N. Neonatal control of sucking pressure: evidence for an intrinsic tauguide. *Experimental Brain Research*, 1999; 124: 371–82.

Von Hofsten, C. Eye-hand coordination in newborns. *Developmental Psychology*, 1982; 18: 450–61.

Meltzoff, A. The 'like me' framework for recognizing and becoming an intentional agent. *Acta Psychologica*, 2007; 124(1): 26–43.

Van der Meer, A. L. H. Keeping the arm in the limelight: advanced visual control of arm movements in neonates. *European Journal of Paediatric Neurology*, 1997; 4: 103–8.

Meltzoff, The 'like me' framework . . .

175,Box E　Kuhl, P. K. Early language acquisition: cracking the speech code. *Nature Reviews Neuroscience*, 2004; 5:

831–43.

176/1　Von Hofsten, C. An action perspective on motor development. *Trends in Cognitive Sciences*, 2004; 8: 266–72.

Bremner, A., Holmes, N. and Spence, C. Infants lost in (peripersonal) space? *Trends in Cognitive Sciences*, 2008; 12: 298–305.

Held, R. and Bauer, J. Visually guided reaching in infant monkeys after restricted rearing. *Science*, 1967; 155: 718–20.

Bonini, L. and Ferrari, P. F. Evolution of mirror systems: a simple mechanism for complex cognitive functions. *Annals of the New York Academy of Sciences*, 2011; 1225: 166–75.

181/1　Baillargeon, R., Li, J., Weiting, N. G. and Yuan, S. An account of infants' physical reasoning. In: A. Woodward and A. Needham, eds, *Learning and the Infant Mind*. New York, Oxford University Press; 2009.

185/1　Falck-Ytter, T., Gredebäck, G. and Von Hofsten, C. Infants predict other people's action goals. *Nature Neuroscience*, 2006; 9: 878–9.

Kochukhova, O. and Gredeback, G. Preverbal infants anticipate that food will be brought to the mouth: An eye tracking study of manual feeding and flying spoons. *Child Development*, 2010; 81: 1729–38.

Sommerville, J.A., Woodward, A.L. and Needham, A. Action experience alters 3-month-old infants' perception of others' actions. *Cognition*, 2005; 96: B1–B11.

Meltzoff, A. The 'like me' framework for recognising and becoming an intentional agent. *Acta Psychologica*, 2007; 124: 26–43.

Meltzoff, A. 'Like me': a foundation for social cognition. *Developmental Science*, 2007; 10(1): 126–34.

185/3　Farroni, T., Csibra, G., Simion, F. and Johnson, M.H. Eye contact detection in humans from birth. *Proceedings of the National Academy of Sciences*, 2002; 99: 9602–5.

186/2　Barr, R. and Hayne, H. It's not what you know it's who you know: Older siblings facilitate imitation during infancy. *International Journal of Early Years*

Education, 2003; 11: 7–21.

186/3 Nagy, E. and Molnar, P. Homo imitans or homo provocans? Human imprinting model of neonatal imitation. *Infant Behavior and Development*, 2004; 27: 54–63.
Meltzoff, A. N. and Moore, M.K. Explaining facial imitation: a theoretical model. *Early Development and Parenting*, 1997; 6: 179–92.
Ferrari, P. F., Paukner, A., Ruggiero, A., Darcey, L., Unbehagen, S. and Suomi, S. J. Interindividual differences in neonatal imitation and the development of action chains in rhesus macaques. *Child Development*, 2009; 80: 1057–68.

186/4 Meltzoff, A. and Moore, M. K. Early imitation within a functional framework: The importance of person identity, movement, and development. *Infant Behavior and Development*, 1992; 15(4): 479–505.
de Waal, F. and Ferrari, P. Towards a bottom-up perspective on animal and human cognition. *Trends in Cognitive Sciences*, 2010; 14(5): 201–7.

186/5 Meltzoff, A. Understanding the intentions of others: re-enactment of intended acts by 18-month-old children. *Developmental Psychology*, 1995; 31: 838–50.

189/1 Johnson, S. C. The recognition of mentalistic agents in infancy. *Trends in Cognitive Sciences*, 2000; 4: 22–8.
Hanna, E. and Meltzoff, A. N. Peer imitation by toddlers in laboratory, home, and day-care contexts: Implications for social learning and memory. *Developmental Psychology*, 1993; 29: 701.

192/1 Bauer, P. and Mandler, J. Putting the horse before the cart: The use of temporal order in recall of events by one-year-old children. *Developmental Psychology*, 1992; 28(3): 441–52.

192/2 Meltzoff, A. N. and Moore, M. K. Imitation of facial and manual gestures by human neonates. *Science, New Series*, 1977; 189: 75–8.
Meltzoff, A. N. and Moore, M. K. Newborn infants imitate adult facial gestures. *Child Development*, 1983; 54: 702–9.
Meltzoff, A. N. and Moore, M. K. Imitation, memory

and the representation of persons. *Infant Behavior and Development*, 1994; 17: 83–99.

194 Double video experiment based on Murray, L. PhD Thesis, The sensitivities and expressive capacities of young infants in communication with their mothers, University of Edinburgh, 1980.

194/2 Watson, J. S. Smiling, cooing and "the game". *Merrill-Palmer Quarterly*, 1972; 18: 323–39.
Markova, G. and Legerstee, M. Contingency, imitation and affect sharing: Foundations of infants' social awareness. *Developmental Psychology*, 2006; 42: 132–41.
Murray, L. and Trevarthen, C. Emotional regulation of interactions between two month olds and their mothers. In: T.M. Field and N. Fox, eds. *Social Perception in Infants*. New Jersey: Ablex; 1985.
Nadel, J., Carchon, I., Kervella, C., Marcelli, D. and Reserbat-Plantey, D. Expectancies for social contingency in 2-month-olds. *Developmental Science*, 1999; 2: 164–73.
Legerstee, M. and Varghese, J. The role of maternal affect mirroring on social expectancies in three-month-old infants. *Child Development*, 2001; 72: 1301–13.

196/1 Legerstee, M. Contingency effects of people and objects in subsequent cognitive functioning in three-month-old infants. *Social Development*, 1997; 6: 307–21.
Dunham, P. and Dunham, F. Effects of mother-infant social interactions on infants' subsequent contingency task performance. *Child Development*, 1990; 61: 785–93.
Dunham, P., Dunham, F., Hurshman, A. and Alexander T. Social contingency effects on subsequent perceptual-cognitive tasks in young infants. *Child Development*, 1989; 60: 1486–96.
Murray, L., Arteche, A., Fearon, P., Halligan, S., Croudace, T. and Cooper, P. The effects of maternal postnatal depression and child sex on academic performance at age 16 years: a developmental approach. *Journal of Child Psychology and Psychiatry*, 2011; 51: 1150–9.

196/3 Casile, A., Caggiano, V. and Ferrari, P.F. The mirror neuron system: a fresh view. *The Neuroscientist*,

2011; 17: 524–38.

Meltzoff, A.N. 'Like me': a foundation for social cognition. *Developmental Science*, 2007; 10: 126–34.

Fogassi, L. and Ferrari, P.F. Mirror systems. *WIREs Cognitive Science*, 2010; 2: 22–38.

196/4　Stern, D., Spieker, S. and Mackain, K. Intonation contours as signals in maternal speech to prelinguistic infants. *Developmental Psychology*, 1982; 18: 727–35.

Kaplan, P., Bachorowski, J. and Zarlengo-Strouse, P. Child directed speech produced by mothers with symptoms of depression fails to promote associative learning in 4-month-old infants. *Child Development*, 1999; 70: 560–70.

198/1　Gergely, G. and Watson, J.S. Early socioemotional development: Contingency perception and the social-biofeedback model. In: P. Rochat, ed. *Early Social Cognition: Understanding Others in the First Months of Life*. Mahwah, NJ: Lawrence Erlbaum Associates; 1999, pp. 101–36.

201/1　Vygotsky, L. *Mind in society: The development of higher psychological processes*, Cambridge, MA: Harvard University Press; 1978.

202/1　Trevarthen, C. and Hubley, P. Secondary intersubjectivity: confidence, confiders, and acts of meaning in the first year of life. In: A. Lock, ed. *Action, Gesture, and Symbol*. New York: Academic Press; 1978.

Striano, T., Reid, V. and Hoehl, S. Neural mechanisms of joint attention in infancy. *European Journal of Neuroscience*, 2006; 23: 2819–23.

Gaffan, E.A., Martins, C., Healy, S. and Murray, L. Early social experience and individual differences in infants' joint attention. *Social Development*, 2010; 19: 369–93.

212/1　Page, M., Willhelm, M.S., Gamble, W.C. and Card, N.A. A comparison of maternal sensitivity and verbal stimulation as unique predictors of infant social-emotional and cognitive development. *Infant Behavior and Development*, 2010; 33: 101–10.

Trevarthen, C. B. The Musical Art of Infant Conversation; Narrating in the Time of Sympathetic Experience, Without Rational Interpretation, Before

Words. *Musicae Scientiae Special issue* 2008, 15–46.

Marwick, H.M. and Murray, L. The effects of maternal depression on the 'Musicality' of infant directed speech and conversational engagement. In: S. Malloch and C. Trevarthan, eds. *Communicative musicality*. Oxford, UK: Oxford University Press; 2010, pp. 281–300.

Gros-Louis, J., Goldstein, M.H., King, A.P. and West, M.J. Mothers provide differential feedback to infants' prelinguistic sounds. *International Journal of Behavioral Development*, 2006; 30: 509–16.

212/2　Singh, L., Nestor, S., Parikh, C. and Yull, A. Influences of infant-directed speech on early word recognition. *Infancy*, 2009; 14: 654–66.

Thiessen, E.D., Hill, E.A. and Saffran, J.R. Infant directed speech facilitates word segmentation. *Infancy*, 2005; 7: 53–71.

Kaplan, P., Bachorowski, J. and Zarlengo-Strouse, P. Child directed speech produced by mothers with symptoms of depression fails to promote associative learning in 4 month-old infants. *Child Development*, 1999; 70: 560–70.

Marwick and Murray, The effects of maternal depression . . .

Gros-Louis, J., Goldstein, M.H., King, A.P. and West, M.J. Mothers provide differential feedback to infants' prelinguistic sounds . . .

213/1　Huttenlocher, J., Haight, W., Bryk, A., Seltzer, M. and Lyons, T. Early vocabulary growth: Relation to language input and gender. *Developmental Psychology*, 1991; 27: 236–48.

Kuhl, P., Tsao, F. and Liu, H. Foreign-language experience in infancy: Effects of short term exposure and social interaction on phonetic learning. *Proceedings of the National Academy of Sciences*, 2003; 100: 9096–101.

213/2　Scarr, S. and Weinberg, R. The influence of "family background" on intellectual attainment. *American Sociological Review*, 1978; 43: 674–92.

Tamis-LeMonda, C.S., Bornstein, M.H. and Baumwell, L. Maternal responsiveness and children's achievement of language milestones. *Child Development*, 2001; 72: 748–67.

Page, M., Willhelm, M.S., Gamble, W.C. and Card, N.A. A comparison of maternal sensitivity and verbal stimulation as unique predictors of infant social-emotional and cognitive development. *Infant Behavior and Development*, 2010; 33: 101–10.

Tamis-LeMonda et al., Maternal responsiveness…

(twice) Masur, E.F., Flynn, V. and Eichorst, D.L. Maternal responsive and directive behaviours and utterances as predictors of children's lexical development. *Journal of Child Language*, 2005; 32: 63–91.

213/3   Tamis-LeMonda et al., Maternal responsiveness…

213/4   Zammit, M. and Schafer, G. Maternal label and gesture use affects acquisition of specific object names. *Journal of Child Language*, 2011; 38(1): 201–21.

Shimpi, P.M. and Huttenlocher, J. Redirective labels and early vocabulary development. *Journal of Child Language*, 2007; 34: 845–59.

Hoff, E. The specificity of environmental influence: Socioeconomic status affects early vocabulary development via maternal speech. *Child Development*, 2003; 74: 1368–78.

213/5   American Academy of Pediatrics, Where we Stand: TV viewing time, October, 2013,healthychildren.org.

214/1   Zimmerman, F. J. and Christakis, D.A. Children's television viewing and cognitive outcomes: A longitudinal analysis of national data. *Archives of Pediatrics and Adolescent Medicine*, 2005; 159: 619–25.

Pagani, L. S., Fitzpatrick, C., Barnett, T.A. and Dubow, E. Prospective associations between early childhood television exposure and academic, psychosocial, and physical well-being by middle childhood. *Archives of Pediatrics and Adolescent Medicine*, 2010; 164: 425–31.

Wass, S., Porayska-Pomsta, K. and Johnson, M. H. Training attentional control in infancy. *Current Biology*, 2011; 21(18):1543–7.

Barr, R. and Hayne, H. It's not what you know it's who you know: Older siblings facilitate imitation during infancy. *International Journal of Early Years Education*, 2003; 11: 7–21.

Christakis, D.A., Zimmerman, F., DiGiuseppe, D.L. and McCarty, C.A. Early television exposure and subsequent attentional problems in children.

Pediatrics, 2004; 113: 708–13.

McCollom, J.F. and Bryant, J. Pacing in children's television programming. *Mass Community and Society*, 2003; 6: 115–36.

Schmitt, M.E., Pempek, T.A., Hirkorian, H.L., Lund, A.F. and Anderson, D.R. The effect of background television on the toy play behaviour of very young children. *Child Development*, 2008; 79: 1137–51.

Mendelsohn, A.L., Berkule, S.B., Tomoupolos, S., Tamis-LeMonda, C.S., Huberman, H.S., Alvir, J. et al. Infant television and video exposure associated with limited parent-child verbal interactions in low socioeconomic status households. *Archives of Pediatrics and Adolescent Medicine*, 2008; 162: 411–17.

214/2   Quine, W. *Words and Objects*. New York: Wiley; 1960.

Kuhl, P. Early language acquisition: Cracking the speech code. *Nature Reviews Neuroscience*, 2004; 5: 831–43.

Dunn, J. and Wooding, C. Play in the home and its importance for learning. In: B. Tizard and D. Harvey, eds. *Biology of Play*. Philadelphia: Lippincott; 1977, pp. 45–58.

214/3   Moerk, L. Picture book reading by mothers and young children and its impact upon language development. *Journal of Pragmatics*, 1985; 9, 547–66.

215/1   Bus, A.G. and Van IJzendoorn, M.H. Affective dimensions of mother-infant picture book reading. *Journal of School Psychology*, 1997; 35: 47–60.

215/3   Fletcher, K. and Reese, E. Picture book reading with young children: a conceptual framework. *Developmental Review*, 2005; 25: 64–103.

Ninio, A. Joint book reading as a multiple vocabulary acquisition device. *Developmental Psychology*, 1983; 19: 445–51.

Adrian, J., Clemente, R., Villanueva, L. and Rieffe, C. Parent-child picture-book reading, mothers' mental state language and children's theory of mind. *Journal of Child Language*, 2005; 32: 673–86.

215/4   Bus, A., Van IJzendoorn, M. and Pellegrini, A. Joint book reading makes for success in learning to read: a meta analysis on intergenerational transmission of literacy. *Review of Educational Research*, 1995; 65: 1–21.

Huebner, C. and Meltzoff, A. Intervention to change parent-child reading style: a comparison of instructional methods. *Applied Developmental Psychology*, 2005; 26: 296–313.

Reese, E., Sparks, A. and Leyva, D. A review of parent interventions for preschool children's language and emergent literacy. *Journal of Early Childhood Literacy*, 2010; 10: 97–117.

Cooper, P. J., Vally, Z., Cooper, H., Sharples, A., Radford, T.,Tomlinson, M. and Murray, L. Promoting mother-infant book-sharing and child cognitive development in an impoverished South African population: a pilot study. *Early Childhood Education Journal*, 2013; DOI 10.1007/s10643- 013-0591-8

Mol, S., Bus, A., de Jong, M. and Smeets, D. Added value of parent-child dialogic readings: a meta-analysis. *Early Education and Development*, 2008; 19: 7–26.

216/1　Moerk, L. Picture book reading by mothers and young children and its impact upon language development. *Journal of Pragmatics*, 1985; 9: 547–66.

DeLoache, J.and DeMendoza, O. Joint picture book interactions of mothers and 1-year-old children. *British Journal of Developmental Psychology*, 1987; 5: 111–23.

Bus, A.G. and Van IJzendoorn, M.H. Affective dimensions of mother-infant picture book reading. *Journal of School Psychology*, 1997; 35: 47–60.

Llytenin, P., Laasko, M. and Poikkeus, A. Parental contributions to child's early language and interest in books. *European Journal of Psychology and Education*, 1998; 8: 297–308.

Oritz, C., Stowe, R. and Arnold, D. Parental influence on child interest in shared picture book reading. *Early Childhood Research Quarterly*, 2001; 16: 263–81.

Fletcher, K. and Reese, E. Picture book reading with young children: a conceptual framework. *Developmental Review*, 2005; 25: 64–103.

Bus, A. G. and Van IJzendoorn, M. H. Mothers reading to their three-year-old children: The role of mother-child attachment security in becoming literate. *Reading Research Quarterly*, 1995; 30: 998–1015.

217/1　Bus and Van IJzendoorn, Affective dimensions of mother-infant picture book reading . . .

Murphy, C. Pointing in the context of a shared activity. *Child Development*, 1978; 49: 371–80.

217/2　Bus, and Van IJzendoorn. Mothers reading to their three-year-old children . . .

DeLoache, J.and DeMendoza, O. Joint picture book interactions of mothers and 1-year-old children. *British Journal of Developmental Psychology*, 1987; 5: 111–23.

Ninio, A. and Bruner, J., The achievement and antecedents of labelling. *Journal of Child Language*, 1978; 5: 1–15.

218/1　Bus and Van IJzendoorn, Affective dimensions of mother-infant picture book reading . . .

Fletcher and Reese, Picture book reading with young children: a conceptual framework . . .

Moerk, L. Picture book reading by mothers and young children and its impact upon language development. *Journal of Pragmatics*, 1985; 9, 547–66.

220/1　Ninio, A. Joint book reading as a multiple vocabulary acquisition device. *Developmental Psychology*, 1983; 19: 445–51.

Snow, C. and Goldfield, B. Turn the page please: situation-specific language acquisition. *Journal of Child Language*, 1983; 10: 551–69.

225/1　Snow and Goldfield, Turn the page please . . .

229/1　Rustin, M. and Rustin, M. *Narratives of love & loss: Studies in modern children's fiction*. London: Verso; 1987.